海洋资源开发系列丛书

中华人民共和国工业和信息化部 国家重大工程攻关专项、国家自然科学基金重点项目、国家973计划项目及国家重大科技专项成果

海洋工程风险评估与控制

何绍礼　陈海成　贾鲁生　黄　俊　余建星　编著

图书在版编目(CIP)数据

海洋工程风险评估与控制 / 何绍礼等编著. -- 天津:
天津大学出版社, 2021.11
（海洋资源开发系列丛书）
中华人民共和国工业和信息化部　国家重大工程攻关
专项　国家自然科学基金重点项目　国家973计划项目及
国家重大科技专项成果
ISBN 978-7-5618-7084-6

Ⅰ. ①海… Ⅱ. ①何… Ⅲ. ①海洋工程－风险管理－
研究 Ⅳ. ①P75

中国版本图书馆CIP数据核字(2021)第235801号

出版发行　天津大学出版社
地　　址　天津市卫津路92号天津大学内(邮编:300072)
电　　话　发行部:022-27403647
网　　址　www.tjupress.com.cn
印　　刷　北京盛通商印快线网络科技有限公司
经　　销　全国各地新华书店
开　　本　185mm×260mm
印　　张　12.5
字　　数　312千
版　　次　2021年11月第1版
印　　次　2021年11月第1次
定　　价　39.00元

编著委员会

前　言

随着我国海洋油气资源勘探开发能力的不断增强，尤其是深海开发技术的快速升级和开发装备的创新研制，海洋油气开发已成为我国能源产业的战略重点。2016 年，国家发展改革委和国家能源局共同组织编制了《能源技术革命创新行动计划（2016—2030 年）》，将非常规油气和深层、深海油气开发技术创新列为战略方向，重点提出要发展深水海底管道和立管工程技术，发展海洋油气开发安全环保技术。2020 年 12 月，国务院发布了《新时代的中国能源发展》白皮书，再次提出要加强我国渤海、东海和南海等海域近海油气勘探开发，推进深海对外合作，推动我国海洋油气资源开发技术能力的提升和产业升级迈上新台阶。

海洋工程作业具有技术复杂、投资大、作业环境恶劣、施工难度大、随机因素多等特点，为了保障海洋工程作业安全，减少海洋工程作业对经济、社会、环境的不良影响，有必要对海洋工程作业进行风险识别与分析，针对每个具体工程作业的实际条件，从工艺流程、环境预测、组织管理、设备运行、人员操作等多个方面进行系统性评估与辨识。

工程风险评估在化工、建筑、航空、航天、海洋工程等领域都得到了广泛的应用并取得了丰富的成果。作者在参考国内外现有资料的基础上，将编写组所完成的“十三五”国家科技重大专项和工信部项目的相关研究成果反映在本书中。本书对海洋工程风险评估理论、海底管道撞击损伤风险、水下气体泄漏扩散风险、海上火灾爆炸风险等方面的研究工作进行介绍，以期为海洋工程领域风险评估与安全防控工作提供有效的参考和指导。

本书在编写过程中，参阅了国内外专家、学者关于海洋工程风险的大量著作和论述；在出版过程中，得到了天津大学出版社的大力支持，在此表示感谢！

本书由余建星作整体规划及技术把关，余建星、何绍礼、陈海成、贾鲁生、黄俊、余杨、吴世博等统筹定稿；另外，杨政龙、孔凡冬、任杰、雷云、刘俊雄、韩放、刘少卿、范海昭等也参与了本书的编写与校对工作。

本书内容虽经作者所在课题组多年实践论证，但限于作者水平和时间因素，书中难免存在疏漏之处，敬请各位专家、读者惠予指正。

前言

目　录

第 1 章　风险分析理论与应用

1.1　风险分析概述

风险可以从经济学、风险管理学、保险学等角度进行定义。风险一般指的是在某项活动中因为其不确定性而产生的人员伤害、经济损失或者自然破坏的可能性。通常系统中某一个事件的风险 R 通过该事件的发生概率 P 以及该事件产生后果的幅值 C 来表示：

$$R = f(P,C)$$

风险分析是对风险进行识别、评估，从而作出全面综合的分析的过程。风险分析可以分为三个部分：风险评估、风险管理以及风险交流。风险评估是确认并评价风险区域；风险管理是控制或者应对风险的行为；风险交流是各团体间根据风险研究的结果相互交流或者形成文件的过程。其中，风险评估起主导作用。

风险分析是基于理论分析、数据资料、主观经验和客观调研的科学评估方法，通过把识别出的风险进行定性或定量分析，为下一步的风险管理提供科学合理的依据。风险分析的步骤如图 1-1-1 所示。

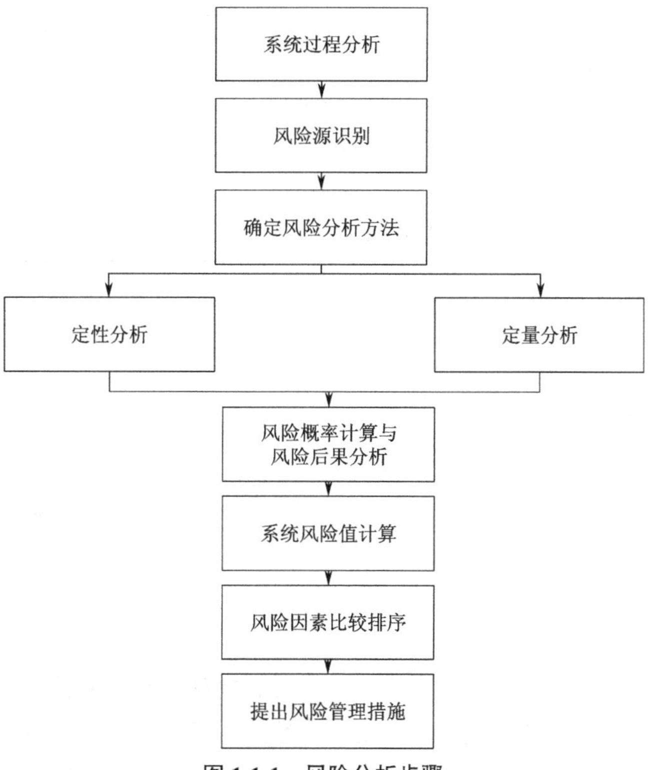

图 1-1-1　风险分析步骤

风险接受准则代表在特定时间内可以接受的总体风险等级，它给风险分析和制定风险管理措施提供了依据，因此需要在风险分析之前就确定风险接受准则。工业上通常将最低合理可行（As Low As Reasonably Practicable，ALARP）原则作为风险接受准则。ALARP原则可以理解为工业中的任何系统都存在风险，不能通过提前采取措施来从根本上避免风险。但是，在减小风险的过程中，风险水平越低，减小成本就越大，而且是处于指数上升状态。所以，就需要在风险水平和成本之间作一个折中，使风险满足尽可能低的要求，同时介于可接受风险和不可接受风险之间的区域。

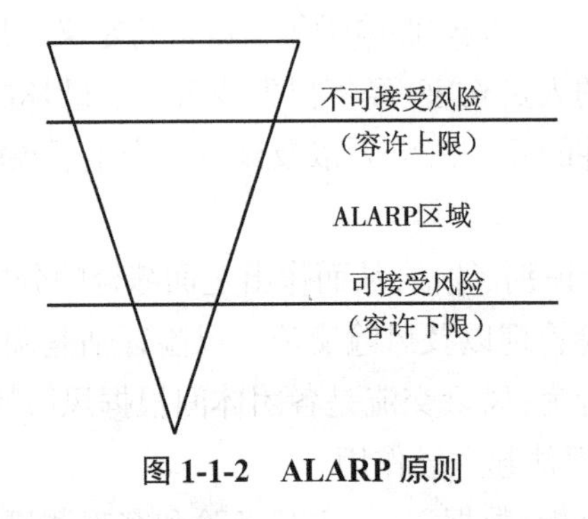

图 1-1-2 ALARP 原则

1.2 风险分析方法

风险分析方法分为定性分析方法与定量分析方法两大类。定性分析方法是依靠研究人员和工程人员等的直觉判断或经验总结来进行直观分析的方法。定性分析方法有安全性审查、危险和可操作性分析、德尔菲法、风险评估矩阵表法、失效模式与影响分析（Failure Mode and Effects Analysis，FMEA）等。具体的定性分析方法及相关说明见表 1-2-1。

表 1-2-1 定性分析方法

定性分析方法	相关说明
安全性审查	尽可能多地识别出可能导致事故发生、环境破坏和人员伤亡的设备异常状态和人员的错误操作
危险和可操作性分析	①识别出可能导致严重后果的事件及其发生的原因； ②采取相关措施来降低此类事件发生的概率或者减轻事件发生导致的后果
德尔菲法	在专家之间不相互接触的前提下收集专家意见得出相应的危险事件
风险评估矩阵表法	将危险事件导致的后果与发生的可能性采用定性的方法进行分级，采用风险矩阵得出相对应的危险事件的等级
失效模式与影响分析	识别出设备的失效模式和该设备失效对系统和系统中其他因素的影响

定量分析方法是通过对发生危险的概率以及危险对系统产生后果的计算，将所得到的计算结果与风险接受准则比较的方法。定量分析方法有仿真实验、故障树分析（Fault Tree Analysis，FTA）、事故树分析（Event Tree Analysis，ETA）、敏感性分析、失效模式及影响重要

度分析（Failure Mode，Effects and Criticality Analysis，FMECA）等。具体的定量分析方法及相关说明见表 1-2-2。

表 1-2-2　定量分析方法

定量分析方法	相关说明
仿真实验	模拟系统或者模拟系统工作的某个过程，得出相应的失效数据
故障树分析	确定导致事故发生的原因（如设备故障、人员因素和环境限制等）的联合作用
事故树分析	识别出可能导致事故发生的危险事件序列
敏感性分析	计算出导致事故发生的系统中底部相关因素的重要度因子
失效模式及影响重要度分析	识别出设备的失效模式和该设备失效对系统和系统中其他因素的影响以及设备对于系统发生事故的重要度

1.2.1　故障树分析方法

故障树分析（Fault Tree Analysis，FTA）是在 20 世纪 60 年代初，由美国贝尔实验室在处理预测民兵导弹发射的随机失效概率问题时提出的，而后波音公司研制出了 FTA 计算机程序，更进一步推进了 FTA 的发展。20 世纪 60 年代中期，随着概率分析方法应用于核电站安全分析，FTA 成为主要的定性和定量分析方法。现如今，FTA 已经广泛地应用于航天工业、机械制造等许多工程领域的可靠性分析中。在对海洋结构物的分析中，FTA 也成为主要的风险分析方法。

故障树分析是一种借助图形演绎来进行风险分析的方法。该方法把系统可能发生的事故与其发生的原因之间的逻辑关系用树形图表示，通过故障树的定性与定量分析，找出事故发生的主要原因，为安全对策的确定提供可靠的依据，从而达到预防事故的目的。故障树分析包括以下基本概念。

（1）顶事件。系统最不希望发生的事件为故障树的顶事件。如果其他的故障状态也需要分析，那么可以构造以其故障状态作为顶事件的故障树。顶事件一般在故障树的顶端，用矩形表示。

（2）底事件。将顶事件通过逻辑关系进行逐级建树，通过逻辑关系不可再细分的事件称为底事件。底事件分为基本事件和非基本事件。底事件一般在故障树的底端。

（3）基本事件。已经查明或者未被查明但是必须探究清楚缘由的底事件称为基本事件。基本事件用圆形表示。

（4）非基本事件。不需要探究清楚缘由，对系统影响微乎其微的底事件称为非基本事件。非基本事件用菱形表示。

（5）中间事件。介于底事件和顶事件之间的独立事件称为中间事件。中间事件既是逻辑门的输入事件又是逻辑门的输出事件。中间事件用矩形表示。

（6）条件事件。只有满足某种条件时，才具有发生可能的事件称为条件事件。

故障树分析中的逻辑门主要包括与门、或门、异或门、优先与门,符号和基本含义见表1-2-3。

表 1-2-3 逻辑门符号和基本含义

逻辑门	对应符号	基本含义
与门	&	逻辑与门结构中的所有输入的事件都发生时,才会导致逻辑与门的输出事件发生
或门	≥1	逻辑或门结构中的全部输入事件中至少有一个发生时,就会导致逻辑或门的输出事件发生
异或门	=1	异或门结构中的输入事件不全发生并且也不是都不发生时,会导致输出事件发生
优先与门		仅当逻辑优先与门的输入事件按照由左向右的顺序发生时,逻辑优先与门的输出事件才发生

1.2.1.1 故障树分析的步骤

(1)合理选择顶事件。为了正确选出顶事件,必须弄清楚系统的工作原理、流程、运行特点及使用条件等有关资料;明确定义系统单元的完好和故障状态;分析系统单元故障的原因,确定各事件之间的因果关系;而后从中选择出系统最不希望发生的事件作为故障树的顶事件。

(2)正确建立故障树。建立故障树工作需要全面熟悉研究系统,从任务及功能的联系入手,绘制系统的功能逻辑图以及进行故障模式和影响分析。把系统的全部故障事故按主流程进行逐级建立故障树,需要确定正确的系统单元的边界条件,正确定义故障树中的事件以及清楚系统中事件间的逻辑关系。

(3)故障树的简化分解。构建完系统的故障树后,可以根据系统的复杂情况进行逻辑上的简化和相关模块的分解,使最后的故障树层次分明、条理清晰。

(4)故障树的定性分析。故障树构建完成后,对其进行定性分析,目前一般采用上行法或下行法进行分析,并解出所有的故障树最小割集。

(5)故障树的定量分析。在完成定性分析后,可以进行故障树的定量分析,通过数据统计、文献查阅和现场调研等方法获得底事件的发生概率,便可以计算出故障树底事件的重要度。底事件的重要度包括结构重要度、概率重要度和关键重要度。

(6)系统的故障分析建议。通过对故障树进行定性与定量分析,可以得出故障树的最小割集、顶事件发生概率以及底事件的重要度等,可以清楚地发现薄弱环节。对重要度较大的部分进行相应的改进可以规避风险,提高结构的可靠性。

1.2.1.2 故障树的定性分析

1. 底事件割集和径集

割集:故障树中一些底事件组成的集合。如果集合中的底事件全部发生,则顶事件必然发生，那么这个集合称为故障树的一个割集。

最小割集：在割集中去掉任意一个底事件后就不再是割集的集合。

径集：故障树中一些底事件组成的集合。若集合中的底事件全部不发生，则顶事件不会发生，那么这个集合称为故障树的一个径集。

最小径集：在径集中去掉任意一个底事件后就不再是径集的集合。

2. 最小割集的求解

求解最小割集的方法主要有下行法和上行法。

（1）下行法是从系统的顶事件开始，从上至下逐步将顶事件转化为各个底事件的集合，最后得到的这些集合也就是故障树的割集。故障树中的逻辑或门只增加割集的数目，或门存在多少个输入事件，该门就会变成多少个割集；逻辑与门只增加基本事件的数目，与门存在多少个输入事件，则割集中就会增加多少个基本事件。

（2）上行法是由最底一排的逻辑门的置换开始的。先将最底一排的逻辑门用输入事件的逻辑函数进行置换，再将上面一级逻辑门用输入事件的逻辑函数表示，以此类推，直到将所有的顶事件表示成底事件积的和。这些积式也就是最小割集中的所有元素的积，而积式的个数就是最小割集的个数。

1.2.1.3　故障树的定量分析

故障树的定量分析综合起来包括以下几个方面。

（1）底事件概率的定量分析。通过收集到的统计数据、文献资料或者专家评判来得出各个底事件发生故障的概率。

（2）顶事件概率的定量分析。通过底事件发生故障的概率，借助故障树的结构函数来求出顶事件发生故障的概率。这个过程需要注意的是各个割集之间相互独立。

在故障树的定量分析过程中，为了分析和计算的简便，会对一些问题作出相应的简化，如假设底事件之间相互独立、对于单元只考虑正常和故障两种状态等。

（3）底事件的结构重要度、概率重要度和关键重要度的计算。

1. 布尔代数

在故障树的定量分析过程中会涉及布尔代数。布尔代数主要用于集合运算和逻辑运算。表 1-2-4 中列出了常用的布尔代数运算规则。

表 1-2-4　布尔代数运算规则

序号	数学符号	公式表达	名称
1	$A\cup A=A, A\cap A=A$	$A+A=A, A\cdot A=A$	幂等律
2	$A\cup B=B\cup A$	$A+B=B+A$	加法交换律
3	$A\cap B=B\cap A$	$A\cdot B=B\cdot A$	乘法交换律
4	$\overline{A\cup B}=\overline{A}\cap\overline{B}$	$\overline{A+B}=\overline{A}\cdot\overline{B}$	德摩根定律
5	$\overline{A\cap B}=\overline{A}\cup\overline{B}$	$\overline{A\cdot B}=\overline{A}+\overline{B}$	
6	$A\cap(A\cup B)=A$	$A\cdot(A+B)=A$	第一吸收率

续表

序号	数学符号	公式表达	名称
7	$A\cup(A\cap B)=A$	$A+(A\cdot B)=A$	第二吸收率
8	$A\cup(B\cup C)$ $=(A\cup B)\cup C$	$A+(B+C)$ $=(A+B)+C$	加法结合律
9	$A\cap(B\cap C)$ $=(A\cap B)\cap C$	$A\cdot(B\cdot C)$ $=(A\cdot B)\cdot C$	乘法结合律
10	$(A\cap B)\cup(A\cap C)$ $=A\cap(B\cup C)$	$A\cdot B+A\cdot C$ $=A\cdot(B+C)$	加法分配率
11	$(A\cup B)\cap(A\cup C)$ $=A\cup(B\cap C)$	$(A+B)\cdot(A+C)$ $=A+B\cdot C$	乘法分配律

2. 顶事件发生的概率

当故障树的每个最小割集已知时，一般通过容斥公式来计算顶事件发生的概率。但是在割集数目较多时，容易产生组合爆炸现象，精确的计算是费时费力的；并且每个基本事件的发生概率一般都在 10^{-2} 以下，由多个基本事件构成的割集发生的概率更低。因此，可以认为两个割集不能够同时发生，即为互斥事件。根据概率论的互斥事件并集的求解规则即可求得顶事件的失效概率，具体计算公式为

$$P_{(\mathrm{T})}=\bigcup_{i=1}^{N}\bigcap_{k\in C_i}Q_i(t)=\sum_{i=1}^{N}\prod_{k\in C_i}Q_i(t)$$

其中，$P_{(\mathrm{T})}$为顶事件的失效概率；$Q_i(t)$ 为第 i 个基本事件在 t 时刻发生的概率；C_j 为第 j 个割集。

3. 底事件的重要度

重要度是指一个元素或者系统的割集发生故障时对于顶事件发生概率的相对影响程度。通过对重要度较大的元素进行改进可以有效地提高系统的可靠度。

故障树底事件的重要度主要包括结构重要度、概率重要度以及关键重要度。

1）结构重要度

每个底事件对顶事件的影响程度是不同的，这主要取决于底事件在故障树中所占的地位，通常用结构重要度来表示。

分析结构重要度的方法有以下两类。

第一类，通过精确计算得出各个基本事件的结构重要度，然后按照结构重要度从大到小依次排列，所用的计算公式如下：

$$I_{\varphi}^{\mathrm{st}}=\frac{1}{2^{n-1}}n_{\varphi}(i)$$

其中，$I_{\varphi}^{\mathrm{st}}$ 为第 i 个底事件的结构重要度；n 为故障树中底事件的数量；$n_{\varphi}(i)$ 为第 i 个底事件由故障转为正常时，增加的系统正常状态的数量。

但面对复杂的故障树时这种方法计算量大，甚至无法得出结果。

第二类，通过基本原则来判断基本事件的结构重要度。

（1）低阶的最小割集中基本事件的结构重要度比高阶的最小割集中的基本事件的结构重要度大。

（2）当出现在同一个最小割集中时，该割集中的基本事件的结构重要度相等。

（3）当出现在包含的基本事件个数相等的若干个最小割集中时，各基本事件按出现的次数判断结构重要度。出现次数越多，结构重要度越大；出现次数越少，结构重要度越小；如果出现次数相同，那么结构重要度相等。

（4）当出现在包含的基本事件个数不相等的若干个最小割集中时，基本事件少的割集中的基本事件比基本事件多的割集中的基本事件的结构重要度大。

2）概率重要度

假定各底事件相互独立，第 i 个底事件的概率重要度表示第 i 个底事件概率发生微小变化导致顶事件发生概率产生变化的变化率，计算公式如下：

$$I_i^{\mathrm{pr}} = \frac{\partial q_i}{\partial Q}$$

其中，I_i^{pr} 为第 i 个底事件的概率重要度；q_i 为第 i 个底事件故障的概率；Q 为顶事件发生的概率。

3）关键重要度

关键重要度是从敏感性和自身发生概率这两个角度来衡量系统底事件对顶事件的重要程度的。关键重要度相比于概率重要度考虑了底事件自身概率可能不同的问题，它是通过变化率的比值来实现的，计算公式如下：

$$I_i^{\mathrm{cr}} = \frac{Q_i}{g} I_i^{\mathrm{pr}}$$

其中，I_i^{Cr} 为第 i 个底事件的关键重要度；Q_i 为系统第 i 个底事件发生的概率；g 为系统顶事件发生的概率。

1.2.2　层次分析法

1.2.2.1　发展过程

层次分析法（Analytic Hierarchy Process，AHP）是一种常用的多方案比较分析方法，它是由美国的运筹学家萨蒂（T. L. Saaty）教授在 20 世纪 70 年代把定性分析和定量分析相互结合而形成的风险决策方法。

1.2.2.2　基本思路

在运用层次分析法进行分析时，通常有以下五个步骤。

（1）分析系统中的各个因素之间的关系，建立起系统的递阶层次结构。

（2）对同一个层次的各个元素关于上一层次的某个准则的重要性进行两两比较，构造出两两比较的判断矩阵。

（3）通过判断矩阵计算出被比较的元素对于该准则的相对权重。

(4)进行一致性检验,确定判断矩阵的一致性是可以接受的。

(5)计算出每层元素对系统目标的合成权重,并进行总的一致性检验,然后通过权重进行排序。

1.2.2.3 层次结构

在应用层次分析法处理实际风险方面的问题时,首先要把风险问题条理化、层次化,把复杂的系统表示成一个有序递阶层次结构。同一个层次的元素作为准则会对下一层次的某些元素起到支配作用,而且本身又会受到上一层次元素的支配。这些层次可以大体分为三类。

(1)最高层。这个层次一般作为风险问题的预定目标或者理想结果。它只包含一个元素。这个层次称为目标层。

(2)中间层。这个层次包含了实现预定目标所涉及的中间环节。它可以由一个层次也可以由若干个层次组成。这个层次称为准则层。

(3)最底层。这个层次表示实现目标所供选择的相关措施、各项方案。它一般由若干个层次组成。这个层次称为方案层。

递阶层次结构的层数和问题的复杂程度有关,一般来讲可以不受数目的限制。但是,每个层次所包含的元素一般不能超过九个,否则会因包含元素过多导致两两比较判断时出现困难。

1.2.2.4 判断矩阵

判断矩阵是指针对某个准则判断两个元素哪个更加重要,并通过 1~9 的比例标度来进行重要度的赋值。表 1-2-5 为比例标度的含义。

表 1-2-5 比例标度的含义

标度	含义
1	两个元素进行比较,有同样重要性
3	两个元素进行比较,前者比后者稍微重要
5	两个元素进行比较,前者比后者明显重要
7	两个元素进行比较,前者比后者强烈重要
9	两个元素进行比较,前者比后者极端重要
2,4,6,8	上述相邻重要性的中间值
倒数	如果元素 i 和元素 j 的重要性之比是 a_{ij},则元素 j 和元素 i 的重要性之比 $a_{ji}=\frac{1}{a_{ij}}$

这样,针对某个准则,n 个被两两比较的元素就构成了一个判断矩阵。

$$\boldsymbol{A}=(a_{ij})_{n\times n}$$

其中,$\boldsymbol{A}$ 为判断矩阵;a_{ij} 是元素 i 和元素 j 相对于该准则的比例标度。

1.2.2.5　权重计算方法

在通过判断矩阵来进行权重计算的过程中，根据所需的精确程度以及方法的简便程度可以选取不同的方法来进行计算。下面主要介绍几种常用的权重计算方法。

1. 和法

和法是将判断矩阵 $\boldsymbol{A}$ 的各个列向量进行算术平均，然后归一化得到的列向量就是权向量，公式如下：

$$\omega_i = \frac{1}{n} \times \frac{\sum_{j=1}^{n} a_{ij}}{\sum_{k=1}^{n}\sum_{j=1}^{n} a_{kj}} \quad i = 1,2,\cdots,n$$

2. 根法

根法是将判断矩阵 $\boldsymbol{A}$ 的各列向量进行几何平均，然后归一化得到的列向量就是权向量，公式如下：

$$\omega_i = \frac{(\prod_{j=1}^{n} a_{ij})^{1/n}}{\sum_{k=1}^{n}(\prod_{j=1}^{n} a_{kj})^{1/n}} \quad i = 1,2,\cdots,n$$

3. 特征根方法

特征根方法是通过解判断矩阵 $\boldsymbol{A}$ 的特征根 $\boldsymbol{A\omega} = \lambda_{\max}\boldsymbol{\omega}$ 来得出权向量的，这里 $\lambda_{\max}$ 为 $\boldsymbol{A}$ 的最大特征根，$\boldsymbol{\omega}$ 为相应的特征向量，而所得到的 $\boldsymbol{\omega}$ 经过归一化后就可作为权向量。

4. 对数最小二乘法

对数最小二乘法是通过拟合确定权向量的方法。它主要是用拟合方法来确定权向量 $\boldsymbol{\omega} = (\omega_1, \omega_2, \cdots, \omega_n)^{\mathrm{T}}$，使残差平方和 $\sum_{1 \leqslant i < j \leqslant n} [\log a_{ij} - \log(\omega_i / \omega_j)]^2$ 取得最小值，此时权向量即为所求。

5. 最小二乘法

最小二乘法也是通过拟合确定权向量的方法。它主要是用拟合方法来确定权向量 $\boldsymbol{\omega} = (\omega_1, \omega_2, \cdots, \omega_n)^{\mathrm{T}}$，使残差平方和 $\sum_{1 \leqslant i < j \leqslant n} [a_{ij} - \omega_i / \omega_j]^2$ 取得最小值，此时权向量即为所求。

总结一下，和法与根法主要应用于对精度要求不高或者需要笔算的情况；对数最小二乘法与最小二乘法主要通过非线性优化方法进行求解；特征根方法是层次分析法中较早提出并应用较为广泛的一种方法。

1.2.2.6　一致性检验

为了检验判断矩阵的合理性，需要对判断矩阵进行一致性检验。一致性检验有以下三个步骤。

（1）计算一致性指标 $C.I.$，计算公式如下：

$$C.I. = \frac{\lambda_{\max} - n}{n - 1}$$

其中，λ_{max} 为判断矩阵的最大特征根。

（2）查找相应平均随机一致性指标 $R.I.$，见表 1-2-6。

表 1-2-6 平均随机一致性指标

矩阵阶数 n	1	2	3	4	5	6	7	8	9	10	11
$R.I.$	0.00	0.00	0.58	0.90	1.12	1.24	1.32	1.41	1.45	1.49	1.51

（3）计算一致性比例 $C.R.$，计算公式如下：

$$C.R.=\frac{C.I.}{R.I.}$$

当 $C.R.<0.1$ 时，认为判断矩阵的一致性可以接受；当 $C.R.\geqslant 0.1$ 时，需要对判断矩阵进行适当的修正。

1.2.2.7 合成权重的计算

经过上述步骤，得到的是一组元素对于上一层元素的权向量，而实际需要的是每个元素对于总目标的权重，即最底层（方案层）对于最高层（目标层）的相对权重。这个相对权重也就是需要计算的合成权重。合成权重的计算需要自上而下逐步进行，将每个准则下的权重进行合成，然后逐层进行综合一致性检验。

若已经计算出第 k-1 层上 n_{k-1} 个元素相对最高层的排序权向量 $\boldsymbol{\omega}^{k-1}=(\omega_1^{(k-1)},\omega_2^{(k-1)},\cdots,\omega_{n_{k-1}}^{(k-1)})^{\mathrm{T}}$，而第 k 层上 n_k 个元素对上一层 k-1 层上的第 j 个元素作为准则的权向量为 $\boldsymbol{p}_j^{(k)}=(p_{1j}^{(k)},p_{2j}^{(k)},\cdots,p_{n_kj}^{(k)})^{\mathrm{T}}$，其中与 j 元素无关的元素权重为零，则第 k 层元素 i 对最高层的合成权重 $\omega_i^{(k)}$ 由下式求得：

$$\omega_i^{(k)}=\sum_{j=1}^{n_{k-1}}p_{ij}^{(k)}\omega_j^{(k-1)}\qquad i=1,2,\cdots,n$$

同样，综合一致性检验也是自上而下逐步进行的。设第 k-1 层上以元素 j 为准则的一致性指标为 $C.I._j^{(k)}$，平均随机一致性指标为 $R.I._j^{(k)}$，一致性比例为 $C.R._j^{(k)}$，$j=1,2,\cdots,n_{k-1}$，则第 k 层的一致性综合指标 $C.I._j^{(k)}$，$R.I._j^{(k)}$，$C.R._j^{(k)}$ 由下列式子求解：

$$C.I.^{(k)}=(C.I._1^{(k)},C.I._2^{(k)},\cdots,C.I._{n_{k-1}}^{(k)})\omega^{(k-1)}$$

$$R.I.^{(k)}=(R.I._1^{(k)},R.I._2^{(k)},\cdots,R.I._{n_{k-1}}^{(k)})\omega^{(k-1)}$$

$$C.R.^{(k)}=\frac{C.I.^{(k)}}{R.I.^{(k)}}$$

当 $C.R.^{(k)}<0.1$ 时，认为第 k 层以上的递阶层次判断矩阵满足整体一致性。

但是，在实际应用过程中，整体一致性检验经常可以被忽略。因为专家在给出一个准则的判断矩阵时，是很难从整体考虑的，并且当整体一致性不满足时，再进行调整也十分困难，所以，不需要对整体一致性进行严格的检验。

1.2.3　模糊理论

1.2.3.1　发展过程

模糊集概念是由扎德（L. A. Zadeh）在 1965 年首次提出的，并在 20 世纪 70 年代初被更多的学者关注，模糊理论主要用于描述并解决内涵明确但边界不清晰以及外延不清晰的问题。

1.2.3.2　基本概念

1. 隶属度

在经典集合中，若 U 是全集且 $A \subseteq U$，定义映射 $\varphi_A : U \to \{0,1\}$，有 $\varphi_A(x) = \begin{cases} 1, x \in A, \\ 0, x \notin A \end{cases}$ 则称 φ_A 为集合 A 的特征函数。因为特征函数 $\varphi_A(x)$ 表示元素对集合的隶属程度，所以也称为隶属度。

2. 模糊集合

若 U 为一个论域，定义映射 $\mu : U \to [0,1]$，$\forall u \in U, u \to A(u) \in [0,1]$ 则称 μ 为 U 上的一个模糊集，记作 A，且称 $A(u)$ 为模糊集 A 的隶属度。

3. 模糊集合和经典集合的区别

在集合定义上，经典集合中所包含的元素是确定的、精确的，而模糊集合中所包含的元素是模糊的、不精确的。

在特征函数上，经典集合的特征函数取值为集合 $\{0,\ 1\}$，而模糊集合的特征函数取值范围为闭区间 $[0,1]$。

4. 表示方法

模糊集合一般有以下三种表示方法。

1）Zadeh 表示法

$$A = \frac{A(u_1)}{u_1} + \frac{A(u_2)}{u_2} + \cdots + \frac{A(u_n)}{u_n}$$

其中，$\frac{A(u_n)}{u_n}$ 为论域中元素 u_n 与隶属度 $A(u_n)$ 之间的对应关系。

2）向量表示法

$$\boldsymbol{A} = (A(u_1), A(u_2), \cdots, A(u_n))$$

3）序偶表示法

把论域中元素 u_n 和其隶属度 $A(u_n)$ 构成序偶来表示，即

$$A = \{(u_1, A(u_1)), (u_2, A(u_2)), \cdots, (u_n, A(u_n))\}$$

5. 模糊集合的运算

（1）子集：$A \subseteq B \Leftrightarrow A(u) \leqslant B(u)$。

（2）并集：$(A \cup B)(u) = A(u) \vee B(u) = \max(A(u), B(u))$。

（3）交集：$(A\bigcap B)(u)=A(u)\wedge B(u)=\min(A(u),B(u))$。

（4）补集：$\bar{A}(u)=1-A(u)$。

6. 模糊数

模糊数根据应用需求不同，分为矩形模糊数、左右模糊数、三角模糊数和梯形模糊数等。由于在本次风险分析研究中只应用三角模糊数和梯形模糊数，所以，在此只介绍这两种，设 $x, a, b, c, d\in\mathbf{R}$ 且 $a\leqslant c\leqslant b\leqslant c\leqslant d$，模糊数表示如下。

1）三角模糊数

特征函数表示如下：

$$\mu_A(x)=f(x)=\begin{cases}(x-a)/(b-a) & a\leqslant x\leqslant b\\(c-x)/(c-b) & b<x\leqslant c\\0 & 其他\end{cases}$$

三角模糊数的函数图如图 1-2-1 所示。

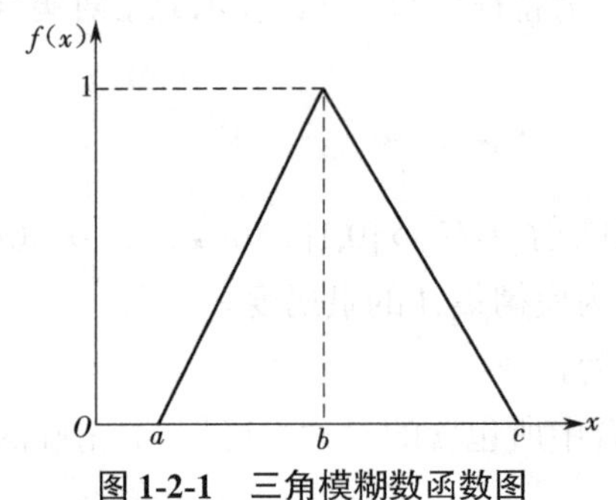

图 1-2-1 三角模糊数函数图

该三角模糊数可以用 $A=(a, b, c)$ 表示。其中 $x=b$ 时，特征函数取最大值 max = 1。

2）梯形模糊数

特征函数表示如下：

$$\mu_A(x)=f(x)=\begin{cases}(x-a)/(b-a) & a\leqslant x\leqslant b\\1 & b<x\leqslant c\\(d-x)/(d-c) & c<x\leqslant d\\0 & 其他\end{cases}$$

梯形模糊数的函数图如图 1-2-2 所示。

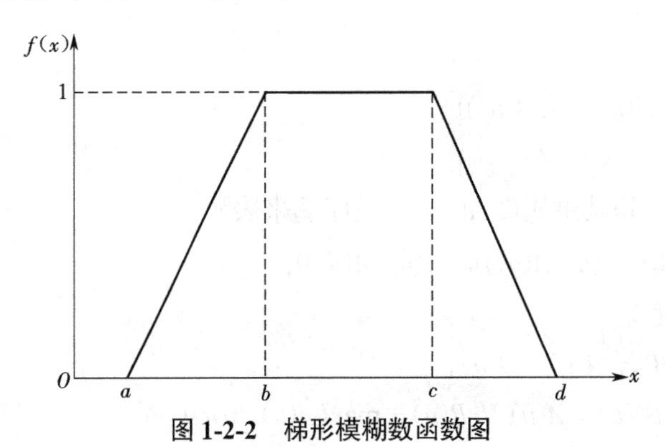

图 1-2-2 梯形模糊数函数图

该梯形模糊数可以用 $A=(a, b, c, d)$表示。其中 $x \in [b, c]$ 时,特征函数取最大值 $\max = 1$。

3)复合模糊数

在本次研究中,专家通过七个等级(极低、低、稍低、中等、稍高、高、极高)来对事故发生的可能性进行评估打分,为了更好地描述每个等级,这里将三角模糊数和梯形模糊数综合起来形成复合模糊数。

复合模糊数特征函数表示如下:

$$f_1(x)=\begin{cases}1 & 0<x\leqslant 0.1\\(0.2-x)/0.1 & 0.1<x\leqslant 0.2\\0 & 其他\end{cases}$$

$$f_2(x)=\begin{cases}(x-0.1)/0.1 & 0.1<x\leqslant 0.2\\(0.3-x)/0.1 & 0.2<x\leqslant 0.3\\0 & 其他\end{cases}$$

$$f_3(x)=\begin{cases}(x-0.2)/0.1 & 0.2<x\leqslant 0.3\\1 & 0.3<x\leqslant 0.4\\(0.5-x)/0.1 & 0.4<x\leqslant 0.5\\0 & 其他\end{cases}$$

$$f_4(x)=\begin{cases}(x-0.4)/0.1 & 0.4<x\leqslant 0.5\\(0.6-x)/0.1 & 0.5<x\leqslant 0.6\\0 & 其他\end{cases}$$

$$f_5(x)=\begin{cases}(x-0.5)/0.1 & 0.5<x\leqslant 0.6\\1 & 0.6<x\leqslant 0.7\\(0.8-x)/0.1 & 0.7<x\leqslant 0.8\\0 & 其他\end{cases}$$

$$f_6(x)=\begin{cases}(x-0.7)/0.1 & 0.7<x\leqslant 0.8\\(0.9-x)/0.1 & 0.8<x\leqslant 0.9\\0 & 其他\end{cases}$$

$$f_7(x)=\begin{cases}(x-0.8)/0.1 & 0.8<x\leqslant 0.9\\1 & 0.9<x\leqslant 1.0\\0 & 其他\end{cases}$$

复合模糊数的函数图如图 1-2-3 所示。

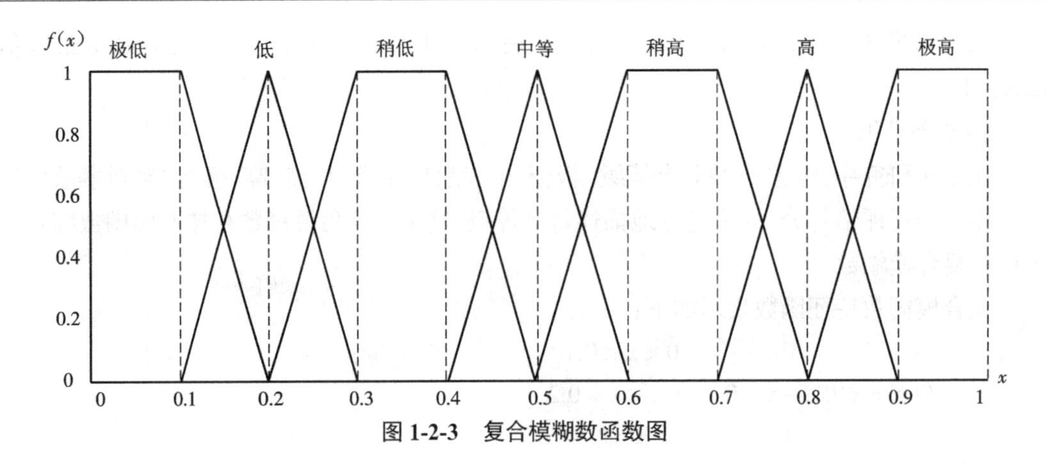

图 1-2-3 复合模糊数函数图

专家打分结果可由表 1-2-7 给出。

表 1-2-7 专家打分结果

打分等级	发生可能性	模糊数
1	极低	(0,0,0.1,0.2)
2	低	(0.1,0.2,0.2,0.3)
3	稍低	(0.2,0.3,0.4,0.5)
4	中等	(0.4,0.5,0.5,0.6)
5	稍高	(0.5,0.6,0.7,0.8)
6	高	(0.7,0.8,0.8,0.9)
7	极高	(0.8,0.9,1,1)

4)反模糊化

反模糊化的过程就是将模糊集合转化成为经典集合的过程,也就是将得到的模糊数通过反模糊化用一个个确定的数表示的过程。

反模糊化的方法有平均值法、最大值法、最小值法、最值法、a- 截集法和重心法等。为了使反模糊化的结果更加有代表性,此次分析采用重心法。下面介绍重心法,其计算公式如下:

$$X^* = \frac{\int f_i(x)x\mathrm{d}x}{f_i(x)}$$

其中,X^* 为反模糊化的结果;$f_i(x)$ 为模糊数。

按照上式,可以求出三角形模糊数 (a_1,a_2,a_3) 反模糊化的结果:

$$X^* = \frac{\int_{a_1}^{a_2} \frac{x-a_1}{a_2-a_1} x\mathrm{d}x + \int_{a_2}^{a_3} \frac{a_3-x}{a_3-a_2} x\mathrm{d}x}{\int_{a_1}^{a_2} \frac{x-a_1}{a_2-a_1} \mathrm{d}x + \int_{a_2}^{a_3} \frac{a_3-x}{a_3-a_2} \mathrm{d}x} = \frac{1}{3}(a_1+a_2+a_3)$$

同理,可求出梯形模糊数 (a_1,a_2,a_3,a_4) 反模糊化的结果:

$$X^*=\frac{\int_{a_1}^{a_2}\frac{x-a_1}{a_2-a_1}x\mathrm{d}x+\int_{a_2}^{a_3}x\mathrm{d}x+\int_{a_3}^{a_4}\frac{a_4-x}{a_4-a_3}x\mathrm{d}x}{\int_{a_1}^{a_2}\frac{x-a_1}{a_2-a_1}\mathrm{d}x+\int_{a_2}^{a_3}\mathrm{d}x+\int_{a_3}^{a_4}\frac{a_4-x}{a_4-a_3}\mathrm{d}x}$$

$$=\frac{1}{3}\times\frac{(a_4+a_3)^2-a_4a_3-(a_1+a_2)^2+a_1a_2}{a_4+a_3-a_2-a_1}$$

1.2.4　相似性聚合

在确定每个专家权重之后，下一步需要考虑的是如何将多个专家的评估结果综合在一起，来用一个综合的结果代表所有专家的评估结果。接下来介绍得出综合打分结果的方法——相似性聚合方法。

这里介绍的相似性聚合方法主要是从专家观点的相似程度和专家权重两个方面考虑的。

1.2.4.1　相似度

专家在专家打分表上对每个风险因素的发生可能性进行等级评判，通过上一节介绍的模糊数，将等级评判转化为相应的三角模糊数和梯形模糊数。设专家 u 和专家 v 的观点转化后分别为

$$R_{\mathrm{u}}=(r_{\mathrm{u}1},r_{\mathrm{u}2},r_{\mathrm{u}3},r_{\mathrm{u}4})$$

$$R_{\mathrm{v}}=(r_{\mathrm{v}1},r_{\mathrm{v}2},r_{\mathrm{v}3},r_{\mathrm{v}4})$$

定义相似度 S 为两个专家针对同一个风险要素所得出的评判结果的相似程度，见下式：

$$S(R_{\mathrm{u}},R_{\mathrm{v}})=1-\frac{1}{4}\sum_{i=1}^{4}|r_{\mathrm{u}i}-r_{\mathrm{v}i}|$$

其中，$S(R_{\mathrm{u}},R_{\mathrm{v}})\in[0,1]$。$S(R_{\mathrm{u}},R_{\mathrm{v}})$ 的值越小，说明两位专家针对该风险要素的评判结果分歧越大；$S(R_{\mathrm{u}},R_{\mathrm{v}})$ 的值越大，说明两位专家针对该风险要素的评判结果一致程度越大；当 $S(R_{\mathrm{u}},R_{\mathrm{v}})=1$ 时，说明两位专家针对该风险要素的评判结果相同。

在求出两位专家针对该风险要素评判结果的相似度后，可以形成相似度矩阵 ***AM***

$$\boldsymbol{AM}=\begin{pmatrix}1 & S_{12} & \cdots & S_{1j} & \cdots & S_{1n}\\ \vdots & \vdots & & \vdots & & \vdots\\ S_{i1} & S_{i2} & \cdots & S_{ij} & \cdots & S_{in}\\ \vdots & \vdots & & \vdots & & \vdots\\ S_{n1} & S_{n2} & \cdots & S_{nj} & \cdots & 1\end{pmatrix}$$

其中，$S_{ij}=S(R_i,R_j)$ 且 $i\neq j$；当 $i=j$ 时，$S_{ij}=1$。

1.2.4.2　平均一致度

得出相似度矩阵 ***AM*** 后，可以通过下式求出每位专家的平均一致度：

$$AA(E_i)=\frac{1}{n-1}\sum_{\substack{j\neq i\\ j=1}}^{n} S_{ij}$$

其中，$E_i(i=1,2,\cdots,n)$ 为第 i 位专家的评判结果；n 为专家总数。

1.2.4.3 相对一致度

求出平均一致度后，可以将每个专家的平均一致度与所有专家平均一致度做除法运算，得出相对一致度 RA。这个过程可以看作是平均一致度的标准化过程。

$$RA(E_i)=\frac{AA(E_i)}{\sum_{i=1}^{n} AA(E_i)}$$

其中，$E_i(i=1,2,\cdots,n)$ 为第 i 位专家的评判结果；n 为专家总数。

1.2.4.4 共识度

共识度 CC 是评判专家观点相对价值的指标。它综合了专家权重和专家观点的相对一致度，以一定的比例 β 结合在一起。常数 β 的值由风险分析者根据自身经验得出。

$$CC(E_i)=\beta\times\omega(E_i)+(1-\beta)\times RA(E_i)$$

其中，$0\leqslant\beta\leqslant 1$，当 $\beta=0$ 时，忽视每位专家权重的影响，可以看成每位专家具有相同的权重；当 $\beta=1$ 时，忽视每位专家观点的相对一致程度，可以看成只考虑每位专家所占权重的大小。

1.2.4.5 专家观点聚合

专家观点聚合是将每位专家的观点按照共识度进行比例分配的过程，见下式：

$$R_{\mathrm{AG}}=CC(E_1)\times R_1+CC(E_2)\times R_2+\cdots+CC(E_n)\times R_n$$

其中，n 为专家总数。

1.2.4.6 可能性转化为概率值

在得出每个基本事件发生的可能性之后，虽然能够确定每个基本事件发生可能性的高低，但是不能准确表达每个基本事件发生的概率。通过下式可以将事件发生的可能性转化成相应的概率值：

$$PV=\begin{cases}1/10^m & OP\neq 0\\ 0 & OP=0\end{cases}$$

其中，PV 为事件发生的概率值；OP 为事件发生的可能性；$m=\left(\frac{1-OP}{OP}\right)^{1/3}\times 2.301$。

1.3 深水大型海上装备安装作业风险分析控制案例

1.3.1 FPSO 安装作业过程风险分析控制

1.3.1.1 风险定性分析

1. 故障树构建及最小割集的求解

对浮式生产储卸油装置（Floating Production Storage and Offloading，FPSO）安装作业过程进行风险源识别，并根据故障树的构建原则，采用下行法、上行法求出安装作业故障树的割集，并经布尔运算进行简化，相关过程在本书中予以省略。

2. 最小割集结果分析

FPSO 安装作业过程故障树包括 144 个一阶最小割集、15 个二阶最小割集、6 个三阶最小割集。通常情况下，最小割集的数目越多，系统的危险程度就越高，且割集的阶数越小，顶事件发生的概率就越大。因此，故障树中的 144 个一阶最小割集直接影响整个 FPSO 安装作业过程的安全性，是安装过程的薄弱环节。

3. 结构重要度分析

通过分析故障树的结构，根据结构重要度的基本原则可以得出安装过程中各个底事件的结构重要度排序，排序结果如下：

$$
\begin{aligned}
&I_{\varphi(5)}=I_{\varphi(8)}=I_{\varphi(9)}=I_{\varphi(15)}=I_{\varphi(21)\sim\varphi(67)}=I_{\varphi(72)\sim\varphi(98)}=I_{\varphi(104)\sim\varphi(121)}\\
&=I_{\varphi(132)\sim\varphi(148)}=I_{\varphi(153)\sim\varphi(162)}=I_{\varphi(165)\sim\varphi(185)}>I_{\varphi(4)}=I_{\varphi(152)}>I_{\varphi(122)}\\
&>I_{\varphi(1)\sim\varphi(3)}=I_{\varphi(6),\varphi(7)}=I_{\varphi(13),\varphi(14)}=I_{\varphi(19),\varphi(20)}=I_{\varphi(99),\varphi(100)}=\\
&I_{\varphi(123)\sim\varphi(126)}=I_{\varphi(130),\varphi(131)}=I_{\varphi(163),\varphi(164)}=I_{\varphi(149)\sim\varphi(151)}>I_{\varphi(68),\varphi(69)}\\
&>I_{\varphi(10)\sim\varphi(12)}=I_{\varphi(16)\sim\varphi(18)}=I_{\varphi(70),\varphi(71)}=I_{\varphi(101)\sim\varphi(103)}=I_{\varphi(127)\sim\varphi(129)}
\end{aligned}
$$

但是，仅仅通过定性分析不能很有说服力地确定故障树中的重点风险源，还需要采用故障树的定量分析方法来找出重点风险源并进行排序，这其中最重要的是确定基本事件的发生概率。确定基本事件的发生概率一般通过文献查阅、数据统计和专家评估等方法。但是，由于 FPSO 安装作业过程发生问题的事故总量较少、数据不足，所以需要采用专家评估的方法来进行故障树的定量分析。

1.3.1.2 风险的定量分析

1. 确定专家权重

本次风险分析选取 11 名熟悉 FPSO 安装作业流程，且具有一定经验的专家进行评估打分。但由于每位专家在个人经验、相关知识充裕度、信息来源和反应力等方面存在差异，所以需要对每位专家确定一定的权重来综合打分结果，使其更加接近实际需求。以下从个人经验、相关知识充裕度、信息来源和反应力四个维度运用模糊网络层次分析法确定专家的权重。

1)确定各维度权重

通过对每个维度的重要程度进行两两比较,并进行 1~9 的比例标度赋值,得出各维度的判断矩阵

$$\boldsymbol{A}_{\mathrm{a}}=\begin{pmatrix}1 & 9/6 & 9/5 & 9/2\\ 6/9 & 1 & 6/5 & 6/2\\ 5/9 & 5/6 & 1 & 5/2\\ 2/9 & 2/6 & 2/5 & 1\end{pmatrix}$$

运用特征根方法得出各维度权重,见表 1-3-1。

表 1-3-1 各维度权重

评价维度	考虑因素	权重
个人经验	从业时间、年龄、职位	0.409 1
相关知识充裕度	教育背景、论文刊用级别、学术会议参加级别	0.272 7
信息来源	相关文献、官方数据统计、自身工作经验	0.227 3
反应力	情商、智商	0.090 9

2)不同维度的专家权重

以不同维度对各准则下每位专家的重要性(权重)进行两两比较,形成四个判断矩阵,并通过最大特征根法进行求解,得出每位专家在对应准则下的权重,见表 1-3-2 至表 1-3-5。

表 1-3-2 个人经验准则下各专家权重

专家	1	2	3	4	5	6	7	8	9	10	11
A_{b}权重	0.163	0.036	0.054	0.072	0.072	0.109	0.109	0.127	0.018	0.145	0.091

表 1-3-3 相关知识充裕度准则下各专家权重

专家	1	2	3	4	5	6	7	8	9	10	11
A_{c}权重	0.189	0.081	0.054	0.027	0.135	0.135	0.054	0.081	0.054	0.162	0.027

表 1-3-4 信息来源准则下各专家权重

专家	1	2	3	4	5	6	7	8	9	10	11
A_{d}权重	0.125	0.050	0.075	0.050	0.025	0.175	0.075	0.150	0.120	0.100	0.050

表 1-3-5 反应力准则下各专家权重

专家	1	2	3	4	5	6	7	8	9	10	11
A_{e}权重	0.142	0.040	0.122	0.061	0.183	0.040	0.081	0.020	0.081	0.102	0.122

3）计算合成权重

对四个维度下的专家权重进行综合，通过下式计算合成权重：

$$\omega_i = \omega_{ab} \times \omega_{bi} + \omega_{ac} \times \omega_{ci} + \omega_{ad} \times \omega_{di} + \omega_{ae} \times \omega_{ei} \quad i = 1, 2, \cdots, 11$$

结果见表 1-3-6。

表 1-3-6　各专家合成权重

专家	个人经验	相关知识充裕度	信息来源	反应力	合成权重
1	0.163 6	0.189 2	0.125 0	0.142 9	0.159 9
2	0.036 4	0.081 1	0.050 0	0.040 8	0.052 1
3	0.054 5	0.054 1	0.075 0	0.122 4	0.065 2
4	0.072 7	0.027 0	0.050 0	0.061 2	0.054 0
5	0.072 7	0.135 1	0.025 0	0.183 7	0.089 0
6	0.109 1	0.135 1	0.175 0	0.040 8	0.125 0
7	0.109 1	0.054 1	0.075 0	0.081 6	0.083 9
8	0.127 3	0.081 1	0.150 0	0.020 4	0.110 1
9	0.018 2	0.054 1	0.125 0	0.081 6	0.058 0
10	0.145 5	0.162 2	0.100 0	0.102 0	0.135 8
11	0.090 9	0.027 0	0.050 0	0.122 4	0.067 0

2. 相似性聚合

通过识别出的基本事件制作专家打分表，在 11 位专家打分完毕后，得到专家汇总表。在得到专家观点的平均一致度之后，可以得到专家观点的相对一致度。将专家观点的相对一致度和专家权重按 $\beta = 0.5$ 综合得到专家观点共识度。

3. 基本事件的模糊数、发生可能性和发生概率值

给专家观点按共识度赋予不同权重，得到每个基本事件的模糊数、发生可能性和发生概率值。

4. 最小割集的发生概率值、概率重要度

求出每个基本事件的发生概率值之后，可以通过独立事件相乘得到每个最小割集的发生概率值、概率重要度，并对其进行排序，见表 1-3-7。

表 1-3-7　最小割集概率值及其重要度

最小割集	基本事件	概率值	概率重要度	排序
G108	X121	$1.232\,4 \times 10^{-3}$	$3.249\,0 \times 10^{-2}$	1
G119	X137	$9.753\,9 \times 10^{-4}$	$2.571\,4 \times 10^{-2}$	2
G56	X64	$7.486\,7 \times 10^{-4}$	$1.973\,7 \times 10^{-2}$	3
G43	X51	$7.255\,8 \times 10^{-4}$	$1.912\,8 \times 10^{-2}$	4
G139	X158	$7.085\,7 \times 10^{-4}$	$1.868\,0 \times 10^{-2}$	5

续表

最小割集	基本事件	概率值	概率重要度	排序
G149	X169	6.9554×10^{-4}	1.8336×10^{-2}	6
G138	X157	6.8509×10^{-4}	1.8061×10^{-2}	7
G72	X82	6.1231×10^{-4}	1.6142×10^{-2}	8
G91	X104	5.7877×10^{-4}	1.5258×10^{-2}	9
G98	X111	5.3736×10^{-4}	1.4166×10^{-2}	10
G50	X58	5.0521×10^{-4}	1.3319×10^{-2}	11
G71	X81	4.9391×10^{-4}	1.3021×10^{-2}	12
G13	X21	4.6543×10^{-4}	1.2270×10^{-2}	13
G20	X28	4.6023×10^{-4}	1.2133×10^{-2}	14
G36	X44	4.5405×10^{-4}	1.1970×10^{-2}	15
G35	X43	4.5262×10^{-4}	1.1932×10^{-2}	16
G73	X83	4.4269×10^{-4}	1.1670×10^{-2}	17
G78	X88	4.3843×10^{-4}	1.1558×10^{-2}	18
G106	X119	4.3688×10^{-4}	1.1517×10^{-2}	19
G146	X166	4.3393×10^{-4}	1.1440×10^{-2}	20
G7	X9	4.2615×10^{-4}	1.1235×10^{-2}	21
G49	X57	4.2006×10^{-4}	1.1074×10^{-2}	22
G79	X89	4.1950×10^{-4}	1.1059×10^{-2}	23
G120	X138	4.1545×10^{-4}	1.0952×10^{-2}	24
G92	X105	4.1195×10^{-4}	1.0860×10^{-2}	25
G100	X113	4.0859×10^{-4}	1.0772×10^{-2}	26
G42	X50	4.0639×10^{-4}	1.0714×10^{-2}	27
G85	X95	4.0481×10^{-4}	1.0672×10^{-2}	28
G165	X185	4.0312×10^{-4}	1.0627×10^{-2}	29
G63	X73	3.9023×10^{-4}	1.0288×10^{-2}	30
G164	X184	3.8446×10^{-4}	1.0135×10^{-2}	31
G47	X55	3.8034×10^{-4}	1.0027×10^{-2}	32
G87	X97	3.7827×10^{-4}	9.9724×10^{-3}	33
G86	X96	3.6282×10^{-4}	9.5650×10^{-3}	34
G126	X144	3.5046×10^{-4}	9.2391×10^{-3}	35
G52	X60	3.4916×10^{-4}	9.2048×10^{-3}	36
G14	X22	3.4890×10^{-4}	9.1981×10^{-3}	37
G135	X154	3.4697×10^{-4}	9.1471×10^{-3}	38
G38	X46	3.4475×10^{-4}	9.0887×10^{-3}	39
G16	X24	3.4284×10^{-4}	9.0382×10^{-3}	40
G142	X161	3.3787×10^{-4}	8.9072×10^{-3}	41

续表

最小割集	基本事件	概率值	概率重要度	排序
G101	X114	$3.329\,8\times10^{-4}$	$8.778\,2\times10^{-3}$	42
G4	X5	$3.323\,1\times10^{-4}$	$8.760\,6\times10^{-3}$	43
G15	X23	$3.208\,4\times10^{-4}$	$8.458\,4\times10^{-3}$	44
G58	X66	$3.194\,3\times10^{-4}$	$8.421\,2\times10^{-3}$	45
G62	X72	$3.188\,2\times10^{-4}$	$8.405\,1\times10^{-3}$	46
G21	X29	$3.162\,7\times10^{-4}$	$8.337\,9\times10^{-3}$	47
G59	X67	$3.157\,5\times10^{-4}$	$8.324\,0\times10^{-3}$	48
G125	X143	$3.146\,2\times10^{-4}$	$8.294\,2\times10^{-3}$	49
G151	X171	$3.109\,0\times10^{-4}$	$8.196\,2\times10^{-3}$	50
G70	X80	$3.088\,3\times10^{-4}$	$8.141\,7\times10^{-3}$	51
G93	X106	$3.049\,7\times10^{-4}$	$8.040\,0\times10^{-3}$	52
G118	X136	$2.931\,4\times10^{-4}$	$7.728\,1\times10^{-3}$	53
G17	X25	$2.914\,5\times10^{-4}$	$7.683\,5\times10^{-3}$	54
G154	X174	$2.907\,0\times10^{-4}$	$7.663\,8\times10^{-3}$	55
G129	X147	$2.867\,0\times10^{-4}$	$7.558\,2\times10^{-3}$	56
G155	X175	$2.795\,5\times10^{-4}$	$7.369\,8\times10^{-3}$	57
G99	X112	$2.795\,5\times10^{-4}$	$7.369\,8\times10^{-3}$	58
G158	X178	$2.761\,2\times10^{-4}$	$7.279\,3\times10^{-3}$	59
G143	X162	$2.748\,1\times10^{-4}$	$7.244\,7\times10^{-3}$	60
G45	X53	$2.748\,0\times10^{-4}$	$7.244\,5\times10^{-3}$	61
G140	X159	$2.726\,8\times10^{-4}$	$7.188\,5\times10^{-3}$	62
G19	X27	$2.628\,8\times10^{-4}$	$6.930\,3\times10^{-3}$	63
G147	X167	$2.621\,2\times10^{-4}$	$6.910\,3\times10^{-3}$	64
G44	X52	$2.558\,5\times10^{-4}$	$6.745\,0\times10^{-3}$	65
G157	X177	$2.510\,2\times10^{-4}$	$6.617\,7\times10^{-3}$	66
G114	X132	$2.507\,4\times10^{-4}$	$6.610\,3\times10^{-3}$	67
G137	X156	$2.495\,0\times10^{-4}$	$6.577\,4\times10^{-3}$	68
G117	X135	$2.480\,7\times10^{-4}$	$6.539\,8\times10^{-3}$	69
G77	X87	$2.439\,2\times10^{-4}$	$6.430\,3\times10^{-3}$	70
G104	X117	$2.406\,4\times10^{-4}$	$6.343\,9\times10^{-3}$	71
G55	X63	$2.390\,8\times10^{-4}$	$6.302\,9\times10^{-3}$	72
G130	X148	$2.322\,6\times10^{-4}$	$6.123\,1\times10^{-3}$	73
G141	X160	$2.295\,8\times10^{-4}$	$6.052\,5\times10^{-3}$	74
G145	X165	$2.289\,5\times10^{-4}$	$6.035\,8\times10^{-3}$	75
G75	X85	$2.287\,2\times10^{-4}$	$6.029\,6\times10^{-3}$	76
G81	X91	$2.259\,8\times10^{-4}$	$5.957\,5\times10^{-3}$	77

续表

最小割集	基本事件	概率值	概率重要度	排序
G74	X84	2.2367×10^{-4}	5.8965×10^{-3}	78
G34	X42	2.1760×10^{-4}	5.7366×10^{-3}	79
G25	X33	2.1187×10^{-4}	5.5855×10^{-3}	80
G23	X31	2.0919×10^{-4}	5.5148×10^{-3}	81
G107	X120	2.0705×10^{-4}	5.4583×10^{-3}	82
G82	X92	2.0514×10^{-4}	5.4081×10^{-3}	83
G22	X30	2.0394×10^{-4}	5.3766×10^{-3}	84
G136	X155	2.0353×10^{-4}	5.3657×10^{-3}	85
G152	X172	2.0020×10^{-4}	5.2779×10^{-3}	86
G10	X15	1.9441×10^{-4}	5.1251×10^{-3}	87
G148	X168	1.9154×10^{-4}	5.0494×10^{-3}	88
G54	X62	1.8433×10^{-4}	4.8595×10^{-3}	89
G95	X108	1.8378×10^{-4}	4.8449×10^{-3}	90
G124	X142	1.8271×10^{-4}	4.8168×10^{-3}	91
G37	X45	1.8247×10^{-4}	4.8103×10^{-3}	92
G134	X153	1.8029×10^{-4}	4.7530×10^{-3}	93
G97	X110	1.7423×10^{-4}	4.5932×10^{-3}	94
G69	X79	1.7056×10^{-4}	4.4964×10^{-3}	95
G156	X176	1.7014×10^{-4}	4.4854×10^{-3}	96
G94	X107	1.6902×10^{-4}	4.4559×10^{-3}	97
G84	X94	1.6840×10^{-4}	4.4396×10^{-3}	98
G116	X134	1.6286×10^{-4}	4.2933×10^{-3}	99
G18	X26	1.5516×10^{-4}	4.0906×10^{-3}	100
G53	X61	1.5361×10^{-4}	4.0495×10^{-3}	101
G96	X109	1.5290×10^{-4}	4.0308×10^{-3}	102
G57	X65	1.5190×10^{-4}	4.0044×10^{-3}	103
G33	X41	1.3976×10^{-4}	3.6846×10^{-3}	104
G46	X54	1.3806×10^{-4}	3.6397×10^{-3}	105
G115	X133	1.3545×10^{-4}	3.5708×10^{-3}	106
G67	X77	1.3191×10^{-4}	3.4777×10^{-3}	107
G48	X56	1.3016×10^{-4}	3.4315×10^{-3}	108
G161	X181	1.2152×10^{-4}	3.2035×10^{-3}	109
G68	X78	1.1912×10^{-4}	3.1402×10^{-3}	110
G160	X180	1.1742×10^{-4}	3.0956×10^{-3}	111
G83	X93	1.1385×10^{-4}	3.0015×10^{-3}	112
G64	X74	1.0135×10^{-4}	2.6719×10^{-3}	113

续表

最小割集	基本事件	概率值	概率重要度	排序
G128	X146	$9.910\,6\times10^{-5}$	$2.612\,7\times10^{-3}$	114
G6	X8	$9.582\,7\times10^{-5}$	$2.526\,3\times10^{-3}$	115
G80	X90	$9.045\,5\times10^{-5}$	$2.384\,6\times10^{-3}$	116
G102	X115	$9.013\,2\times10^{-5}$	$2.376\,1\times10^{-3}$	117
G32	X40	$8.821\,2\times10^{-5}$	$2.325\,5\times10^{-3}$	118
G103	X116	$8.815\,6\times10^{-5}$	$2.324\,0\times10^{-3}$	119
G153	X173	$8.518\,4\times10^{-5}$	$2.245\,7\times10^{-3}$	120
G127	X145	$8.419\,3\times10^{-5}$	$2.219\,6\times10^{-3}$	121
G159	X179	$7.952\,7\times10^{-5}$	$2.096\,6\times10^{-3}$	122
G121	X139	$7.534\,0\times10^{-5}$	$1.986\,2\times10^{-3}$	123
G66	X76	$7.044\,4\times10^{-5}$	$1.857\,1\times10^{-3}$	124
G28	X36	$6.320\,6\times10^{-5}$	$1.666\,3\times10^{-3}$	125
G27	X35	$6.018\,8\times10^{-5}$	$1.586\,7\times10^{-3}$	126
G122	X140	$5.928\,5\times10^{-5}$	$1.562\,9\times10^{-3}$	127
G76	X86	$5.831\,0\times10^{-5}$	$1.537\,2\times10^{-3}$	128
G88	X98	$5.556\,9\times10^{-5}$	$1.464\,9\times10^{-3}$	129
G29	X37	$5.459\,6\times10^{-5}$	$1.439\,3\times10^{-3}$	130
G163	X183	$5.242\,7\times10^{-5}$	$1.382\,1\times10^{-3}$	131
G31	X39	$5.058\,3\times10^{-5}$	$1.333\,5\times10^{-3}$	132
G41	X49	$5.041\,4\times10^{-5}$	$1.329\,1\times10^{-3}$	133
G24	X32	$4.952\,3\times10^{-5}$	$1.305\,6\times10^{-3}$	134
G150	X170	$4.916\,3\times10^{-5}$	$1.296\,1\times10^{-3}$	135
G123	X141	$4.009\,6\times10^{-5}$	$1.057\,1\times10^{-3}$	136
G40	X48	$3.927\,1\times10^{-5}$	$1.035\,3\times10^{-3}$	137
G26	X34	$3.418\,8\times10^{-5}$	$9.012\,8\times10^{-4}$	138
G30	X38	$3.282\,0\times10^{-5}$	$8.652\,4\times10^{-4}$	139
G162	X182	$2.820\,0\times10^{-5}$	$7.434\,3\times10^{-4}$	140
G65	X75	$2.435\,0\times10^{-5}$	$6.419\,4\times10^{-4}$	141
G39	X47	$1.538\,5\times10^{-5}$	$4.056\,0\times10^{-4}$	142
G105	X118	$1.129\,5\times10^{-5}$	$2.977\,7\times10^{-4}$	143
G51	X59	$8.803\,7\times10^{-6}$	$2.320\,9\times10^{-4}$	144
G144	X163、X164	$1.446\,6\times10^{-6}$	$3.813\,7\times10^{-5}$	145
G5	X6、X7	$1.249\,4\times10^{-6}$	$3.293\,7\times10^{-5}$	146
G109	X122、X123	$9.790\,6\times10^{-7}$	$2.581\,1\times10^{-5}$	147
G12	X19、X20	$5.769\,4\times10^{-7}$	$1.521\,0\times10^{-5}$	148
G9	X13、X14	$5.760\,1\times10^{-7}$	$1.518\,5\times10^{-5}$	149

续表

最小割集	基本事件	概率值	概率重要度	排序
G111	X125、X126	5.1627×10^{-7}	1.3610×10^{-5}	150
G1	X1、X4	5.1544×10^{-7}	1.3588×10^{-5}	151
G3	X3、X4	4.7668×10^{-7}	1.2567×10^{-5}	152
G113	X130、X131	4.5854×10^{-7}	1.2088×10^{-5}	153
G132	X150、X152	3.9901×10^{-7}	1.0519×10^{-5}	154
G2	X2、X4	3.5625×10^{-7}	9.3917×10^{-6}	155
G110	X122、X124	1.5397×10^{-7}	4.0590×10^{-6}	156
G133	X151、X152	1.3933×10^{-7}	3.6730×10^{-6}	157
G131	X149、X152	1.3422×10^{-7}	3.5385×10^{-6}	158
G89	X99、X100	7.7777×10^{-8}	2.0504×10^{-6}	159
G8	X10、X11、X12	1.4621×10^{-8}	3.8544×10^{-7}	160
G60	X68、X69、X70	1.7040×10^{-9}	4.4911×10^{-8}	161
G61	X68、X69、X71	1.1430×10^{-9}	3.0122×10^{-8}	162
G90	X101、X102、X103	1.1290×10^{-9}	2.9771×10^{-8}	163
G11	X16、X17、X18	5.8600×10^{-10}	1.5453×10^{-8}	164
G112	X127、X128、X129	3.9200×10^{-10}	1.0325×10^{-8}	165

1.3.1.3 FPSO 安装作业流程风险管理

在完成安装作业过程的风险定性和定量分析后，需要通过判断顶事件风险等级来确定是否有必要对其进行风险管理。如果风险等级过高，客观上不可能面面俱到地对每个风险源都采取相应的措施，这就需要从众多的风险源中找出重点风险源，针对每个重点风险源各自的特点提出相对应的风险管理措施，这样也能为控制其他风险源提供参考。

1. 判断顶事件风险

在得出各个基本事件的发生概率之后，可以结合公式求出 FPSO 整个安装过程发生问题的概率。求出每个打分等级所对应的发生概率，见表 1-3-8。

表 1-3-8 打分等级及其对应的发生概率

打分等级	1	2	3	4	5	6	7
发生可能性	极低	低	稍低	中等	稍高	高	极高
发生概率	5.6600×10^{-6}	2.2253×10^{-4}	1.5500×10^{-3}	0.005 0	0.013 4	0.035 5	0.097 9

通过与打分等级比较发现顶事件发生可能性介于高与极高之间，也就是说 FPSO 安装作业过程属于高风险事件，所以，需要对重点风险源进行风险管理以降低风险。

2. 风险管理

根据 ALARP 原则，并结合海上项目安装作业过程特点，取最小割集发生概率 0.000 5

为风险容许下限，即概率值低于 0.000 5 的最小割集处于 ALARP 可接受区域，可以忽略；概率值高于 0.000 5 的最小割集处 ALARP 中间区域或不可接受区域，需要采取风险管理方法来降低其发生的概率。

发生概率值高于 0.000 5 的最小割集统计如图 1-3-1 和表 1-3-9 所示。

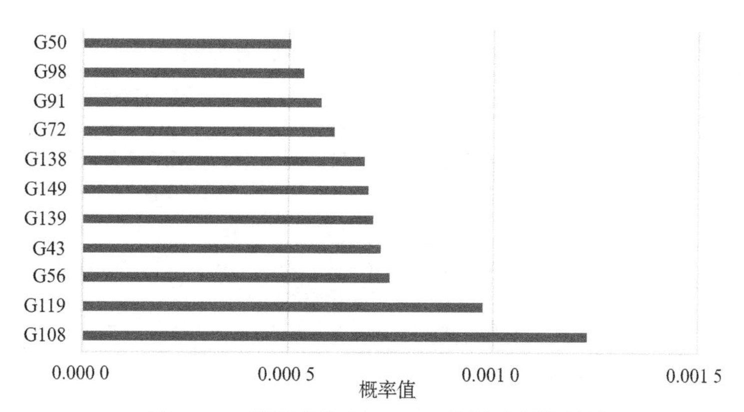

图 1-3-1 概率值高于 0.000 5 的最小割集统计

表 1-3-9 概率值高于 0.000 5 的最小割集统计

最小割集	基本事件	具体事件	概率值
G108	X121	被拖船上没有预警系统	1.23×10^{-3}
G119	X137	操作人员的错误操作	9.75×10^{-4}
G56	X64	系泊缆绳与缆桩连接不牢	7.49×10^{-4}
G43	X51	润滑剂用量不足	7.26×10^{-4}
G139	X158	锚缆与卷筒发生摩擦	7.09×10^{-4}
G149	X169	端口连接不到位	6.96×10^{-4}
G138	X157	锚缆与绞车发生摩擦	6.85×10^{-4}
G72	X82	安全销弹簧疲软	6.12×10^{-4}
G91	X104	未准备应急拖缆	5.79×10^{-4}
G98	X111	拖船设计资料数据库有误	5.37×10^{-4}
G50	X58	海流影响	5.05×10^{-4}

3. 提出风险管理措施

将找出的重点风险源划分为六个类型，即突发情况、事前准备、人员操作、设计不当、环境限制和设备问题，并根据不同类型的特点以及需要注意的问题提出相应的风险管理措施，见表 1-3-10。

表 1-3-10 风险管理措施

<table>
<tr><th>风险类别</th><th>风险事件</th><th>风险管理措施</th></tr>
<tr><td rowspan="2">突发情况</td><td>锚缆与卷筒发生摩擦</td><td rowspan="2">①在系泊锚腿安装的过程中要尽可能地避免锚缆与其他接触面摩擦，防止锚缆的外保护层被破坏；
②需要尽可能地在锚缆下放过程中控制下放速度，使锚缆能够缓慢匀速地进行下放；
③可以在锚缆与绞车和卷筒间做好润滑措施</td></tr>
<tr><td>锚缆与绞车发生摩擦</td></tr>
<tr><td rowspan="4">事前准备</td><td>系泊缆绳与缆桩连接不牢</td><td>①在进行模块吊装工作前，起重船需要进行下锚布缆，使其稳定或静止于指定位置，否则可能会导致事故发生；
②在吊装之前，要仔细检查缆绳与缆桩的连接是否牢固，做到防患于未然；
③当发现缆绳与缆桩连接不牢时，要立刻上报，并停止吊装作业，做到早发现，早改正</td></tr>
<tr><td>被拖船上没有预警系统</td><td>①被拖船可能随着拖航过程的晃动导致内部结构出现问题；
②在被拖船上配置预警系统；
③在被拖船上配置监测人员，时刻汇报被拖船情况</td></tr>
<tr><td>未准备应急拖缆</td><td>①配置应急拖缆；
②制订完备的应急预案</td></tr>
<tr><td>润滑剂用量不足</td><td>①准备足够的润滑剂以防不足；
②根据润滑剂的种类特点不同，调整润滑剂的用量；
③在模块移运过程中，根据实际情况，调整润滑剂的用量</td></tr>
<tr><td rowspan="2">人员操作</td><td>操作人员的错误操作</td><td rowspan="2">①加强操作人员的素质培训和专业技能培训；
②规范操作步骤，平时增加操作训练；
③在人员操作过程中，监督人员或有经验的人员密切观察，加强沟通，对关键步骤做出指导</td></tr>
<tr><td>端口连接不到位</td></tr>
<tr><td rowspan="2">设计不当</td><td rowspan="2">拖船设计资料数据库有误</td><td>①规范数据获得途径，确保数据的正确性；
②对数据库中与实际情况不符的部分及时改正；
③适当扩大数据的误差范围，确保计算结果处于安全允许范围内</td></tr>
<tr><td>①对于作业过程中的难题可以聘请相关专家或专业人员做思路上的指导；
②对设计过程中的关键步骤要严格论证、准确校核</td></tr>
<tr><td>环境限制</td><td>海流影响</td><td>①提前做好环境的考察工作；
②对周围环境时刻监控，及时查看天气情况，并对下一时段的天气、环境进行较准确的预测</td></tr>
<tr><td>设备问题</td><td>安全销弹簧疲软</td><td>①在作业过程前仔细检查有关设备；
②当设备在作业过程中发生问题时，立刻停止作业并及时解决</td></tr>
</table>

1.3.2 FPSO 单点多管缆干涉风险分析控制

1.3.2.1 单点多管缆干涉风险的定量分析

1. 确定专家权重

本次风险分析选取 11 名熟悉单点多管缆干涉流程，且具有一定经验的专家进行评估打分，但由于每位专家在个人经验、相关知识充裕度、信息来源和反应力等方面存在差异，所以需要对每位专家确定一定的权重来综合打分结果，使其更加接近实际需求。以下从个人经验、相关知识充裕度、信息来源和反应力四个维度运用层次分析法来确定专家的权重，运用特征根方法得出各维度权重见表 1-3-1。

以不同维度对各准则下每位专家的重要性（权重）进行两两比较，形成四个判断矩阵，并通过最大特征根法进行求解，得出每位专家在对应准则下的权重。对四个维度下的专家权重进行综合，计算合成权重结果见表 1-3-6。

2. 相似性聚合

经过风险源识别，识别出 94 个基本事件。根据识别出的基本事件制作专家打分表，在 11 位专家打分完毕后，得到专家汇总表。

得到专家汇总表之后，通过公式得到专家观点的平均一致度。在得到专家观点的平均一致度之后，可以得到专家观点的相对一致度。

将专家观点的相对一致度和专家权重按 $\beta = 0.5$ 综合得到专家观点共识度，见表 1-3-11。

表 1-3-11　专家观点共识度

编号	专家观点共识度										
	CC_1	CC_2	CC_3	CC_4	CC_5	CC_6	CC_7	CC_8	CC_9	CC_{10}	CC_{11}
X1	0.128 6	0.071 1	0.081 2	0.074 8	0.092 3	0.107 5	0.087 0	0.103 7	0.076 8	0.109 6	0.067 4
X2	0.126 6	0.073 4	0.070 1	0.071 9	0.091 2	0.109 2	0.086 8	0.099 9	0.075 7	0.115 2	0.080 2
X3	0.126 7	0.072 1	0.079 3	0.068 3	0.091 2	0.108 6	0.083 3	0.101 1	0.075 1	0.114 0	0.080 2
X4	0.127 1	0.073 2	0.077 8	0.068 8	0.086 3	0.109 6	0.089 1	0.100 3	0.074 2	0.113 1	0.080 6
X5	0.127 2	0.068 0	0.079 8	0.069 8	0.091 7	0.109 7	0.089 2	0.097 9	0.076 2	0.109 9	0.080 7
X6	0.122 1	0.073 0	0.074 6	0.073 9	0.092 2	0.110 2	0.089 7	0.102 8	0.071 0	0.110 0	0.080 4
X7	0.127 2	0.068 9	0.079 8	0.069 0	0.091 7	0.109 7	0.089 2	0.097 9	0.076 2	0.109 9	0.080 7
X8	0.121 9	0.073 3	0.076 7	0.071 1	0.091 8	0.104 5	0.089 2	0.102 3	0.076 3	0.112 0	0.080 8
X9	0.125 8	0.066 1	0.080 9	0.075 3	0.092 8	0.106 0	0.090 2	0.103 3	0.074 8	0.108 0	0.077 0
X10	0.125 2	0.073 3	0.077 9	0.070 3	0.091 7	0.107 8	0.089 2	0.098 4	0.072 3	0.115 1	0.078 8
X11	0.127 8	0.069 6	0.081 3	0.070 5	0.093 2	0.106 0	0.089 8	0.103 8	0.077 7	0.104 0	0.076 1
X12	0.125 2	0.071 3	0.081 3	0.075 7	0.084 8	0.111 2	0.090 6	0.095 4	0.069 3	0.113 1	0.082 2
X13	0.126 7	0.066 1	0.079 4	0.071 9	0.091 3	0.109 3	0.086 8	0.099 9	0.073 9	0.114 7	0.080 3
X14	0.123 4	0.074 3	0.080 9	0.067 1	0.092 8	0.102 6	0.085 4	0.100 9	0.077 3	0.116 2	0.079 3
X15	0.127 2	0.070 0	0.077 4	0.070 9	0.091 7	0.107 3	0.086 8	0.102 3	0.072 9	0.115 1	0.078 3
X16	0.124 8	0.072 8	0.077 5	0.073 8	0.091 3	0.107 4	0.082 0	0.101 8	0.075 8	0.114 7	0.078 4
X17	0.124 8	0.070 9	0.077 5	0.073 8	0.091 3	0.109 3	0.086 8	0.101 8	0.069 0	0.114 7	0.080 3
X18	0.125 1	0.071 2	0.078 3	0.072 1	0.090 2	0.108 2	0.087 7	0.100 2	0.074 1	0.113 6	0.079 2
X19	0.121 9	0.073 3	0.079 9	0.074 3	0.088 6	0.106 6	0.089 2	0.097 0	0.076 3	0.112 0	0.080 8
X20	0.124 5	0.072 8	0.077 1	0.073 8	0.089 0	0.109 3	0.086 5	0.101 8	0.075 8	0.109 0	0.080 3
X21	0.122 6	0.073 2	0.077 4	0.071 8	0.087 1	0.109 6	0.089 1	0.102 2	0.073 8	0.115 0	0.078 3

续表

编号	专家观点共识度										
	CC_1	CC_2	CC_3	CC_4	CC_5	CC_6	CC_7	CC_8	CC_9	CC_{10}	CC_{11}
X22	0.125 5	0.071 6	0.078 9	0.072 6	0.090 8	0.108 8	0.087 5	0.095 7	0.075 3	0.114 2	0.079 1
X23	0.126 9	0.072 3	0.078 8	0.068 1	0.091 5	0.108 7	0.088 9	0.102 0	0.076 0	0.107 0	0.079 7
X24	0.123 4	0.062 2	0.080 1	0.073 9	0.091 4	0.110 0	0.085 4	0.102 6	0.075 9	0.114 8	0.080 4
X25	0.125 8	0.071 9	0.078 4	0.075 4	0.092 9	0.108 3	0.081 8	0.094 9	0.074 8	0.116 3	0.079 3
X26	0.126 2	0.073 0	0.078 8	0.068 1	0.091 5	0.109 5	0.088 9	0.101 3	0.068 1	0.114 1	0.080 5
X27	0.127 3	0.069 5	0.076 1	0.074 3	0.087 4	0.109 8	0.089 3	0.098 5	0.076 3	0.110 8	0.080 8
X28	0.128 0	0.064 6	0.071 2	0.075 1	0.086 6	0.110 6	0.086 1	0.103 1	0.077 1	0.116 0	0.081 6
X29	0.125 0	0.074 5	0.081 0	0.075 4	0.081 7	0.099 7	0.090 4	0.103 5	0.074 1	0.113 0	0.081 9
X30	0.127 9	0.061 5	0.080 6	0.069 5	0.092 5	0.107 2	0.086 7	0.099 8	0.077 0	0.115 9	0.081 5
X31	0.128 2	0.065 8	0.072 4	0.072 7	0.090 2	0.108 6	0.088 1	0.103 3	0.075 1	0.116 1	0.079 6
X32	0.127 8	0.073 9	0.073 4	0.072 4	0.092 3	0.107 9	0.089 8	0.095 8	0.076 8	0.108 5	0.081 3
X33	0.117 3	0.069 6	0.080 5	0.075 7	0.093 2	0.111 2	0.079 3	0.097 3	0.076 9	0.116 6	0.082 2
X34	0.127 9	0.070 8	0.077 3	0.071 7	0.092 5	0.110 5	0.089 9	0.097 5	0.077 0	0.115 9	0.068 9
X35	0.127 8	0.068 3	0.067 7	0.074 8	0.090 4	0.110 3	0.089 8	0.100 9	0.074 9	0.113 8	0.081 3
X36	0.125 2	0.071 3	0.079 8	0.074 2	0.087 8	0.105 8	0.087 2	0.100 3	0.076 2	0.115 1	0.076 8
X37	0.127 2	0.068 0	0.074 6	0.074 2	0.087 3	0.109 7	0.084 8	0.102 3	0.076 2	0.115 1	0.080 7
X38	0.125 0	0.071 1	0.078 4	0.072 8	0.089 5	0.107 5	0.087 7	0.100 8	0.074 0	0.113 7	0.079 3
X39	0.123 3	0.073 3	0.077 9	0.074 2	0.091 7	0.107 8	0.087 2	0.100 3	0.076 2	0.111 2	0.076 8
X40	0.122 4	0.074 0	0.077 3	0.071 7	0.089 2	0.097 9	0.089 9	0.103 0	0.077 0	0.115 9	0.081 5
X41	0.124 5	0.072 8	0.079 4	0.073 8	0.091 3	0.107 0	0.086 5	0.096 2	0.075 8	0.114 7	0.078 0
X42	0.127 3	0.073 4	0.080 0	0.070 5	0.088 7	0.109 9	0.086 1	0.099 2	0.072 5	0.115 3	0.077 0
X43	0.127 4	0.073 5	0.070 7	0.072 1	0.092 0	0.110 0	0.087 1	0.100 2	0.076 5	0.109 5	0.081 0
X44	0.126 4	0.066 3	0.079 1	0.074 3	0.089 3	0.107 3	0.088 4	0.101 5	0.073 8	0.112 7	0.080 8
X45	0.124 9	0.073 3	0.077 6	0.074 3	0.091 8	0.109 8	0.089 2	0.094 6	0.076 3	0.115 2	0.073 0
X46	0.126 6	0.072 7	0.073 9	0.072 9	0.091 1	0.109 1	0.088 6	0.096 4	0.074 9	0.113 8	0.080 1
X47	0.123 2	0.073 0	0.079 6	0.074 0	0.087 7	0.109 5	0.088 9	0.096 4	0.076 0	0.114 9	0.076 7
X48	0.120 6	0.072 0	0.078 5	0.072 9	0.090 4	0.108 4	0.087 9	0.101 0	0.074 9	0.113 8	0.079 4
X49	0.116 8	0.069 9	0.080 3	0.074 7	0.092 2	0.110 2	0.085 8	0.102 7	0.076 7	0.109 8	0.081 2
X50	0.126 6	0.070 3	0.076 8	0.073 6	0.088 7	0.108 5	0.087 9	0.101 0	0.075 0	0.113 9	0.077 7
X51	0.127 1	0.073 2	0.079 7	0.071 8	0.089 3	0.107 3	0.089 1	0.102 2	0.073 8	0.110 5	0.076 1
X52	0.128 7	0.070 6	0.079 2	0.073 6	0.093 2	0.111 2	0.086 5	0.103 8	0.075 6	0.114 5	0.063 0
X53	0.126 3	0.071 6	0.078 2	0.073 3	0.090 1	0.103 1	0.088 3	0.101 4	0.074 6	0.113 5	0.079 8
X54	0.122 8	0.068 9	0.075 5	0.073 2	0.090 7	0.109 3	0.088 8	0.101 2	0.075 2	0.114 7	0.079 7
X55	0.127 2	0.073 3	0.074 6	0.069 0	0.091 7	0.105 3	0.084 8	0.102 3	0.076 2	0.115 1	0.080 7
X56	0.127 6	0.073 7	0.069 5	0.074 7	0.092 2	0.110 2	0.089 6	0.098 9	0.070 9	0.111 7	0.081 2

续表

编号	专家观点共识度										
	CC_1	CC_2	CC_3	CC_4	CC_5	CC_6	CC_7	CC_8	CC_9	CC_{10}	CC_{11}
X57	0.123 2	0.073 0	0.079 6	0.074 0	0.091 5	0.109 5	0.083 3	0.102 0	0.072 2	0.114 9	0.076 7
X58	0.125 4	0.066 7	0.080 4	0.074 8	0.089 9	0.110 3	0.089 8	0.095 8	0.076 8	0.108 7	0.081 3
X59	0.128 4	0.070 5	0.071 4	0.065 8	0.092 9	0.110 9	0.090 4	0.098 8	0.077 4	0.111 6	0.081 9
X60	0.127 5	0.072 7	0.075 2	0.074 5	0.092 0	0.103 8	0.089 5	0.097 6	0.071 6	0.115 4	0.080 2
X61	0.114 6	0.072 6	0.079 1	0.073 5	0.091 0	0.109 0	0.088 5	0.101 6	0.075 5	0.114 4	0.080 0
X62	0.125 0	0.071 1	0.078 4	0.072 8	0.090 3	0.108 3	0.087 0	0.100 1	0.074 0	0.113 7	0.079 3
X63	0.127 5	0.061 5	0.074 9	0.074 6	0.092 1	0.110 1	0.089 5	0.102 6	0.076 6	0.115 5	0.075 4
X64	0.123 6	0.069 7	0.080 1	0.074 5	0.086 6	0.106 1	0.084 0	0.102 5	0.076 5	0.115 4	0.081 0
X65	0.128 2	0.074 3	0.078 4	0.067 1	0.084 6	0.110 8	0.090 2	0.098 5	0.072 5	0.116 2	0.079 3
X66	0.126 2	0.072 3	0.078 9	0.073 3	0.088 5	0.106 5	0.088 2	0.101 3	0.075 3	0.111 9	0.077 5
X67	0.126 6	0.071 9	0.078 5	0.072 9	0.091 1	0.104 6	0.084 0	0.101 7	0.074 9	0.114 5	0.079 4
X68	0.127 1	0.068 7	0.075 2	0.071 8	0.089 3	0.107 3	0.089 1	0.102 2	0.076 1	0.115 0	0.078 3
X69	0.125 9	0.072 0	0.079 3	0.070 4	0.091 2	0.108 4	0.088 7	0.101 0	0.072 4	0.113 8	0.076 9
X70	0.126 9	0.073 0	0.079 6	0.070 2	0.087 7	0.109 5	0.083 3	0.102 0	0.076 0	0.114 9	0.076 7
X71	0.123 2	0.073 0	0.079 6	0.074 0	0.087 7	0.105 7	0.088 9	0.102 0	0.070 4	0.114 9	0.080 5
X72	0.122 1	0.068 2	0.074 7	0.073 9	0.091 4	0.109 4	0.088 9	0.101 2	0.075 1	0.114 8	0.080 4
X73	0.127 9	0.071 5	0.078 1	0.065 2	0.090 0	0.110 4	0.086 5	0.099 6	0.073 5	0.115 8	0.081 4
X74	0.124 4	0.074 5	0.081 0	0.075 4	0.083 3	0.101 3	0.090 4	0.098 8	0.072 7	0.116 3	0.081 9
X75	0.127 2	0.073 3	0.074 6	0.074 2	0.086 5	0.109 7	0.089 2	0.097 9	0.076 2	0.110 7	0.080 7
X76	0.127 1	0.071 3	0.077 8	0.072 2	0.089 7	0.109 6	0.083 7	0.102 2	0.076 1	0.115 0	0.075 3
X77	0.126 7	0.066 1	0.079 4	0.073 8	0.091 3	0.107 4	0.086 8	0.099 9	0.073 9	0.114 7	0.080 3
X78	0.126 7	0.070 9	0.077 5	0.071 9	0.089 4	0.109 3	0.088 7	0.101 8	0.069 0	0.114 7	0.080 3
X79	0.120 2	0.073 0	0.079 5	0.073 9	0.088 3	0.109 4	0.085 8	0.098 9	0.075 9	0.114 8	0.080 4
X80	0.124 6	0.070 7	0.077 3	0.071 7	0.089 6	0.107 6	0.087 0	0.102 1	0.074 1	0.114 9	0.080 5
X81	0.126 6	0.071 9	0.078 5	0.068 3	0.085 8	0.108 4	0.088 6	0.101 7	0.075 6	0.114 5	0.080 1
X82	0.124 7	0.068 7	0.079 7	0.071 8	0.091 6	0.107 3	0.089 1	0.099 8	0.076 1	0.115 0	0.076 1
X83	0.126 1	0.072 2	0.078 7	0.073 1	0.088 8	0.108 6	0.086 2	0.101 2	0.073 3	0.112 2	0.079 6
X84	0.124 8	0.070 9	0.077 5	0.073 8	0.091 3	0.109 3	0.088 7	0.101 8	0.075 8	0.112 8	0.073 5
X85	0.127 1	0.073 2	0.074 4	0.068 8	0.089 7	0.107 7	0.087 2	0.102 2	0.076 1	0.115 0	0.078 7
X86	0.125 2	0.069 4	0.077 9	0.072 3	0.089 8	0.109 7	0.085 3	0.102 3	0.072 3	0.115 1	0.080 7
X87	0.126 0	0.072 1	0.078 7	0.073 7	0.091 2	0.109 2	0.082 6	0.101 8	0.075 7	0.114 6	0.074 2
X88	0.123 8	0.073 0	0.072 8	0.070 8	0.091 4	0.106 3	0.088 9	0.102 0	0.075 9	0.114 8	0.080 4
X89	0.127 0	0.071 1	0.077 7	0.072 1	0.091 5	0.107 2	0.086 6	0.099 7	0.073 7	0.114 9	0.078 6
X90	0.125 4	0.074 0	0.077 1	0.071 5	0.092 4	0.110 4	0.080 2	0.100 5	0.074 5	0.115 8	0.078 0
X91	0.127 9	0.074 0	0.078 5	0.070 9	0.088 4	0.099 1	0.089 9	0.103 0	0.074 9	0.113 8	0.079 4

续表

编号	专家观点共识度										
	CC_1	CC_2	CC_3	CC_4	CC_5	CC_6	CC_7	CC_8	CC_9	CC_{10}	CC_{11}
X92	0.127 2	0.073 3	0.075 4	0.074 2	0.091 7	0.104 5	0.083 9	0.102 3	0.071 8	0.115 1	0.080 7
X93	0.127 3	0.073 4	0.076 1	0.071 2	0.091 9	0.109 9	0.085 5	0.098 6	0.073 2	0.112 1	0.080 9
X94	0.117 1	0.063 2	0.080 8	0.076 1	0.092 7	0.106 1	0.088 8	0.104 2	0.075 8	0.114 7	0.080 3

3. 基本事件的模糊数、发生可能性和发生概率值

给专家观点按共识度赋予不同权重,得到每个基本事件的模糊数、发生可能性和发生概率值,见表 1-3-12。

表 1-3-12 每个基本事件的模糊数、发生可能性和发生概率值

编号	模糊数	发生可能性分值	发生概率值
X1	(0.157 7,0.231 1,0.288 8,0.388 8)	0.267 9	6.07×10^{-4}
X2	(0.098 6,0.150 3,0.224 5,0.324 5)	0.201 5	2.28×10^{-4}
X3	(0.068 1,0.121 0,0.183 2,0.283 2)	0.166 0	1.15×10^{-4}
X4	(0.079 0,0.142 4,0.194 5,0.294 5)	0.179 4	1.52×10^{-4}
X5	(0.101 0,0.184 2,0.218 8,0.318 8)	0.206 7	2.50×10^{-4}
X6	(0.160 0,0.236 8,0.299 5,0.399 5)	0.275 0	6.63×10^{-4}
X7	(0.101 2,0.184 5,0.219 1,0.319 1)	0.207 0	2.51×10^{-4}
X8	(0.096 7,0.170 7,0.219 3,0.319 3)	0.202 9	2.34×10^{-4}
X9	(0.154 0,0.235 7,0.274 0,0.374 0)	0.260 5	5.52×10^{-4}
X10	(0.085 1,0.146 2,0.209 2,0.309 2)	0.189 3	1.83×10^{-4}
X11	(0.288 9,0.378 5,0.449 2,0.549 2)	0.417 0	2.67×10^{-3}
X12	(0.143 9,0.213 0,0.243 9,0.343 9)	0.238 1	4.06×10^{-4}
X13	(0.073 4,0.140 1,0.180 0,0.280 0)	0.170 2	1.25×10^{-4}
X14	(0.148 0,0.227 1,0.266 0,0.366 0)	0.253 0	5.00×10^{-4}
X15	(0.113 6,0.192 2,0.248 6,0.348 6)	0.226 9	3.45×10^{-4}
X16	(0.069 4,0.130 6,0.177 6,0.277 6)	0.165 8	1.14×10^{-4}
X17	(0.070 9,0.134 9,0.177 8,0.277 8)	0.167 3	1.18×10^{-4}
X18	(0.044 3,0.088 5,0.144 3,0.244 3)	0.133 0	5.02×10^{-5}
X19	(0.091 2,0.160 4,0.213 1,0.313 1)	0.196 0	2.07×10^{-4}
X20	(0.126 8,0.215 9,0.264 5,0.364 5)	0.243 5	4.39×10^{-4}
X21	(0.109 2,0.188 2,0.239 3,0.339 3)	0.220 1	3.10×10^{-4}
X22	(0.134 1,0.224 5,0.277 7,0.377 7)	0.254 0	5.07×10^{-4}
X23	(0.159 2,0.252 4,0.293 2,0.393 2)	0.274 9	6.62×10^{-4}
X24	(0.095 9,0.152 3,0.216 8,0.316 8)	0.197 5	2.13×10^{-4}

续表

编号	模糊数	发生可能性分值	发生概率值
X25	(0.254 1,0.354 1,0.400 2,0.500 2)	0.377 2	1.91×10^{-3}
X26	(0.155 7,0.248 9,0.297 7,0.397 7)	0.275 4	6.66×10^{-4}
X27	(0.104 6,0.184 8,0.229 0,0.329 0)	0.213 0	2.77×10^{-4}
X28	(0.140 7,0.232 0,0.249 3,0.349 3)	0.243 4	4.39×10^{-4}
X29	(0.123 2,0.192 0,0.223 2,0.323 2)	0.217 3	2.97×10^{-4}
X30	(0.096 0,0.166 7,0.203 0,0.303 0)	0.193 9	2.00×10^{-4}
X31	(0.122 6,0.187 5,0.238 9,0.338 9)	0.223 8	3.29×10^{-4}
X32	(0.169 8,0.252 9,0.324 0,0.424 0)	0.293 5	8.24×10^{-4}
X33	(0.205 6,0.295 8,0.341 0,0.441 0)	0.321 4	1.12×10^{-3}
X34	(0.108 5,0.186 5,0.218 2,0.318 2)	0.209 2	2.60×10^{-4}
X35	(0.089 2,0.151 2,0.196 0,0.296 0)	0.185 1	1.69×10^{-4}
X36	(0.088 6,0.150 2,0.215 7,0.315 7)	0.194 3	2.01×10^{-4}
X37	(0.097 0,0.179 8,0.211 3,0.311 3)	0.200 9	2.26×10^{-4}
X38	(0.153 3,0.253 3,0.306 6,0.406 6)	0.279 9	7.03×10^{-4}
X39	(0.093 8,0.156 5,0.224 9,0.324 9)	0.201 7	2.29×10^{-4}
X40	(0.117 8,0.194 0,0.230 0,0.330 0)	0.219 4	3.07×10^{-4}
X41	(0.130 0,0.220 4,0.269 6,0.369 6)	0.247 9	4.67×10^{-4}
X42	(0.094 6,0.167 2,0.216 6,0.316 6)	0.200 2	2.23×10^{-4}
X43	(0.136 2,0.225 2,0.262 1,0.362 1)	0.247 1	4.61×10^{-4}
X44	(0.223 8,0.317 2,0.339 3,0.439 3)	0.330 4	1.22×10^{-3}
X45	(0.170 5,0.270 5,0.290 8,0.390 8)	0.280 6	7.09×10^{-4}
X46	(0.139 8,0.222 8,0.296 6,0.396 6)	0.264 7	5.83×10^{-4}
X47	(0.119 1,0.209 5,0.247 9,0.347 9)	0.231 7	3.70×10^{-4}
X48	(0.012 1,0.024 1,0.112 1,0.212 1)	0.092 9	1.21×10^{-5}
X49	(0.139 6,0.228 7,0.255 2,0.355 2)	0.245 4	4.51×10^{-4}
X50	(0.082 7,0.134 1,0.214 1,0.314 1)	0.188 2	1.80×10^{-4}
X51	(0.115 6,0.196 9,0.249 8,0.349 8)	0.229 0	3.56×10^{-4}
X52	(0.106 6,0.172 3,0.228 6,0.328 6)	0.210 7	2.67×10^{-4}
X53	(0.132 5,0.222 2,0.275 3,0.375 3)	0.251 8	4.92×10^{-4}
X54	(0.084 7,0.142 7,0.211 5,0.311 5)	0.189 5	1.84×10^{-4}
X55	(0.095 3,0.176 3,0.209 7,0.309 7)	0.198 9	2.18×10^{-4}
X56	(0.134 8,0.227 7,0.255 9,0.355 9)	0.244 0	4.42×10^{-4}
X57	(0.118 9,0.210 6,0.246 1,0.346 1)	0.230 9	3.66×10^{-4}
X58	(0.150 9,0.230 5,0.302 3,0.402 3)	0.272 4	6.42×10^{-4}
X59	(0.127 1,0.206 1,0.234 2,0.334 2)	0.226 7	3.44×10^{-4}
X60	(0.178 2,0.267 8,0.293 5,0.393 5)	0.284 0	7.38×10^{-4}

续表

编号	模糊数	发生可能性分值	发生概率值
X61	（0.022 9，0.034 4，0.134 4，0.234 4）	0.109 2	2.33×10^{-5}
X62	（0.154 3，0.254 3，0.308 6，0.408 6）	0.281 4	7.16×10^{-4}
X63	（0.118 4，0.210 9，0.225 9，0.325 9）	0.220 8	3.14×10^{-4}
X64	（0.204 2，0.304 2，0.357 2，0.457 2）	0.330 7	1.23×10^{-3}
X65	（0.144 2，0.227 1，0.259 9，0.359 9）	0.248 8	4.73×10^{-4}
X66	（0.138 5，0.238 5，0.276 9，0.376 9）	0.257 7	5.32×10^{-4}
X67	（0.118 9，0.200 0，0.256 6，0.356 6）	0.234 0	3.83×10^{-4}
X68	（0.120 3，0.205 9，0.255 0，0.355 0）	0.234 8	3.88×10^{-4}
X69	（0.130 1，0.208 2，0.282 2，0.382 2）	0.251 7	4.91×10^{-4}
X70	（0.115 1，0.206 8，0.238 6，0.338 6）	0.225 3	3.37×10^{-4}
X71	（0.124 6，0.217 6，0.256 3，0.356 3）	0.239 1	4.13×10^{-4}
X72	（0.197 1，0.297 1，0.314 7，0.414 7）	0.305 9	9.47×10^{-4}
X73	（0.117 6，0.191 6，0.241 5，0.341 5）	0.224 4	3.32×10^{-4}
X74	（0.150 6，0.233 5，0.263 1，0.363 1）	0.253 6	5.04×10^{-4}
X75	（0.095 2，0.174 4，0.211 3，0.311 3）	0.199 3	2.20×10^{-4}
X76	（0.084 8，0.153 7，0.200 7，0.300 7）	0.186 6	1.74×10^{-4}
X77	（0.069 8，0.133 0，0.176 4，0.276 4）	0.165 9	1.14×10^{-4}
X78	（0.075 9，0.145，0.182 8，0.282 8）	0.173 4	1.34×10^{-4}
X79	（0.084 7，0.157 4，0.196 7，0.296 7）	0.185 5	1.71×10^{-4}
X80	（0.098 6，0.162 8，0.233 0，0.333 0）	0.208 5	2.57×10^{-4}
X81	（0.143 3，0.227 9，0.302 0，0.402 0）	0.269 5	6.19×10^{-4}
X82	（0.125 9，0.211 4，0.266 3，0.366 3）	0.243 2	4.37×10^{-4}
X83	（0.063 9，0.127 9，0.163 9，0.263 9）	0.157 0	9.35×10^{-5}
X84	（0.068 8，0.130 2，0.176 1，0.276 1）	0.164 8	1.12×10^{-4}
X85	（0.078 0，0.141 7，0.192 3，0.292 3）	0.177 9	1.47×10^{-4}
X86	（0.086 2，0.149 7，0.208 9，0.308 9）	0.190 2	1.86×10^{-4}
X87	（0.059 0，0.102 4，0.174 7，0.274 7）	0.155 1	8.94×10^{-5}
X88	（0.077 2，0.147 1，0.184 5，0.284 5）	0.175 1	1.39×10^{-4}
X89	（0.106 8，0.176 8，0.243 5，0.343 5）	0.219 0	3.05×10^{-4}
X90	（0.131 4，0.208 7，0.261 5，0.361 5）	0.242 0	4.30×10^{-4}
X91	（0.111 0，0.176 3，0.226 9，0.326 9）	0.212 1	2.73×10^{-4}
X92	（0.104 1，0.189 4，0.222 9，0.322 9）	0.210 7	2.67×10^{-4}
X93	（0.100 4，0.174 7，0.226 4，0.326 4）	0.208 3	2.57×10^{-4}
X94	（0.185 3，0.249 4，0.320 7，0.420 7）	0.295 7	8.45×10^{-4}

1.3.2.2　单点多管缆干涉风险管理

在完成单点多管缆干涉的风险定性和定量分析后，需要通过判断顶事件风险等级来确定是否有必要对其进行风险管理。如果风险等级过高，客观上不可能面面俱到地对每个风险源都采取相应的措施，这就需要从众多的风险源中找出重点风险源，针对每个重点风险源的特点提出相对应的风险管理措施，这样也能为控制其他风险源提供参考。

1. 顶事件风险

在得出各个基本事件的发生概率之后，可以结合公式求出单点多管缆干涉发生问题的概率。

P=0.039 137 856，求出每个打分等级所对应的发生概率，见表 1-3-13。

表 1-3-13　打分等级及其对应的发生概率

打分等级	1	2	3	4	5	6	7
发生可能性	极低	低	稍低	中等	稍高	高	极高
发生概率	5.66×10^{-6}	2.22×10^{-4}	1.50×10^{-3}	5.00×10^{-3}	1.34×10^{-2}	3.55×10^{-2}	9.79×10^{-2}

通过与打分等级比较发现顶事件发生可能性介于高与极高之间，也就是说单点多管缆干涉属于高风险事件，所以，需要对重点风险源进行风险管理以降低风险。

2. 风险管理

1）重点风险源

根据 ALARP 原则，并结合单点多管缆干涉发生的特点，取基本事件发生概率 0.000 4 为风险容许下限，即概率值低于 0.000 4 的基本事件属于可接受区域，可以忽略；概率值高于 0.000 4 的区域属于 ALARP 区域或不可接受区域，需要采取风险管理方法来降低其发生的概率。发生概率值高于 0.000 4 的基本事件统计见表 1-3-14。

表 1-3-14　发生概率值高于 0.000 4 的基本事件统计

事件编号	基本事件描述	概率值
X11	制造人员技术水平不足	2.67×10^{-3}
X25	施工设备发生故障	1.90×10^{-3}
X64	立管与平台连接方式不合理	1.22×10^{-3}
X44	大风	1.22×10^{-3}
X33	管理人员责任感不强	1.12×10^{-3}
X72	法律宣传工作不到位	9.47×10^{-4}
X94	监控系统发生故障	8.45×10^{-4}
X32	管理人员经验不足	8.24×10^{-4}
X60	立管未做标记	7.38×10^{-4}
X62	实际与预期风浪流不同	7.16×10^{-4}
X45	大浪	7.09×10^{-4}

续表

事件编号	基本事件描述	概率值
X38	管件质量过大	7.03×10^{-4}
X26	施工质量不合格	6.66×10^{-4}
X6	拐点、转角位置设置不合理	6.63×10^{-4}
X23	施工人员水平不足	6.62×10^{-4}
X58	拖锚操作不规范	6.42×10^{-4}
X81	焊接质量不合格	6.19×10^{-4}
X1	设计人员经验不足	6.07×10^{-4}
X46	立管间距离过小	5.83×10^{-4}
X9	立管间距设计不合理	5.52×10^{-4}
X66	海底土壤冲蚀	5.32×10^{-4}
X22	施工人员经验不足	5.07×10^{-4}
X74	设计人员对锚泊系统位置判断不当	5.04×10^{-4}
X14	选择的材料强度不满足要求	5.00×10^{-4}
X53	未提前获知天气预报	4.92×10^{-4}
X69	立管埋深不符合要求	4.91×10^{-4}
X65	海底滑坡	4.73×10^{-4}
X41	立管内流体流动状态与设计要求差别较大	4.67×10^{-4}
X43	海流影响	4.61×10^{-4}
X49	未设置警示标志	4.51×10^{-4}
X56	抛锚位置设置不当	4.42×10^{-4}
X20	立管存在磨损	4.39×10^{-4}
X28	没有统一指挥	4.39×10^{-4}
X82	质量检测不负责任	4.37×10^{-4}
X90	管理人员能力不足	4.30×10^{-4}
X71	管件监控系统设置不合理	4.13×10^{-4}
X12	制造人员经验不足	4.06×10^{-4}

2）风险管理措施

将找出的重点风险源划分为六个类别：突发情况、事前准备、人员操作、设计不当、环境限制和设备问题，然后根据这六个类别各自的特点以及需要注意的问题提出相应的风险管理措施，见表 1-3-15。

表 1-3-15　风险管理措施

风险类别	基本事件	风险管理措施
突发情况	实际与预期风浪流不同	提高风浪流预测能力，改进风浪流预测机构
	立管内流体流动状态与设计要求差别较大	1. 对流体流动理论进行进一步深入调查； 2. 对立管内的流体进行精细化的有限元分析
事前准备	法律宣传工作不到位	1. 发挥基层工作人员的作用，积极进行法律宣传工作； 2. 分发相关宣传材料和提供宣传广播
	焊接质量不合格	1. 对操作人员进行培训，提高其工艺水平，以老工人帮扶新工人的形式进行，检查到位； 2. 经常召开经验分享会和技术交流会，提高操作人员的专业技能水平
	未提前获知天气预报	1. 积极做好事前准备，并落实到具体的负责人员； 2. 各部门人员分工明确，并设置合理的监督人员进行督促
	立管存在磨损	1. 运输过程中，轻拿轻放，按照规定进行运输； 2. 对运输的立管进行相应的保护，如用布包起来等
	没有统一指挥	1. 设立统筹部门进行相关的统筹工作； 2. 设立统一指挥小组； 3. 制订计划时要尽可能完备，以会议讨论的形式进行； 4. 各工程人员要各司其职，有责任心
人员操作	制造人员技术水平不足	1. 对制造人员进行培训，提高其工艺水平，以老员人帮扶新员工的形式进行，检查到位； 2. 经常召开经验分享会和技术交流会，提高制造人员的专业技能水平
	管理人员责任感不强	1. 宣传工程责任心，定期召开工程安全汇报会，增强管理人员的责任心； 2. 对缺乏责任感的管理人员进行处罚
	管理人员经验不足	1. 对管理人员进行培训，提高其管理水平，以老员工帮扶新员工的形式进行，检查到位； 2. 经常召开经验分享会和技术交流会，提高管理人员的专业技能水平
	施工质量不合格	1. 提高施工人员的操作水平； 2. 设立相应的质量检测部门进行相应的检查
	施工人员水平不足	1. 对施工人员进行培训，提高其工艺水平，以老工人帮扶新工人的形式进行，检查到位； 2. 经常召开经验分享会和技术交流会，提高施工人员的专业技能水平
	拖锚操作不规范	1. 工程人员要时刻树立按规范操作的意识； 2. 经常召开讨论会，让工程人员增强规范操作的意识

续表

风险类别	基本事件	风险管理措施
人员操作	施工人员经验不足	1. 对施工人员进行培训，提高其工艺水平，以老工人帮扶新工人的形式进行，检查到位； 2. 经常召开经验分享会和技术交流会，提高施工人员的专业技能水平
	管理人员能力不足	1. 对管理人员进行培训，提高其管理水平，以老员工帮扶新员工进行，检查到位； 2. 经常召开经验分享会和技术交流会，提高管理人员的专业技能水平
	制造人员经验不足	1. 对制造人员进行培训，提高其工艺水平，以老工人帮扶新工人的形式进行，检查到位； 2. 经常召开经验分享会和技术交流会，提高制造人员的专业技能水平
设计不当	立管与平台连接方式不合理	1. 参考现成的工程设备进行相应的分析、改进，从而进行应用； 2. 在确定连接方式之后，进行有限元模拟，查看是否符合工程要求
	立管未做标记	1. 对立管做好标记； 2. 对立管周边做好标记，防止无关人员误触
	管件质量过大	1. 参考现成的管件设备进行相应的分析、改进，从而进行应用； 2. 进行有限元模拟，查看是否符合工程要求
	拐点、转角位置设置不合理	1. 参考现成的管件设备进行相应的分析、改进，从而进行应用； 2. 进行有限元模拟，查看是否符合工程要求
	设计人员经验不足	1. 对设计人员进行培训，提高其工艺水平，以老员工帮扶新员工的形式进行，检查到位； 2. 经常召开经验分享会和技术交流会，提高设计人员的专业技能水平
	立管间距离过小	1. 进行数值分析和有限元模拟，从而判断是否符合工程要求； 2. 咨询有关专家，根据专家经验和工程理论知识判断是否可行
	立管间距设计不合理	1. 进行数值分析和有限元模拟，从而判断是否符合工程要求； 2. 咨询有关专家，根据专家经验和工程理论知识判断是否可行
	设计人员对锚泊系统位置判断不当	1. 设计人员要提高统筹意识，不能拘泥于只完成自己负责的部分； 2. 设立设计统筹小组，用于协调负责不同部分的小组之间相联系的工作
	选择的材料强度不满足要求	1. 进行数值分析和有限元模拟，从而判断是否符合工程要求； 2. 咨询有关专家，根据专家经验和工程理论知识判断是否可行
	立管埋深不符合要求	1. 进行数值分析和有限元模拟，从而判断是否符合工程要求； 2. 咨询有关专家，根据专家经验和工程理论知识判断是否可行

续表

风险类别	基本事件	风险管理措施
设计不当	未设置警示标志	1. 在平台和立管周围设置相应的警示标志； 2. 警示标志应尽可能明显、醒目； 3. 警示标志的间距布置应合理
	抛锚位置设置不当	1. 抛锚人员应有经验、有责任心； 2. 抛锚人员应熟悉锚地周边情况
	质量检测不负责任	1. 宣传工程责任心，定期召开工程安全汇报会，增强操作者的责任心； 2. 对缺乏责任心的质量检测人员进行处罚； 3. 选取责任心强的负责人； 4. 应多人监管，避免单人负责
	管件监控系统设置不合理	1. 监控系统间距应尽量合理； 2. 监控系统工作环境尽可能满足运行要求； 3. 应在容易发生失效的部分设置监控系统
环境限制	大风	1. 提前做好环境预报工作； 2. 如果影响过大，要另择合适的时间进行
	大浪	1. 提前做好环境预报工作； 2. 如果影响过大，要另择合适的时间进行
	海底土壤冲蚀	1. 提前调研好施工地点的土质； 2. 对选定的施工地点进行预处理，提高施工地的质量
	海底滑坡	1. 提前调研好施工地点的土质； 2. 对选定的施工地点进行预处理，提高施工地的质量
	海流影响	1. 提前做好环境预报工作； 2. 如果影响过大，要另择合适的时间进行
设备问题	施工设备发生故障	1. 注重设备的保养维修工作； 2. 在作业之前，要检查设备是否符合工作要求
	监控系统发生故障	1. 把控使用的产品的质量，坚决抵制残次品； 2. 在运行过程中，按时检查，保养； 3. 由专人负责监控系统的看护

1.3.3　深水半潜式平台安装作业风险分析控制

1.3.3.1　半潜式平台安装风险的定量分析

1. 确定专家权重

本次风险分析选取 11 名熟悉半潜平台安装作业流程，且具有一定工程经验的专家进行评估打分，但由于每位专家在个人经验、相关知识充裕度、信息来源和反应力等方面存在差异，所以需要对每位专家确定一定的权重来综合打分结果，使其更加接近实际需求。以下从个人经验、相关知识充裕度、信息来源和反应力四个维度运用层次分析法来确定专家的权重。

通过对每个维度的重要程度进行两两比较，并进行 1~9 的比例标度赋值，得出各维度的判断矩阵 $\boldsymbol{A}_{a}$。运用特征根方法得出各维度权重见表 1-3-1。对四个维度下的专家权重进行综合，计算合成权重结果见表 1-3-6。

2. 相似性聚合

根据识别出的基本事件制作专家打分表，在 11 位专家打分完毕后，得到专家汇总表。得到专家汇总表之后，通过公式得到专家观点的平均一致度。在得到专家观点的平均一致度之后，可以得到专家观点的相对一致度。将专家观点的相对一致度和专家权重按 $\beta = 0.5$ 综合得到专家观点共识度。

3. 基本事件的模糊数、发生可能性和发生概率值

给专家观点按共识度赋予不同权重，得到每个基本事件的模糊数、发生可能性和发生概率值，见表 1-3-16。

表 1-3-16 每个基本事件的模糊数、发生可能性和发生概率值

事件编号	模糊数	发生可能性	发生概率值
X1	(0.062 0, 0.108 3, 0.177 5, 0.277 5)	0.158 6	9.71×10^{-5}
X2	(0.179 2, 0.253 9, 0.327 7, 0.427 7)	0.298 3	8.70×10^{-4}
X3	(0.052 2, 0.097 6, 0.159 0, 0.259 0)	0.144 4	6.86×10^{-5}
X4	(0.069 1, 0.113 7, 0.193 5, 0.293 5)	0.169 6	1.24×10^{-4}
X5	(0.007 0, 0.013 9, 0.107 0, 0.207 0)	0.086 5	8.97×10^{-6}
X6	(0.072 0, 0.144 0, 0.172 0, 0.272 0)	0.166 8	1.17×10^{-4}
X7	(0.111 3, 0.204 6, 0.229 4, 0.329 4)	0.219 1	3.06×10^{-4}
X8	(0.188 6, 0.266 1, 0.325 4, 0.425 4)	0.302 5	9.12×10^{-4}
X9	(0.070 4, 0.134 1, 0.177 1, 0.277 1)	0.166 6	1.16×10^{-4}
X10	(0.010 3, 0.020 6, 0.110 3, 0.210 3)	0.090 7	1.09×10^{-5}
X11	(0.050 4, 0.100 8, 0.150 4, 0.250 4)	0.140 5	6.19×10^{-5}
X12	(0.143 0, 0.225 6, 0.282 9, 0.382 9)	0.259 5	5.45×10^{-4}
X13	(0.065 3, 0.119 9, 0.176 1, 0.276 1)	0.161 5	1.04×10^{-4}
X14	(0.163 6, 0.255 4, 0.310 1, 0.410 1)	0.285 2	7.49×10^{-4}
X15	(0.155 5, 0.239 6, 0.296 4, 0.396 4)	0.272 8	6.45×10^{-4}
X16	(0.332 2, 0.432 2, 0.471 5, 0.565 3)	0.449 9	3.46×10^{-3}
X17	(0.034 1, 0.060 3, 0.142 0, 0.242 0)	0.122 3	3.64×10^{-5}
X18	(0.038 6, 0.077 1, 0.138 6, 0.238 6)	0.125 9	4.08×10^{-5}
X19	(0.025 3, 0.042 9, 0.133 1, 0.233 1)	0.111 3	2.52×10^{-5}
X20	(0.103 5, 0.193 1, 0.217 3, 0.317 3)	0.208 5	2.57×10^{-4}
X21	(0.062 5, 0.125 1, 0.162 5, 0.262 5)	0.155 3	8.98×10^{-5}
X22	(0.113 5, 0.198 9, 0.241 7, 0.341 7)	0.224 8	3.34×10^{-4}
X23	(0.176 6, 0.268 4, 0.314 4, 0.414 4)	0.293 9	8.28×10^{-4}

续表

事件编号	模糊数	发生可能性	发生概率值
X24	（0.071 1，0.142 2，0.171 1，0.271 1）	0.165 7	1.14×10^{-4}
X25	（0.075 7，0.142 9，0.184 1，0.284 1）	0.173 5	1.35×10^{-4}
X26	（0.075 4，0.141 2，0.184 9，0.284 9）	0.173 4	1.34×10^{-4}
X27	（0.048 1，0.096 1，0.148 1，0.248 1）	0.137 6	5.72×10^{-5}
X28	（0.053 3，0.106 6，0.153 3，0.253 3）	0.144 0	6.79×10^{-5}
X29	（0.084 7，0.159 2，0.195 0，0.295 0）	0.185 0	1.69×10^{-4}
X30	（0.140 1，0.232 7，0.287 6，0.387 6）	0.262 4	5.66×10^{-4}
X31	（0.317 6，0.417 6，0.470 5，0.570 5）	0.444 1	3.31×10^{-3}
X32	（0.228 0，0.321 4，0.380 5，0.480 5）	0.353 0	1.53×10^{-3}
X33	（0.077 6，0.144 9，0.187 8，0.287 8）	0.176 3	1.42×10^{-4}
X34	（0.151 6，0.235 5，0.287 0，0.387 0）	0.266 1	5.93×10^{-4}
X35	（0.129 1，0.219 4，0.243 4，0.343 4）	0.234 5	3.86×10^{-4}
X36	（0.114 7，0.196 7，0.247 5，0.347 5）	0.227 6	3.48×10^{-4}
X37	（0.160 4，0.251 8，0.297 2，0.397 2）	0.277 1	6.80×10^{-4}
X38	（0.074 8，0.137 5，0.186 8，0.286 8）	0.173 4	1.34×10^{-4}
X39	（0.111 0，0.183 6，0.228 2，0.328 2）	0.214 2	2.83×10^{-4}
X40	（0.150 2，0.239 3，0.286 1，0.386 1）	0.266 0	5.93×10^{-4}
X41	（0.007 0，0.013 9，0.107 0，0.207 0）	0.086 5	8.97×10^{-6}
X42	（0.094 8，0.178 9，0.205 7，0.305 7）	0.197 3	2.12×10^{-4}
X43	（0.125 4，0.225 4，0.250 8，0.350 8）	0.238 1	4.07×10^{-4}
X44	（0.235 8，0.335 8，0.398 6，0.498 6）	0.367 2	1.74×10^{-3}
X45	（0.169 6，0.258 7，0.293 7，0.393 7）	0.279 6	7.00×10^{-4}
X46	（0.118 0，0.202 5，0.251 3，0.351 3）	0.231 6	3.70×10^{-4}
X47	（0.064 0，0.118 5，0.173 5，0.273 5）	0.159 6	9.92×10^{-5}
X48	（0.089 8，0.165 0，0.204 3，0.304 3）	0.192 3	1.94×10^{-4}
X49	（0.111 8，0.200 9，0.234 5，0.334 5）	0.221 1	3.15×10^{-4}
X50	（0.105 8，0.196 1，0.221 2，0.321 2）	0.211 7	2.71×10^{-4}
X51	（0.098 4，0.180 3，0.215 0，0.315 0）	0.203 3	2.36×10^{-4}
X52	（0.124 4，0.217 0，0.256 3，0.356 3）	0.238 9	4.12×10^{-4}
X53	（0.193 3，0.283 2，0.346 8，0.446 8）	0.318 0	1.08×10^{-3}
X54	（0.145 0，0.245 0，0.289 9，0.389 9）	0.267 5	6.03×10^{-4}
X55	（0.067 3，0.134 6，0.167 3，0.267 3）	0.161 1	1.03×10^{-4}
X56	（0.083 4，0.159 5，0.190 8，0.290 8）	0.182 6	1.61×10^{-4}
X57	（0.104 2，0.189 6，0.223 1，0.323 1）	0.210 9	2.68×10^{-4}
X58	（0.093 6，0.176 8，0.203 8，0.303 8）	0.195 6	2.06×10^{-4}
X59	（0.119 5，0.210 9，0.247 5，0.347 5）	0.231 9	3.71×10^{-4}

续表

事件编号	模糊数	发生可能性	发生概率值
X60	(0.108 4,0.193 6,0.231 6,0.331 6)	0.217 2	2.96×10^{-4}
X61	(0.090 3,0.174 0,0.196 9,0.296 9)	0.190 6	1.88×10^{-4}
X62	(0.180 2,0.280 2,0.310 1,0.410 1)	0.295 1	8.40×10^{-4}
X63	(0.106 1,0.195 1,0.223 1,0.323 1)	0.212 5	2.75×10^{-4}
X64	(0.130 8,0.223 8,0.268 6,0.368 6)	0.248 3	4.69×10^{-4}
X65	(0.176 5,0.269,0.319 4,0.419 4)	0.296 5	8.53×10^{-4}
X66	(0.110 3,0.183 3,0.247 7,0.347 7)	0.223 6	3.28×10^{-4}
X67	(0.091 3,0.165 7,0.208 1,0.308 1)	0.194 7	2.03×10^{-4}
X68	(0.086 5,0.166 2,0.193 2,0.293 2)	0.186 1	1.72×10^{-4}
X69	(0.175 9,0.275 9,0.323 4,0.423 4)	0.299 6	8.84×10^{-4}
X70	(0.106 6,0.188 1,0.231 8,0.331 8)	0.215 6	2.89×10^{-4}
X71	(0.097 1,0.179 1,0.212 3,0.312 3)	0.201 3	2.28×10^{-4}
X72	(0.085 6,0.160 9,0.195 8,0.295 8)	0.186 0	1.72×10^{-4}
X73	(0.107 9,0.199 3,0.224 3,0.324 3)	0.214 5	2.84×10^{-4}
X74	(0.096 2,0.182 1,0.206 4,0.306 4)	0.198 7	2.18×10^{-4}
X75	(0.082 6,0.153 1,0.194 6,0.294 6)	0.182 9	1.62×10^{-4}
X76	(0.116 3,0.209 5,0.239 4,0.339 4)	0.226 6	3.43×10^{-4}
X77	(0.087 4,0.159 5,0.202 6,0.302 6)	0.189 6	1.84×10^{-4}
X78	(0.072 5,0.145 0,0.172 5,0.272 5)	0.167 4	1.18×10^{-4}
X79	(0.098 4,0.182 3,0.213 0,0.313 0)	0.202 7	2.33×10^{-4}
X80	(0.090 9,0.163 4,0.209 2,0.309 2)	0.194 7	2.02×10^{-4}
X81	(0.191 6,0.280 7,0.324 3,0.424 3)	0.305 8	9.46×10^{-4}
X82	(0.212 7,0.304 2,0.348 3,0.448 3)	0.328 9	1.21×10^{-3}
X83	(0.181 1,0.281 1,0.305 1,0.405 1)	0.293 1	8.21×10^{-4}
X84	(0.100 8,0.173 4,0.228 9,0.328 9)	0.209 4	2.61×10^{-4}
X85	(0.167 8,0.267 8,0.285 7,0.385 7)	0.276 8	6.77×10^{-4}
X86	(0.116 3,0.193 4,0.236 4,0.336 4)	0.221 9	3.19×10^{-4}
X87	(0.080 2,0.153 7,0.187 0,0.287 0)	0.178 6	1.49×10^{-4}
X88	(0.110 2,0.191 6,0.238 9,0.338 9)	0.220 9	3.14×10^{-4}
X89	(0.039 5,0.071 9,0.146 7,0.246 7)	0.128 9	4.46×10^{-5}
X90	(0.231 3,0.331 3,0.402 2,0.502 2)	0.366 7	1.74×10^{-3}
X91	(0.181 3,0.272 7,0.302 4,0.402 4)	0.290 2	7.94×10^{-4}
X92	(0.119 1,0.192 7,0.240 1,0.340 1)	0.224 4	3.32×10^{-4}
X93	(0.119 2,0.200 6,0.257 0,0.357 0)	0.234 4	3.85×10^{-4}
X94	(0.077 4,0.138 7,0.193 4,0.293 4)	0.177 6	1.46×10^{-4}
X95	(0.118 8,0.188 8,0.248 0,0.348 0)	0.227 3	3.47×10^{-4}

续表

事件编号	模糊数	发生可能性	发生概率值
X96	(0.091 4,0.166 2,0.207 9,0.307 9)	0.194 7	2.03×10^{-4}
X97	(0.198 6,0.290 1,0.324 9,0.424 9)	0.310 2	9.92×10^{-4}
X98	(0.154 5,0.222 9,0.262 0,0.362 0)	0.252 2	4.94×10^{-4}
X99	(0.130 1,0.213 0,0.252 4,0.352 4)	0.237 9	4.06×10^{-4}
X100	(0.139 2,0.207 3,0.257 2,0.357 2)	0.241 9	4.29×10^{-4}
X101	(0.078 3,0.142 5,0.192 6,0.292 6)	0.178 3	1.48×10^{-4}
X102	(0.111 2,0.200 9,0.232 9,0.332 9)	0.220 1	3.11×10^{-4}
X103	(0.107 1,0.198 7,0.222 5,0.322 5)	0.213 2	2.78×10^{-4}
X104	(0.106 5,0.185 5,0.215 2,0.315 2)	0.206 9	2.51×10^{-4}
X105	(0.163 5,0.240 2,0.280 4,0.380 4)	0.267 5	6.03×10^{-4}
X106	(0.203 7,0.303 7,0.331 7,0.431 7)	0.317 7	1.07×10^{-3}
X107	(0.147 0,0.239 6,0.257 0,0.357 0)	0.250 7	4.85×10^{-4}
X108	(0.039 9,0.072 6,0.147 0,0.247 0)	0.129 3	4.52×10^{-5}
X109	(0.152 5,0.245 4,0.270 5,0.370 5)	0.260 2	5.50×10^{-4}
X110	(0.099 9,0.174 4,0.225 2,0.325 2)	0.207 5	2.53×10^{-4}
X111	(0.089 3,0.158 8,0.209 0,0.309 0)	0.193 1	1.97×10^{-4}
X112	(0.095 3,0.169 8,0.216 1,0.316 1)	0.200 7	2.25×10^{-4}
X113	(0.070 8,0.134 9,0.177 4,0.277 4)	0.167 1	1.17×10^{-4}
X114	(0.069 4,0.128 1,0.180 2,0.280 2)	0.166 5	1.16×10^{-4}
X115	(0.105 6,0.178 5,0.238 3,0.338 3)	0.216 5	2.93×10^{-4}
X116	(0.069 6,0.139 3,0.169 6,0.269 6)	0.163 9	1.09×10^{-4}
X117	(0.110 5,0.183 1,0.217 3,0.317 3)	0.208 7	2.58×10^{-4}
X118	(0.059 8,0.112 3,0.167 0,0.267 0)	0.153 8	8.67×10^{-5}
X119	(0.118 9,0.212 0,0.244 6,0.344 6)	0.230 5	3.64×10^{-4}
X120	(0.050 7,0.084 2,0.150 7,0.250 7)	0.136 9	5.61×10^{-5}
X121	(0.184 9,0.284 9,0.294 9,0.394 9)	0.289 9	7.91×10^{-4}
X122	(0.150 1,0.234 4,0.268 9,0.368 9)	0.256 5	5.24×10^{-4}
X123	(0.128 0,0.218 3,0.246 8,0.346 8)	0.235 6	3.92×10^{-4}
X124	(0.154 0,0.254 0,0.288 3,0.388 3)	0.271 1	6.32×10^{-4}
X125	(0.083 1,0.157 8,0.191 6,0.291 6)	0.182 5	1.61×10^{-4}
X126	(0.068 2,0.129 7,0.174 8,0.274 8)	0.163 9	1.09×10^{-4}
X127	(0.084 0,0.157 1,0.194 8,0.294 8)	0.184 2	1.66×10^{-4}
X128	(0.082 4,0.156 3,0.190 9,0.290 9)	0.181 6	1.58×10^{-4}
X129	(0.105 2,0.198 4,0.217 2,0.317 2)	0.210 0	2.64×10^{-4}
X130	(0.108 3,0.192 9,0.231 9,0.331 9)	0.217 2	2.96×10^{-4}
X131	(0.035 0,0.069 9,0.135 0,0.235 0)	0.121 5	3.55×10^{-5}

续表

事件编号	模糊数	发生可能性	发生概率值
X132	(0.147 7,0.240 3,0.278 9,0.378 9)	0.261 9	5.62×10^{-4}
X133	(0.071 4,0.125 2,0.171 4,0.271 4)	0.162 3	1.05×10^{-4}
X134	(0.080 6,0.143 0,0.180 6,0.280 6)	0.173 3	1.34×10^{-4}
X135	(0.130 1,0.222 7,0.267 5,0.367 5)	0.247 4	4.63×10^{-4}
X136	(0.094 7,0.173 9,0.210 1,0.310 1)	0.198 5	2.17×10^{-4}
X137	(0.076 5,0.153 0,0.176 5,0.276 5)	0.172 2	1.31×10^{-4}
X138	(0.080 6,0.154 7,0.187 3,0.287 3)	0.179 0	1.50×10^{-4}
X139	(0.044 5,0.088 9,0.144 5,0.244 5)	0.133 2	5.06×10^{-5}
X140	(0.075 3,0.142 3,0.183 4,0.283 4)	0.173 0	1.33×10^{-4}
X141	(0.083 0,0.157 7,0.191 2,0.291 2)	0.182 3	1.60×10^{-4}
X142	(0.088 3,0.166 3,0.198 5,0.298 5)	0.189 2	1.83×10^{-4}
X143	(0.054 6,0.109 3,0.154 6,0.254 6)	0.145 7	7.09×10^{-5}
X144	(0.066 6,0.125 9,0.173 8,0.273 8)	0.162 1	1.05×10^{-4}
X145	(0.127 1,0.208 7,0.248 1,0.348 1)	0.234 1	3.84×10^{-4}
X146	(0.172 2,0.264 8,0.295 1,0.395 1)	0.282 3	7.24×10^{-4}
X147	(0.109 2,0.191 8,0.235 9,0.335 9)	0.219 2	3.06×10^{-4}
X148	(0.110 3,0.194 3,0.236 7,0.336 7)	0.220 4	3.12×10^{-4}
X149	(0.119 6,0.212 1,0.246 8,0.346 8)	0.231 8	3.71×10^{-4}
X150	(0.111 5,0.201 1,0.233 3,0.333 3)	0.220 4	3.12×10^{-4}
X151	(0.043 3,0.086 5,0.143 3,0.243 3)	0.131 7	4.85×10^{-5}
X152	(0.101 8,0.182 0,0.223 4,0.323 4)	0.208 8	2.59×10^{-4}
X153	(0.016 2,0.032 4,0.116 2,0.216 2)	0.098 1	1.51×10^{-5}
X154	(0.114 9,0.204 5,0.221 9,0.321 9)	0.216 5	2.93×10^{-4}
X155	(0.098 2,0.180 0,0.214 7,0.314 7)	0.203 0	2.35×10^{-4}
X156	(0.098 4,0.170 4,0.224 9,0.324 9)	0.206 1	2.47×10^{-4}
X157	(0.107 3,0.186 5,0.235 5,0.335 5)	0.217 3	2.97×10^{-4}
X158	(0.043 6,0.087 1,0.143 6,0.243 6)	0.132 1	4.90×10^{-5}
X159	(0.096 3,0.184 2,0.204 8,0.304 8)	0.198 4	2.16×10^{-4}

1.3.3.2 半潜式平台安装作业流程风险管理

在完成安装作业过程的风险定性和定量分析后，需要通过判断顶事件风险等级来确定是否有必要对其进行风险管理。如果风险等级过高，客观上不可能面面俱到地对每个风险源都采取相应的措施，这就需要从众多的风险源中找出重点风险源，针对每个重点风险源各自的特点提出相对应的风险管理措施，这样也能为控制其他风险源提供参考。

1. 判断顶事件风险

在得出各个基本事件的发生概率之后，可以结合公式求出半潜式平台整个安装过程发生问题的概率。

P=0.060 639 788，求出每个打分等级所对应的发生概率，见表 1-3-17。

表 1-3-17　打分等级及其对应的发生概率

打分等级	1	2	3	4	5	6	7
发生可能性	极低	低	稍低	中等	稍高	高	极高
发生概率	5.66×10^{-6}	2.22×10^{-4}	1.5×10^{-3}	5×10^{-3}	1.34×10^{-2}	3.55×10^{-2}	9.79×10^{-2}

通过与打分等级比较发现顶事件发生可能性介于高与极高之间，即半潜式平台安装作业过程属于高风险事件，因此，需要对重点风险源进行风险管理以降低风险。

2. 风险管理防控

1）找出重点风险源

根据 ALARP 原则，并结合海上项目安装作业过程特点，取基本事件发生概率 0.000 5 为风险容许下限，即概率值低于 0.000 5 的基本事件属于可接受区域，可以忽略；概率值高于 0.000 5 的区域属于 ALARP 区域或不可接受区域，需要采取风险管理方法来降低其发生的概率。发生概率值高于 0.000 5 的基本事件统计见表 1-3-18。

表 1-3-18　发生概率值高于 0.000 5 的基本事件统计

事件编号	事件描述	概率值
X16	吊装发出的噪声过大	$3.464\,1\times10^{-3}$
X31	焊接不当导致的材料浪费	$3.311\,5\times10^{-3}$
X44	工人搭建脚手架经验不足	$1.743\,2\times10^{-3}$
X90	海上较大波浪海流影响	$1.735\,4\times10^{-3}$
X32	安装对接模块工艺较差	$1.527\,0\times10^{-3}$
X82	驳船驾驶员航行经验不足	$1.206\,2\times10^{-3}$
X106	未控制好平台吃水	$1.074\,5\times10^{-3}$
X97	选取拖船未按照评估指南进行	$9.918\,0\times10^{-4}$
X53	二层台上下对接装置损坏	$1.078\,3\times10^{-3}$
X81	安全防护方案未落实到位	$9.464\,9\times10^{-4}$
X8	吊装操作者缺乏经验	$9.124\,4\times10^{-4}$
X121	抛锚作业和平台吊装人员疲劳	$7.913\,1\times10^{-4}$
X91	对接升降系统故障	$7.941\,1\times10^{-4}$
X83	缺少监督合龙的指挥人员	$8.206\,3\times10^{-4}$
X62	三高度评估未按照技术手册指导进行	$8.399\,2\times10^{-4}$
X2	操作者责任心不强	$8.700\,8\times10^{-4}$

续表

事件编号	事件描述	概率值
X23	吊装时模块发生碰撞	$8.283\,2\times10^{-4}$
X65	方案的规划性沟通不够	$8.532\,6\times10^{-4}$
X69	负责人监管不到位	$8.835\,9\times10^{-4}$
X146	未按照指南规范进行海底布锚	$7.235\,3\times10^{-4}$
X45	组块起吊位置选择不当	$7.004\,6\times10^{-4}$
X85	驳船间或驳船与组块发生碰撞	$6.770\,7\times10^{-4}$
X14	近海雾气较浓，能见度低	$7.489\,8\times10^{-4}$
X105	拖船与平台或护航船发生碰撞	$6.033\,7\times10^{-4}$
X37	焊接工艺流程未按照规范进行	$6.801\,8\times10^{-4}$
X15	称量模块的地面不水平	$6.448\,6\times10^{-4}$
X98	与船东间联系合作不畅	$4.944\,5\times10^{-4}$
X124	抛锚船与平台发生碰撞	$6.318\,3\times10^{-4}$
X109	拖船间或拖船与平台间通信不畅	$5.499\,0\times10^{-4}$
X34	现场监督不足，前后步骤错乱	$5.932\,9\times10^{-4}$
X40	缺少监督安装人员	$5.926\,5\times10^{-4}$
X122	抛锚船航行速度与伸放锚链速度不匹配	$5.240\,6\times10^{-4}$
X132	抛锚点海床土体疏松或过硬	$5.619\,8\times10^{-4}$
X107	未控制拖船航速平稳	$4.845\,2\times10^{-4}$
X54	龙门吊控制系统故障	$6.034\,2\times10^{-4}$
X12	台风暴雨等恶劣天气条件	$5.449\,7\times10^{-4}$
X30	材料运输时掉落损坏	$5.658\,9\times10^{-4}$

重点风险源概率值如图 1-3-2 所示。

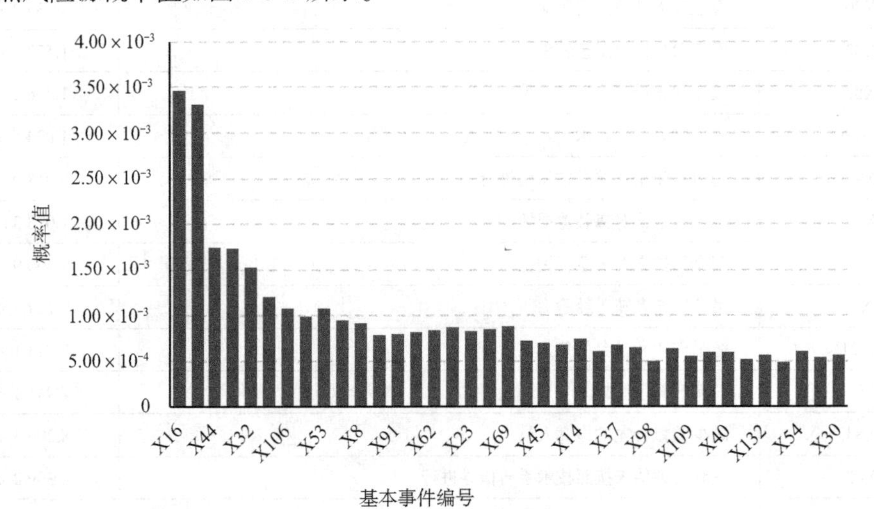

图 1-3-2 重点风险源概率值

2)提出风险管理措施

将找出的重点风险源划分为六个类别:突发情况、事前准备、人员操作、设计不当、环境限制和设备问题。然后根据这六个类别各自的特点以及需要注意的问题提出相应的风险管理措施见表 1-3-19。

表 1-3-19　风险管理措施

风险类别	基本事件	风险管理措施
突发情况	吊装时模块发生碰撞	1. 在吊装作业时,时刻关注现场情况,出现安全隐患及时排查; 2. 参与吊装作业的操作人员要经验丰富、操作技术过关
	驳船间或驳船与组块发生碰撞	1. 时刻监督现场施工情况,做到通信及时,时刻协调现场工作情况; 2. 不要阻隔施工人员视野; 3. 驳船与组块间要留出足够的空间
	拖船与平台或护航船发生碰撞	1. 协调各艘船舶的位置,当距离过近时及时预警; 2. 保持船舶之间通信及时
	抛锚船与平台发生碰撞	时刻关注抛锚船的位置,使之与平台之间总是保持安全距离
	材料运输时掉落损坏	1. 在运输之前检查材料是否系牢; 2. 运输时关注材料情况,并进行安全预警
事前准备	安装对接模块工艺较差	1. 学习先进工艺,召开经验交流会; 2. 对于工艺达不到要求的,可以外包给其他企业
	选取拖船未按照评估指南进行	1. 进行评估时要严格按照标准进行; 2. 对于评估工作要选用正规机构,采取规定流程进行
	安全防护方案未落实到位	1. 设立监督人员进行安全防护工作的监督工作; 2. 工程人员要严格按照制定好的方案和规范进行施工工作
	缺少监督合龙的指挥人员	1. 制订计划时要尽可能完备,以会议讨论的形式进行; 2. 各个工程人员要各司其职,有责任心
	三高度评估未按照技术手册指导进行	1. 工程人员要时刻树立按规范操作的意识; 2. 经常召开讨论会,让工程人员增强规范操作的意识
	方案的规划性沟通不够	1. 在制定方案时要考虑沟通原则; 2. 制定方案要群策群力,并且制定完方案要进行审核
	称量模块的地面不水平	1. 在称重之前要进行地面的水平量取工作; 2. 在称重过程中,要仔细分析误差来源,进行多次量取
	与船东间联系合作不畅	1. 注重与同企业有合作关系的企业保持好关系; 2. 在合作之前,仔细斟酌合同条款
	拖船间或拖船与平台间通信不畅	1. 时刻检查通信情况,一旦出现问题,及时采取相应措施; 2. 通信手段不要单一,要有备用通信手段
	缺少监督安装人员	1. 在工程施工之前,各步骤负责人员要配置齐全; 2. 在工程实际施工时,如果发现有缺少人员的问题,要及时安排相关人员参与

续表

风险类别	基本事件	风险管理措施
人员操作	焊接不当导致的材料浪费	1. 对操作人员进行培训，提高其工艺水平，以老工人帮扶新工人的形式进行，检查到位； 2. 经常召开经验分享会和技术交流会，提高施工人员的专业技能水平
	工人搭建脚手架经验不足	1. 对操作人员进行培训，提高其工艺水平，以老工人帮扶新工人的形式进行，检查到位； 2. 经常召开经验分享会和技术交流会，提高施工人员的专业技能水平； 3. 在不重要的工程中，可以让工人演练，增加工程经验
	驳船驾驶员航行经验不足	1. 经常召开经验交流分享会，交流驾驶经验； 2. 平时驾驶时，可以采取以老带新，让新人在平时增加经验
	未控制好平台吃水	1. 时刻关注平台吃水，并进行安全预警； 2. 控制人员选用有工程实际经验的人员担当
	吊装操作者缺乏经验	1. 对操作人员进行培训，提高其工艺水平，以老工人帮扶新工人的形式进行，检查到位； 2. 经常召开经验分享会和技术交流会，提高施工人员的专业技能水平
	抛锚作业和平台吊装人员疲劳	1. 合理安排工作时间，必要时进行轮班工作； 2. 注重员工生活与工作的协调
	操作者责任心不强	1. 宣传工程责任心，定期召开工程安全汇报会，增强操作者的责任心； 2. 对缺乏责任心的操作者进行处罚
	负责人监管不到位	1. 选取责任心强的负责人； 2. 应多人监管，避免单人负责
	未按照指南规范进行海底布锚	1. 树立规范意识，按照规范操作； 2. 监督人员及时巡视，及时发现问题
	焊接工艺流程未按照规范进行	1. 树立规范意识，按照规范操作； 2. 监督人员及时巡视，及时发现问题
	现场监督不足，前后步骤错乱	1. 选用责任心强的监督人员； 2. 监督人员应详细了解作业流程、具备较强的专业素养
	抛锚船航行速度与伸放锚链速度不匹配	1. 选用有经验、具备较强的专业素养的操作人员； 2. 监督人员时刻关注作业情况，及时发现问题
	未控制拖船航速平稳	选用经验丰富、专业技能优秀的操作人员
设计不当	组块起吊位置选择不当	1. 群策群力找出最适合的起吊位置； 2. 选取起吊位置时，要有专业性较强的人员参与
环境限制	吊装发出的噪声过大	1. 吊装工作进行时，只允许必要的工作人员在场； 2. 尽可能选在人群密度小的区域作业； 3. 必要时，工作人员要有防护措施
	海上较大波浪海流影响	1. 提前做好环境预报工作； 2. 如果影响过大，要另择合适的时间进行
	近海雾气较浓，能见度低	1. 提前做好环境预报工作； 2. 如果影响过大，要另择合适的时间进行
	抛锚点海床土体疏松或过硬	1. 提前调研好抛锚点的土质； 2. 对选定的抛锚点进行预处理，或者选用其他类型的锚
	台风暴雨等恶劣天气条件	1. 提前做好环境预报工作； 2. 如果影响过大，要另择合适的时间进行

续表

风险类别	基本事件	风险管理措施
设备问题	二层台上下对接装置损坏	1. 注重设备的保养维修工作； 2. 在作业之前，要检查设备是否符合工作要求
	对接升降系统故障	1. 注重设备的保养维修工作； 2. 在作业之前，要检查设备是否符合工作要求
	龙门吊控制系统故障	1. 在作业之前，检查设备是否符合工作的要求； 2. 在作业之前，可以进行工程操作的预操作

第2章　落物实验及管道碰撞损伤风险分析

海底管道作为海上油气工业不可替代的重要生产和输送工具，在海洋油气资源开发中发挥着极为关键的作用。面对复杂恶劣的海洋环境载荷和大量不确定因素，管道在安装、运营和维护阶段都面临着巨大的安全隐患；根据国内外水下管道结构系统事故统计发现，海底管道一旦发生失效破坏，将引发大量的灾难性事故，造成巨大的经济损失、人员伤亡和环境污染。近年来，国内外经常发生海底管道破损泄漏事故，第三方破坏、腐蚀、海流冲刷、地质运动、极端气候、生产缺陷、设计不当和安装运营失误等都可能成为水下管道结构系统事故的原因，其中第三方破坏是事故的主要原因之一。

2.1　海底管道落物实验

2.1.1　实验内容

设计开展管道碰撞损伤子实验和高压屈曲子实验：通过不同撞击能量和支撑形式的全尺寸管道撞击实验，获得实验管道的动力学参数及变形特征，揭示落物碰撞的主要特征、基本现象和规律；并基于落物撞击损伤管道，继续开展高静水压力作用下的全尺寸管道压溃实验，获得实验管道的水压力加载时呈曲线和屈曲失稳容貌，分析不同撞击能量下管道的剩余强度和屈曲特性。同时，将实验结果与挪威船级社（Det Norshe Veritas，DNV）相关规范计算值进行比对，讨论 DNV 规范计算方法在落物撞击损伤及极限承载力评估方面的保守性。

联合实验借鉴过程分解与合成方法思路，即将一个复杂的过程（或系统）分解为联系较少或相对独立的子过程或子系统，分别研究各子过程本身特有的规律，再将各子过程联系起来以考察它们之间的相互影响以及整体过程的规律。对于水下落物撞击管道过程，考虑最不利的空管状态，按照发生的先后顺序和主要影响因素将其分为两个相对独立的子过程（图 2-1-1）。

（1）管道碰撞损伤子过程（暂不受外压的空管状态），首先由一定的冲击载荷导致管道损伤，即冲击载荷为破坏管道初始稳定性的主要因素。

（2）高压屈曲子过程（受外压的空管状态），损伤管道可能会在一定的高静水压作用下，进一步发生屈曲失稳破坏，即高静水压力载荷为管道后续屈曲失稳的主要因素。

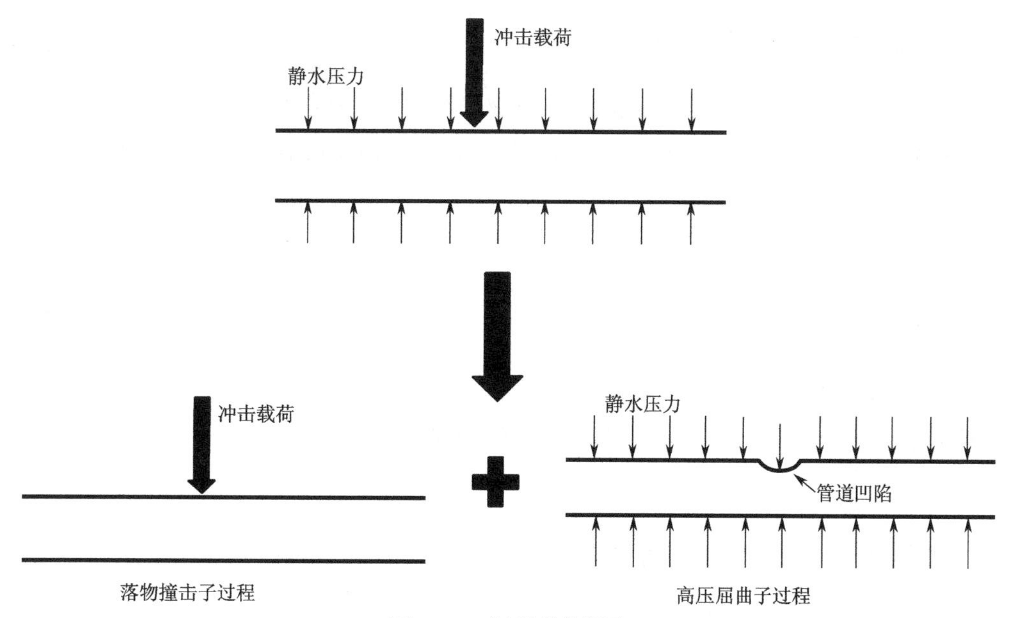

图 2-1-1 过程分解示意

该过程分解方法可以将复杂、难以实验模拟的动态过程化繁为简，先考察局部，再研究整体。首先研究空管条件下的落物冲击损伤特性，再开展高压压溃实验，对不同撞击能量损伤下的管件剩余强度和抗屈曲能力进行评估分析，具体实验流程如图 2-1-2 所示。需要特别说明的是，尽管本实验已经在现有设备技术条件下，最大限度将落物撞击和后续压溃进行了联合研究，但在落物撞击时，未考虑静水压力的同时作用。

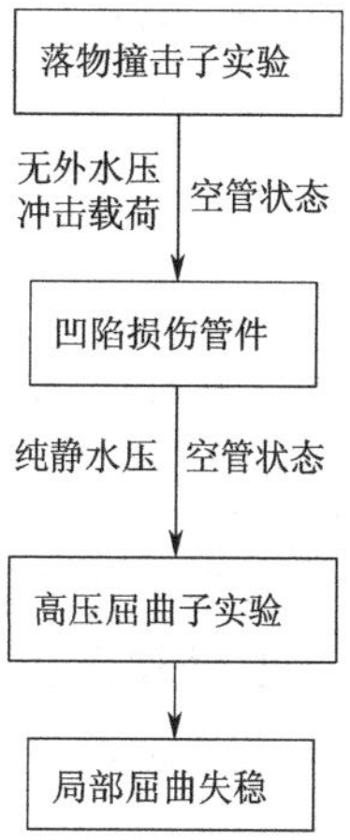

落物撞击子实验
无外水压 冲击载荷 | 空管状态
凹陷损伤管件
纯静水压 | 空管状态
高压屈曲子实验
局部屈曲失稳

图 2-1-2 实验流程

2.1.2 实验原理

2.1.2.1 管道碰撞损伤

引起管道损伤破坏的典型偶然载荷损伤形式主要有两类：落物的撞击损伤和托网板、锚的拖勾损伤。其中落物撞击损伤是较为常见且属于复杂非线性动态的管道损伤过程，根据 DNV-RP-F107 规范中相对保守的规定，假设落物的所有动能被海底管道全部吸收造成损伤变形。但实际上，对于非刚性落物，落物本身也会变形吸收一部分动能；或者在土壤地基条件下，部分动能会传递至地基，并非 100% 被管道吸收。因此，规范中也给出了特殊说明，针对土壤地基或非刚性落物，管壁吸收的动能比例可能降至 50%~60%。

1. 撞击能量计算

一般落水物体会在水下变加速运动 50~100 m 后，达到一定的恒定速度，此恒定速度的公式如下：

$$\left(m-V\rho_{\text{water}}\right)g=\frac{1}{2}\rho_{\text{water}}C_{\text{d}}Av_{\text{T}}^{2} \tag{2-1-1}$$

其中，m 为落物质量；g 为重力加速度；V 为落物体积；ρ_{water} 为海水密度；C_{d} 为落物在水中的拖曳力系数；A 为落物在水流方向上的投影面积；v_{T} 为落物在水中的恒定运动速度。

自重为 m 的落物在海水中下落，其触底时的最终速度可表示为

$$v_{\text{T}}=\left[\frac{2mg\left(1-\dfrac{\rho_{\text{water}}}{\rho_{\text{anch}}}\right)}{A\rho_{\text{water}}C_{\text{d}}}\right]^{\frac{1}{2}} \tag{2-1-2}$$

其中，ρ_{anch} 为落物密度。

根据上述落物的恒定运动速度，落物撞击管道时的最终动能

$$E_{\text{T}}=\frac{1}{2}mv_{\text{T}}^{2} \tag{2-1-3}$$

联立式（2-1-2）和式（2-1-3）可得

$$E_{\text{T}}=\frac{mg}{AC_{\text{d}}}\left(\frac{m}{\rho_{\text{water}}}-V\right) \tag{2-1-4}$$

落物的最终撞击能量，除了落物本身的最终动能 E_{T} 外，有时还要考虑落物携带的附加水动力能量 E_{A}，特别是对于大体积落物（集装箱等），该附加水动力能量是很显著的，不可忽略。

$$E_{\text{E}}=E_{\text{T}}+E_{\text{A}}=\frac{1}{2}\left(m+m_{\text{a}}\right)v_{\text{T}}^{2} \tag{2-1-5}$$

$$m_{\text{a}}=\rho_{\text{water}}C_{\text{a}}V \tag{2-1-6}$$

其中，C_{a} 为附加质量力系数。规范中根据具体落物形状给出了 C_{a} 和 C_{d} 的取值范围。

2. 凹陷深度计算

1）掩埋土层对撞击能量的吸收

在通常情况下，采用回填掩埋的方式对海底管线进行保护。对于采用石子或者沙土等掩埋方式进行保护的，其吸收的能量

$$E_p=0.5\gamma'DN_\gamma A_p z+\gamma' z^2 N_q A_p \tag{2-1-7}$$

其中，γ' 为填充物质的有效单位重量；D 为管道直径；A_p 为填充面积；z 为穿透深度；N_γ、N_q 为承受能力系数。

当有边的物体撞击管道时，填充物吸收的能量

$$E_p=\frac{2}{3}\gamma' LN_\gamma z^3 \tag{2-1-8}$$

其中，L 为撞击边的长度。

当有角的物体撞击管道时，填充物吸收的能量

$$E_p=\frac{\sqrt{2}}{4}\gamma' S_\gamma N_\gamma z^4 \tag{2-1-9}$$

其中，S_γ 为形状系数，取 0.6。

在掩埋管线时，采用自然回填的方法回填的泥土、沙子较为松散，并且管线有可能无法被完全填充，自然泥土填充掩埋对撞击能量的吸收能力是人工石子填充掩埋的 2%~10%。

2）混凝土保护层对撞击能量的吸收

混凝土层对撞击能量的吸收能力，DNV-RP-F107 规范提供了以下两种计算方法：

$$E_K = Ybhx_0 \tag{2-1-10}$$

$$E_K = Yb\frac{4}{3}\sqrt{Dx_0^3} \tag{2-1-11}$$

其中，Y 为混凝土抗压强度；b 为落物的宽度；h 为碰撞长度；x_0 为落物贯入深度；D 为撞击管道的直径。对于大管径的管道，规范认为第一个公式不够保守，推荐使用第二个公式进行计算。

3）钢管自身对撞击能量的吸收

绝大多数落物撞击管道的损伤结果是凹陷。假设落物垂直砸到裸露的海底管线上，并且覆盖整个横截面，撞击时海底管线产生比较光滑的缺口形状，凹陷深度与吸能关系经验公式如下：

$$E = 16\left(\frac{2\pi}{9}\right)^{\frac{1}{2}} m_p \left(\frac{D}{t}\right)^{\frac{1}{2}} D\left(\frac{\delta}{D}\right)^{\frac{3}{2}} \tag{2-1-12}$$

其中，m_p 为管壁的极限塑性弯矩（$m_p = \frac{1}{4}\sigma_y t^2$，$\sigma_y$ 为屈服应力）；D 为管道外径；t 为管壁厚度；δ 为管道变形凹陷深度。

土体和各类保护层都会吸收相当一部分撞击动能，并非全部落物动能都被管道所吸收。预测落物撞击管道凹陷损伤的具体计算流程如图 2-1-3 所示。工程上认为 5% 的凹陷直径比为管线仍然可以安全使用的最大伤害值，当凹陷直径比大于 5% 时，极有可能发生重大损伤并引起油气泄漏事故。

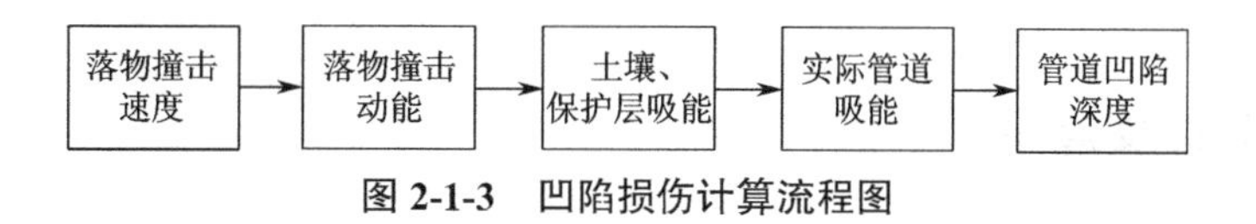

图 2-1-3　凹陷损伤计算流程图

2.1.2.2　管道压溃失稳

对于管道局部屈曲压溃问题，在 DNV-OS-F101 规范设计极限承载力标准部分有所涉及，当对纯静水压力条件下管道内部压力为零时（管道安装、检修、空载等），管道的任一位置处的外部压力 p_e 必须满足下式的要求：

$$p_e - p_{min} \leqslant \frac{p_c(t)}{\gamma_m \gamma_{SC}} \tag{2-1-13}$$

其中，p_{min} 为长时间稳定的最小管内压力；γ_m、γ_{SC} 分别为基于材料性能和安全等级要求的抗力系数；p_c 为管道极限承载力，表示管道抗屈曲的能力。

$$[p_c(t) - p_{el}(t)][p_c^2(t) - p_p^2(t)] = p_c(t)p_{el}(t)p_p(t)f_0\frac{D}{t} \tag{2-1-14}$$

其中，f_0 为管道初始椭圆度；D 为管道名义外径；t 为管道名义壁厚。

$$p_{\mathrm{el}}(t)=\frac{2E\left(\dfrac{t}{D}\right)^2}{1-v^2} \tag{2-1-15}$$

其中，E、v 分别为管材的弹性模量和泊松比。

$$p_{\mathrm{p}}(t)=2f_{\mathrm{y}}\alpha_{\mathrm{fab}}\frac{t}{D} \tag{2-1-16}$$

其中，f_y、α_{fab} 分别为管材的特征屈服强度和制造系数。

$$f_0=\frac{D_{\max}-D_{\min}}{D} \tag{2-1-17}$$

其中，$D_{\max}$、$D_{\min}$ 分别为在管道同一截面测得的最大和最小外径。

特别的，DNV-OS-F101 规范中作出了一些指导性说明。

（1）设计时要把在建设阶段产生的椭圆度包括在总的椭圆度内，但是不包括由外部水压力或者弯矩产生的椭圆度。

（2）系统压溃将发生在管道最薄弱的部位，一般用 f_{y} 和最小壁厚 t_1 来表示。

（3）无缝管道的最薄弱部位一般不用最小壁厚来表示，因为它不可能出现在整个圆周上。在 t_1 和 t_2 之间的壁厚，可能用于被证实代表管道最低压溃能力的管道上。

综上现行规范的要求和说明可知，规范中的计算方法普遍偏保守；对于落物撞击管道的损伤计算，在有埋土、混凝土层防护的管道凹陷吸能率的选取上不确定性较大；对于管道屈曲压溃的校核计算，只考虑基于常规椭圆度或管壁腐蚀缺陷的屈曲核算，对于其他损伤形式的管件抗屈曲能力核算未作明确说明。然而最重要的是 DNV 规范对落物撞击损伤和管道屈曲的计算评估是分离的，即落物撞击计算未考虑静水压力作用下的压溃破坏，管道压溃计算未考虑冲击载荷和外压的联合作用，远远不能满足当前实际工程设计和评估的需要。

2.1.3 实验装置及管件

海底管道的落物撞击及高压压溃实验一直受到各国研究人员的关注，且通常以缩尺比管件实验为主。然而，缩尺比管件实验存在一定的尺度效应，实验结果可能会与实际管件碰撞、压溃行为有所差异。为了避免端部效应，需要进行全尺寸管件实验，以保证实验结果的可靠性。开展相关全尺寸实验研究，实验装置至关重要。针对全尺寸管道的落物撞击和屈曲压溃实验的需求，分别研制了不同支撑形式的全尺寸管道碰撞实验系统和大尺度、高承压的全尺寸高压舱，以消除尺度效应对实验结果的影响。

2.1.3.1 落物撞击实验系统

落物撞击实验系统如图 2-1-4 和图 2-1-5 所示，主要包括起重平台、落物、支撑基础、高速摄像机。

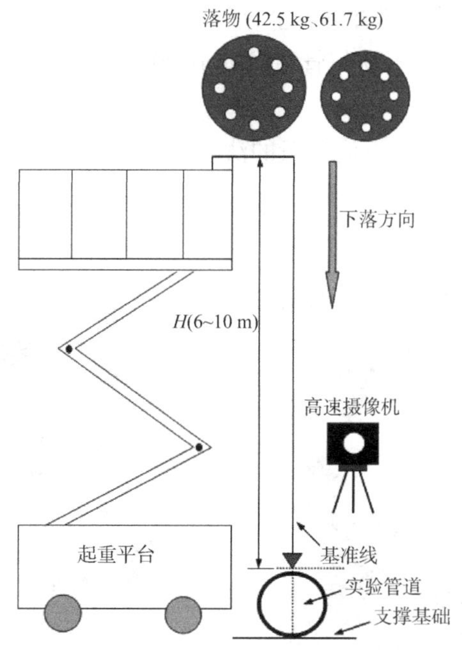

图 2-1-4　落物撞击实验系统示意

图 2-1-5　落物撞击实验系统

（1）起重平台。起重平台是可移动式多方向调控的高空作业平台，可满足最高 12 m 的载人载物高空作业。作业人员驾驶平台至预定高度，在地面人员的协调指挥下，利用吊线锤，将平台调整至与地面管道正上方平行位置。如图 2-1-5 所示，作业平台围栏上安装有落物释放悬臂，通过钢丝将落物系缚在悬臂上，形成落物触发机构，且悬臂与管道轴向垂直，落物扁平面与悬臂平行，以保证落物与管道轴向成 90° 夹角碰撞，待调整好位置，即可释放落物。

（2）落物。实验选取了两个不同质量的法兰落物，模拟落物从指定高度垂直自由落下击中管道的最不利碰撞过程。落物质量：法兰 A 为 42.55 kg，法兰 B 为 61.70 kg，具体法兰样式如图 2-1-6 所示。

（a）　　　　（b）

图 2-1-6　落物

（a）法兰 A　（b）法兰 B

（3）支撑基础。支撑基础为管道提供不同的地基支撑形式（图 2-1-7），地基支撑形式可分为三类：①刚性支撑；②土壤覆盖；③刚性悬跨支撑。

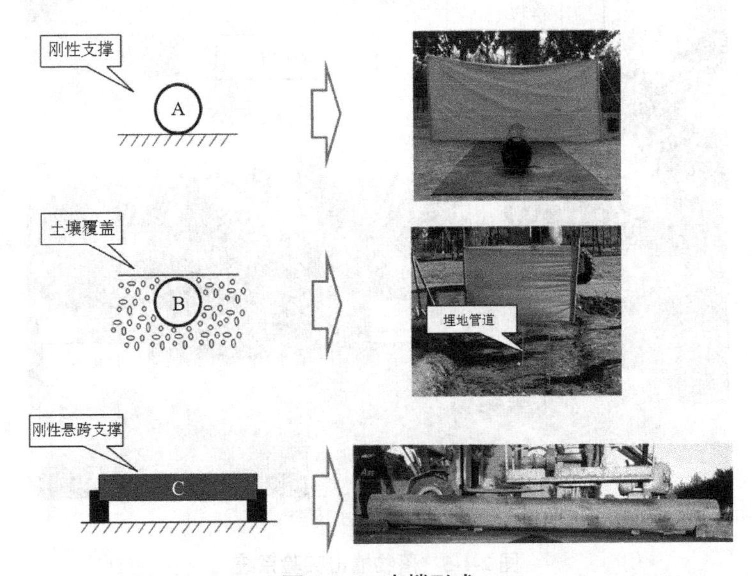

图 2-1-7　支撑形式

（4）高速摄像机。实验采用高度集成便携式高速摄像机，型号为 i-SPEED® 220。分辨率可达 1 600 × 1 600 的 CMOS 摄像机，最高速率可达 204 100 fps，配合长焦镜头，可在 10 m

的安全距离每秒清晰抓拍 5 000 余张落物撞击管道过程的图片。摄像机自配的运动图像分析软件可计算落物撞击管道前后的实时运动参数(速度、加速度、位移),为后续实验结果分析和数值模拟提供必要数据。同时也可观察落物撞击姿态,判断是否无偏转垂直击中管中位置。高速摄像机及撞击照片如图 2-1-8 所示。

图 2-1-8　高速摄像机及撞击照片

2.1.3.2　管道屈曲实验装置

高压屈曲实验采用天津大学自主研制的全尺寸深海压力舱,该装置内径为 1.25 m,主体长度为 10 m,可容纳 1 : 1 等比例的全尺寸管件,承压能力为 83 MPa,能够为舱体内部提供稳定的高静水压力。

整个压力舱由压力舱体机构、实验保障机构和实验测量系统三部分组成,各部分紧密配合,保障深海压力舱实现稳定高压的实验环境。压力舱体机构包括主舱体、压力舱前端盖、压力密封端、输送滑车和导轨等,为了保证高承压性能,主舱体采用高强度材料 20MnMoNb Ⅳ整体锻造而成,舱体表面设有注水孔、排水孔、排气孔、加压孔、泄压孔、安全阀开孔、应变信号检测孔、摄像电路及信号输出孔等,是深海压力实验的主要实验载体,具体如图 2-1-9。

实验保障机构主要用于保障实验的加压和安全运行,具有向舱体注排水、施加静水高压、提供安全高效卸压等功能,主要设备包括增压稳压系统、蓄排水系统、高压截止排气阀、比例式减压安全阀、电控系统。实验测量系统包括主控台、应变采集仪、深海摄像头和压力传感器等。

2.1.3.3　实验管件

API X65 为深水海底管道常用材料,具有良好的可延展性、应变强化效应和应变率强化效应,为本实验目标管件所用材料。管件的标称直径 $D = 325$ mm,壁厚 $t = 10$ mm,管道长度 $L = 6$ m。全尺寸管件实验的主要目的为消除实验过程中的尺度效应差异,因此需要对实验管件长度的选取进行论证。由于本实验管件需要先后进行落物撞击和压溃实验,应分别找到管件在撞击和压溃过程中的变形稳定长度,保证全尺寸实验结果的可靠性。

梁静通过实验和数值模拟的方式对比验证了 12 m 长和 6 m 长 X65 管道受落物侧向撞击变形结果，发现两种管长变形情况相差微小，可忽略不计，具体对比结果如图 2-1-10 所示。

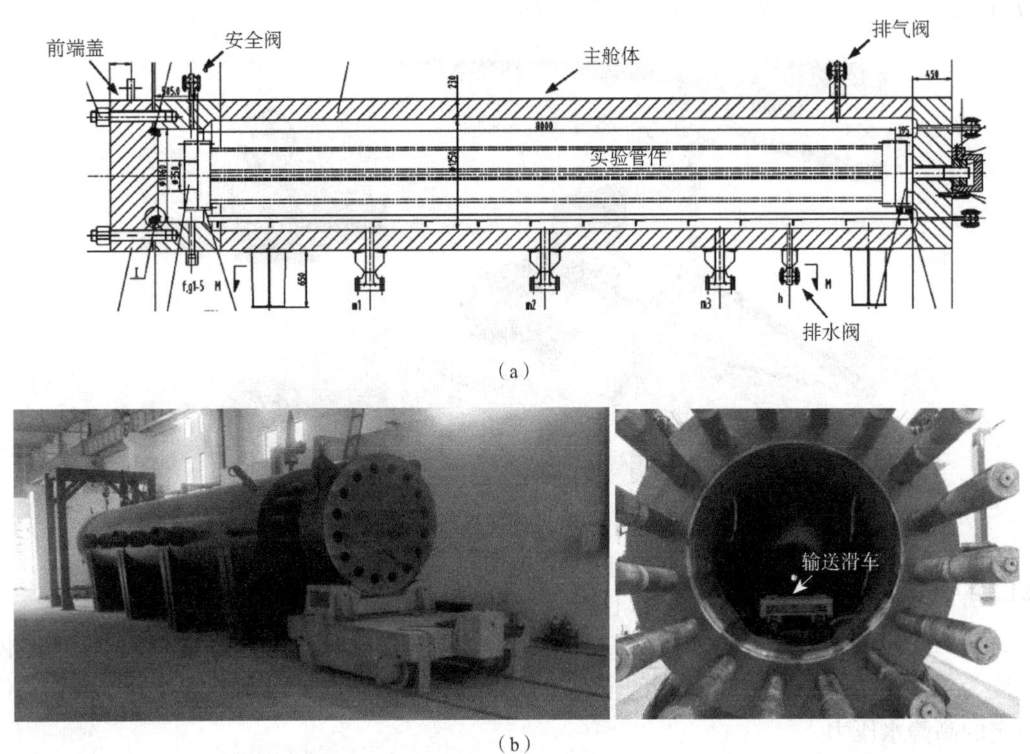

（a）

（b）

图 2-1-9 压力舱体

（a）舱体示意 （b）舱体实物

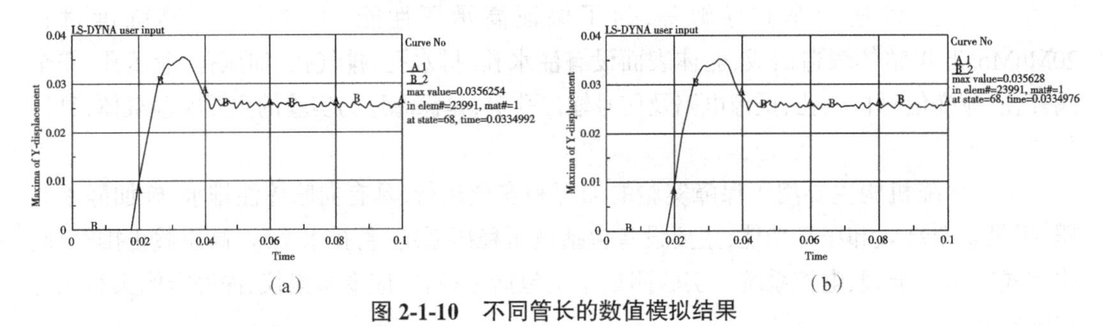

（a） （b）

图 2-1-10 不同管长的数值模拟结果

（a）管长 12 m 位移约束条件得到的凹陷变形曲线 （b）管长 6 m 全约束条件得到的凹陷变形曲线

刘源等通过对 325 × 10 的 X65 缺陷管道的压溃实验，测得了管件沿轴向的最大变形曲线。如图 2-1-11 所示，管件轴向大变形的发生长度基本为 5 m 左右。综合上述研究成果，考虑到实验过程中搬运、操作等问题，决定选取最小的管件变形稳定长度 6 m 作为本实验管件长度。

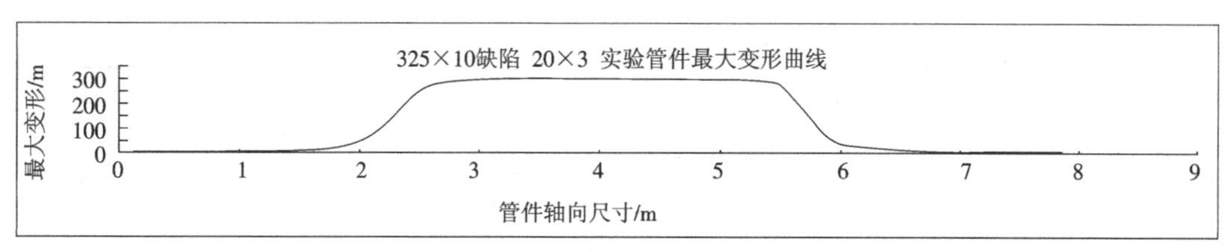

图 2-1-11　管件最大变形曲线

2.1.4　实验步骤

2.1.4.1　实验管件处理

实验开始前，需要对实验管件进行以下一些处理工作。

（1）对实验管件进行材料性能实验。根据《钢及钢产品力学性能试验取样位置及试样制备》（GB/T 2975—2018）的取样要求，在原始管材上截取材料拉伸试验片，试验片是从管件一侧的弧线上截取一段两端宽、中间窄的标准试验片，具体尺寸如图 2-1-12 所示。

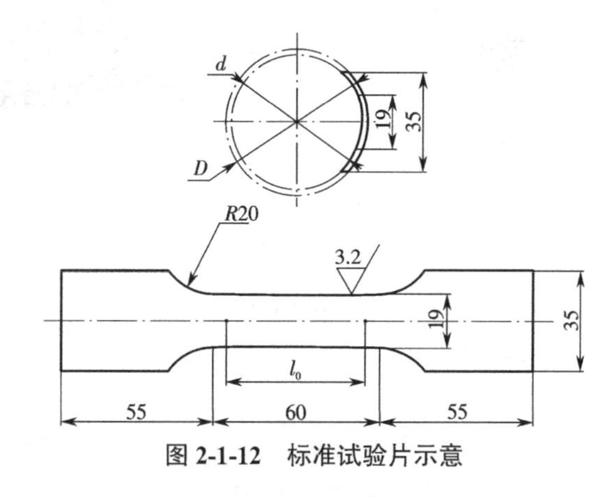

图 2-1-12　标准试验片示意

通过天津大学材料力学实验室的材料万能试验机完成单轴拉伸试验（图 2-1-13），得到管道材料应力－应变关系，应变率为 0.001/s，如图 2-1-14 所示。管件的属性见表 2-1-1。

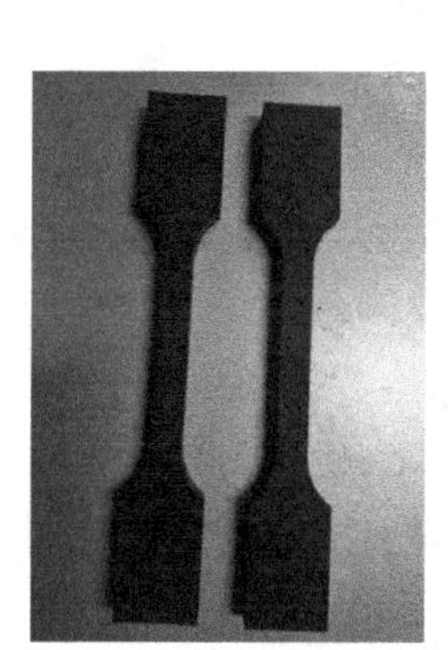

图 2-1-13　单轴拉伸试验

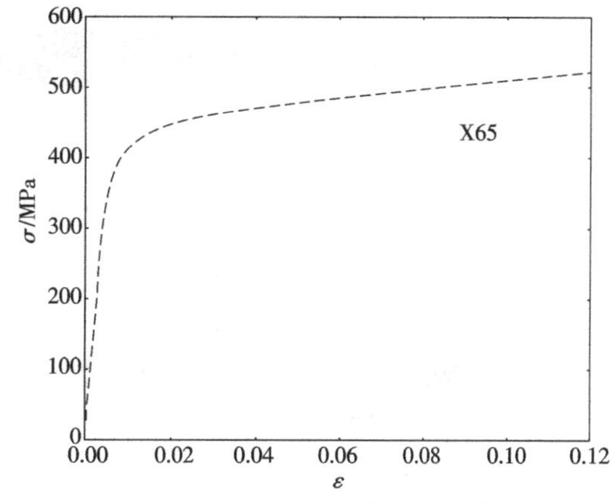

图 2-1-14　材料应力－应变曲线

表 2-1-1 实测管件尺寸参数

材料	长度/m	直径/m	壁厚/m	密度/(kg/m^3)	弹性模量/GPa	屈服强度/MPa
API X65	6.0	0.325	0.010	7 850	206.1	357.3

(2)实验采用海克斯康公司推出的 RA7320 的三维机械臂(图 2-1-15),测量管道外轮廓几何特征,包括外径、椭圆度和损伤尺寸。该型号三维机械臂能够柔性完成各种测量、检测任务以及逆向工程系统应用。探头为高强度红宝石,空间长度测量精度达到 0.042 mm。实验采用超声波测厚仪(图 2-1-16)测量管件外壁厚度,测量精度可以达到 0.01 mm。

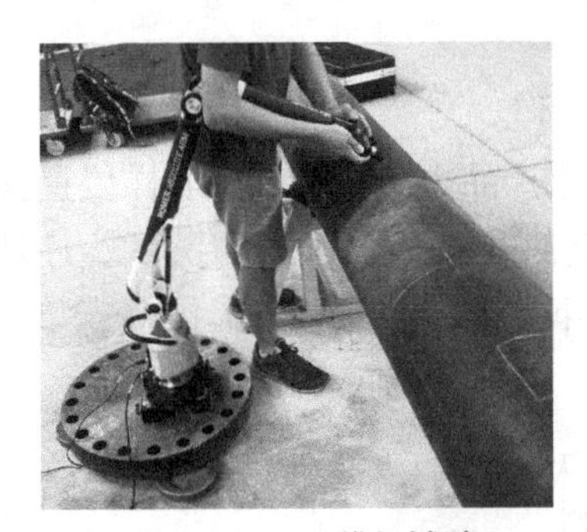
图 2-1-15 三维机械臂

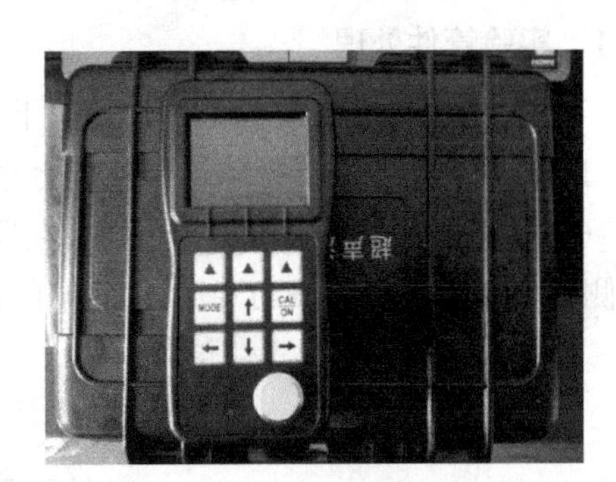

图 2-1-16 超声波测厚仪

使用三维机械臂对实验管件进行精细外轮廓扫描,以受损管件测量为例,给出三维机械臂扫描及数据处理流程。利用机械臂对绘制的撞击区域的整个圆周进行详细扫描(图 2-1-17),扫描分为两步:首先进行整体大步长网格扫描,扫描截面间距为 10 mm;其次进行重点变形区域的详细扫描,截面间距为 2 mm。

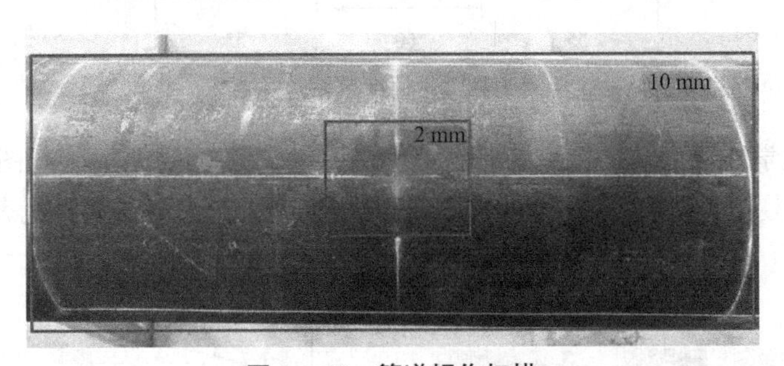

图 2-1-17 管道损伤扫描

根据三维机械臂扫描得到的损伤管道外轮廓坐标点数据,进行数据的整理。扫描得到的坐标点数据并非完全真实的坐标数据,主要有以下几方面原因。

①机械臂测头处存在的红宝石半径(3 mm)问题,使得测量的坐标点数据偏大,为了得到准确的接触点位置的数据,需要进行换算。

②测量过程中由于测量工作条件(空间大小)的限制,导致人为操作过程中出现失误,将不在管道表面的空间点坐标同时读入,使得测量结果并非完全真实的管道表面数据。

在数据处理的过程中，需要解决两个问题：对获取的坐标数据进行坐标筛选、删除坏点、去除测头误差等修正；利用修正的数据重现管道外轮廓形式。得到的实验管件初始参数见表 2-1-2。椭圆度 O_o 和壁厚偏心 E_o 的表达式如下：

$$O_o = \frac{D_{max} - D_{min}}{D_{max} + D_{min}} \tag{2-1-18}$$

$$E_o = \frac{t_{max} - t_{min}}{t_{max} + t_{min}} \tag{2-1-19}$$

表 2-1-2　实测管件尺寸参数

管件编号	D/mm	t/mm	O_o /%(max)	E_o /%(max)
P1	325.08	10.03	0.110	0.747
P2	325.11	10.03	0.104	0.749
P3	325.13	10.07	0.106	0.752
P4	325.09	10.02	0.111	0.761
P5	325.11	10.04	0.104	0.751
P6	325.15	10.01	0.102	0.741
P7	325.17	10.06	0.107	0.757
P8	325.11	10.05	0.104	0.752
P9	325.05	10.05	0.101	0.755
P10	325.09	10.06	0.103	0.745
P11	325.13	10.01	0.099	0.744
P12	325.15	10.07	0.100	0.763
P13	325.13	10.08	0.109	0.756

2.1.4.2　全尺寸管道碰撞损伤子实验

落物撞击海底管道是指海上作业平台或船只意外掉落的物体，经过空中自由落体和水中下落后撞击海底管道的过程，其中落物以垂直方向撞击管道时为最不利状况。根据 DNV-RP-F107 规范，一般落水物体会在水下变加速度运动 50~100 m 后，达到一定的恒定速度运动，可通过式(2-1-1)计算得到。通常认为 5~15 kJ 的撞击能量会对海底管道造成显著损伤，大于 15 kJ 的撞击能量会破坏管件。这里从撞击能量(E_k)角度出发，设计开展一定质量(m)法兰从 6~10 m 高度(H)处自由下落撞击管道实验，以模拟对应水中 10.8~ 14 m/s 的落物撞击速度(v)，撞击能量为 2.5~6 kJ。需要说明的是，实际实验中用的法兰在水中恒定下落速度达不到 10 m/s，为了更好地分析落物撞击对管道的损伤规律，且考虑实验不便于采用过重的落物，通过设定较大的下落速度，以模拟大冲量撞击工况。

根据不同管件支撑形式，将落物实验分为 A、B、C 三类，见表 2-1-3。各类别实验以不同的撞击能量撞击管件，同时需要注意的是，撞击实验模拟的工况为暂不受外压的空管状态。

表 2-1-3 撞击实验设计工况

实验类别	实验编号	管件编号	支撑形式	H/m	m/kg	E_k/J
A	A011	P2	刚性基础	6	42.55(法兰 A)	2 503.6
	A012	P3	刚性基础	8	42.55(法兰 A)	3 338.1
	A013	P4	刚性基础	10	42.55(法兰 A)	4 172.9
	A031	P5	刚性基础	6	61.70(法兰 B)	3 630.4
	A032	P6	刚性基础	8	61.70(法兰 B)	4 840.4
	A033	P7	刚性基础	10	61.70(法兰 B)	6 050.9
B	A041	P8	土壤覆盖	6	61.70(法兰 B)	3 630.4
	A042	P9	土壤覆盖	8	61.70(法兰 B)	4 840.4
	A043	P10	土壤覆盖	10	61.70(法兰 B)	6 050.9
C	A051	P11	刚性悬跨	6	61.70(法兰 B)	3 630.4
	A052	P12	刚性悬跨	8	61.70(法兰 B)	4 840.4
	A053	P13	刚性悬跨	10	61.70(法兰 B)	6 050.9

图 2-1-18 为具体落物撞击实验流程,实验结束后根据高速摄像机抓拍的落物撞击管道位置和姿态以及管件受损形态,判断当次实验是否成功。对于人为因素造成的失败实验工况(撞击点不在管中位置、撞击姿态有偏转、非垂直正撞击),需要进行重复实验,以保证实验结果的可靠性。

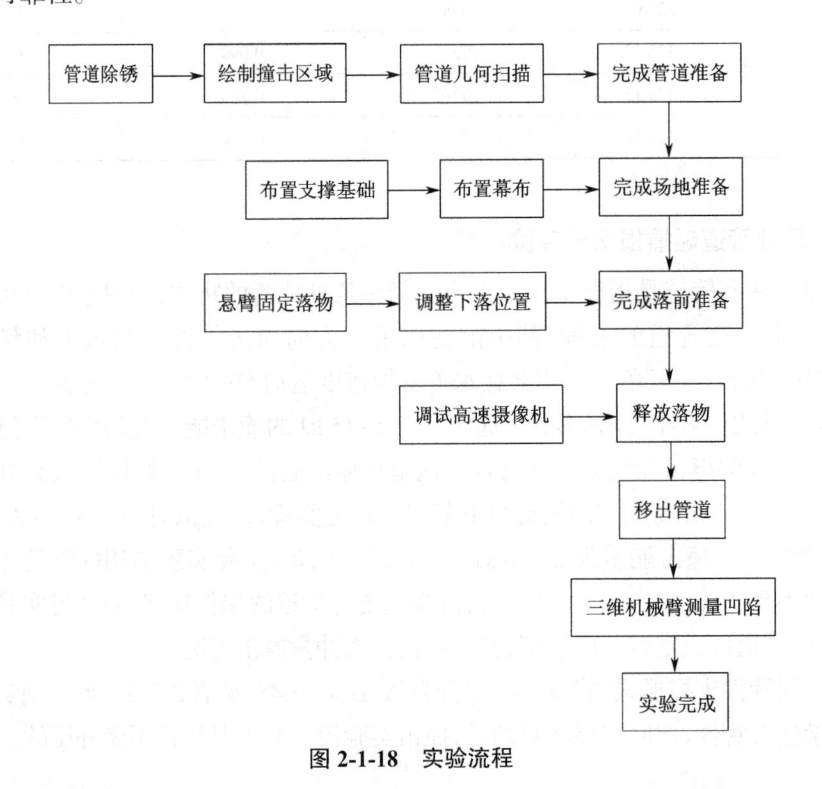

图 2-1-18 实验流程

2.1.4.3　全尺寸管道高压屈曲子实验

通过上一节管道碰撞损伤实验研究，发现了落物撞击对管道造成了不同程度的凹陷损伤，形成相应的凹陷式椭圆度。为了研究撞击损伤对管道极限承载力的影响规律，选取上一节刚性基础上不同撞击能量下的凹陷损伤管件，外加一根初始椭圆度为 0.11% 的无损管件作为对照管件（管件编号：A000），设计开展外静水压力作用下的全尺寸管道压溃实验，具体实测管件尺寸及缺陷参数见表 2-1-4。

表 2-1-4　实测管件尺寸及缺陷参数

管件编号	D/mm	t/mm	E_k/J	d/t	O_o（max）	E_o（max）
A000（对照管件）	325.08	10.03	0	0	0.110	0.747
A031	325.11	10.04	3 712.5	0.61	0.969	0.751
A032	325.15	10.01	5 261.9	0.88	1.507	0.741
A033	325.17	10.06	6 522.0	1.30	2.588	0.757

管道静水压溃实验的一般步骤为管件前期处理、管件安装、压力舱密封、压力舱注水、加压实验、卸压排水、管件出舱和管件后处理等，管道压溃实验的主要工作都集中在加压前的准备工作。

管件前期处理工作主要有管件除锈、焊接端部法兰（图 2-1-19（a））、管件画线、打磨画线位置、粘贴应变片（图 2-1-19（b））、焊接应变片引出线、涂三层防护胶、制作补偿片、连接应变片引出线与舱体水密接头引线并做防护管件安装工作包括整理数据传输连接线、管件与尾端螺柱对接固定、管件与小车前端法兰对接固定、管件进舱等（图 2-1-19（c））。

舱体密封工作包括前端盖上螺母、尾端锁紧螺柱上大螺母、安装尾端盖、上小螺母、检查阀门状态等（图 2-1-19（d））。

实验准备工作完成后就可以进入注水加压阶段了。在舱体注满水，并把舱内空气充分排出后，即可关闭舱体各阀门，通过高压水泵缓慢进行注水加压，直至达到实验要求的静水压力。加压过程利用压力传感器采集舱体内的水压时程曲线，记录管件压溃时间及压溃压力值。

2.1.5　实验结果

共进行了 10 余组落物撞击实验，各种实验设备均保持安全平稳运行，无任何意外损伤和破坏；在高空完成对预定位置的有效撞击并不容易，由于实验前作业平台的位置对齐以及合理的落物释放机制和落物对准方式，落物撞击点位及姿态较为理想。对于少数未成功的实验工况，采取了重复实验，以达到预期目的，用于撞击管道损伤规律研究及数值方法的验证。

图 2-19 实验准备

(a)法兰端部焊接 (b)粘贴应变片 (c)管道进舱 (d)前端盖密封

2.1.5.1 撞击动态过程

通过高速摄像机可以捕捉到落物撞击管件的动态过程,图 2-1-20 为 A031 实验的撞击动态过程照片,由于撞击过程中管件变形相对于整体尺寸很小,单纯目测照片很难准确分析撞击过程。利用高速摄像机自配的运动图像分析软件,可以计算得到撞击过程中落物的加速度-时间曲线和碰撞位移-时间曲线(图 2-1-21(a)、(b)),根据牛顿定律对数据进行处理,即可得到撞击力-位移曲线(图 2-1-21(c))。图 2-1-21(a)为消除重力加速度的时程曲线,当加速度先后为零时,就是两者接触的开始和结束时间点。

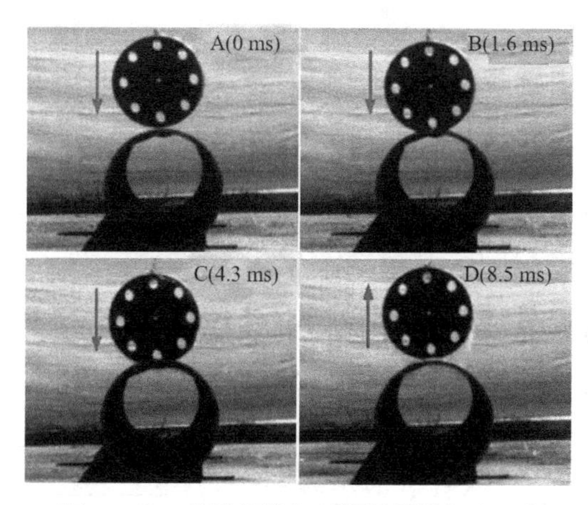

图 2-1-20　高速摄像机拍摄的照片(A031)

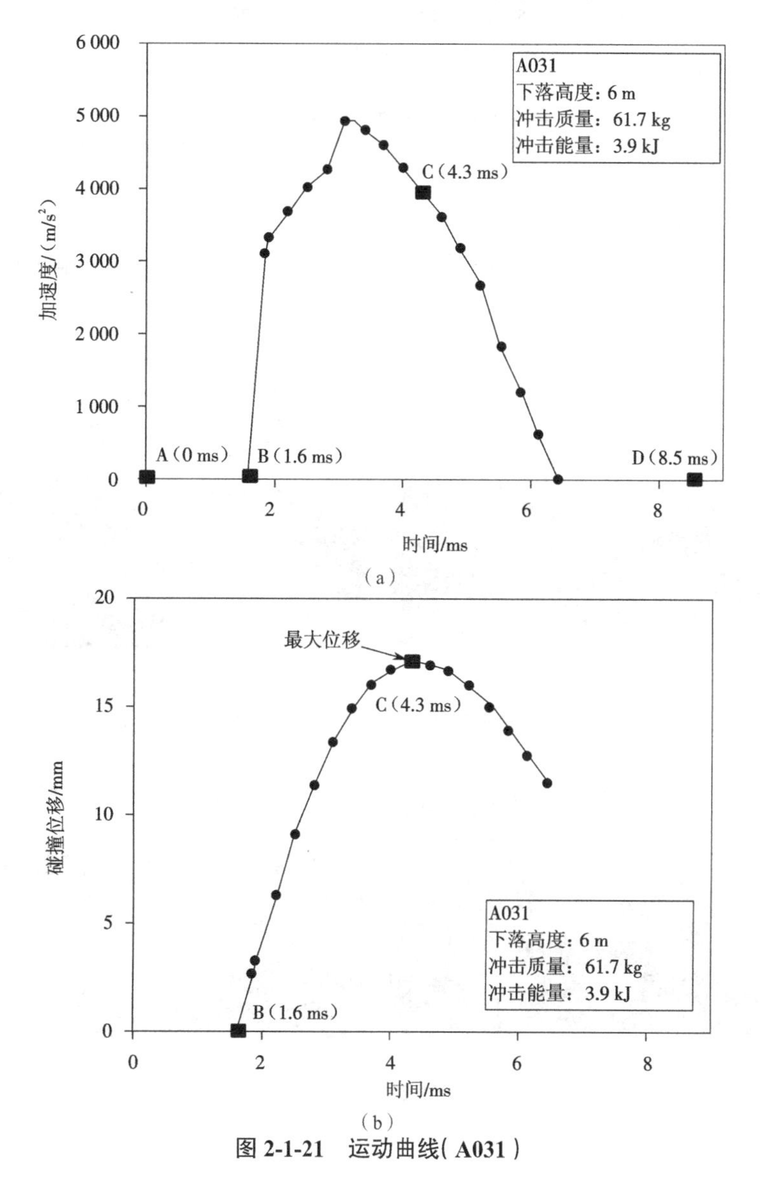

图 2-1-21　运动曲线(A031)

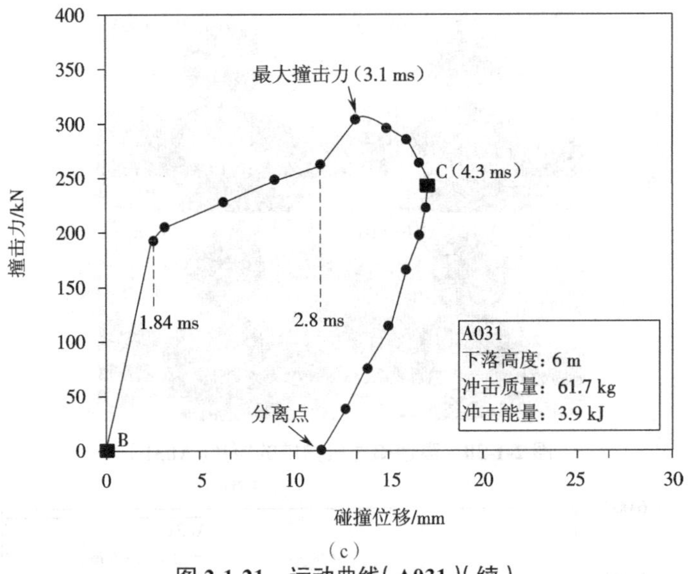

（c）

图 2-1-21 运动曲线（A031）（续）

（a）加速度－时间曲线 （b）碰撞位移－时间曲线 （c）碰撞力－位移曲线

2.1.5.2 屈曲压溃变形

图 2-1-22 为撞击后管件的损伤情况，可以发现主要以不同程度的凹陷损伤为主。

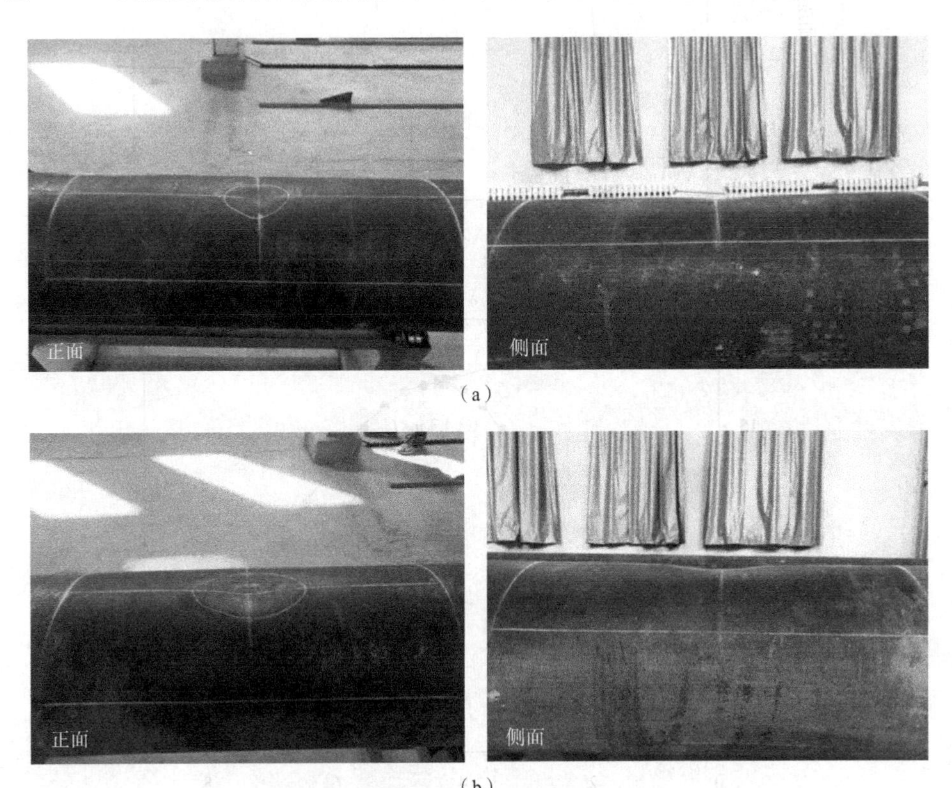

图 2-1-22 管件变形

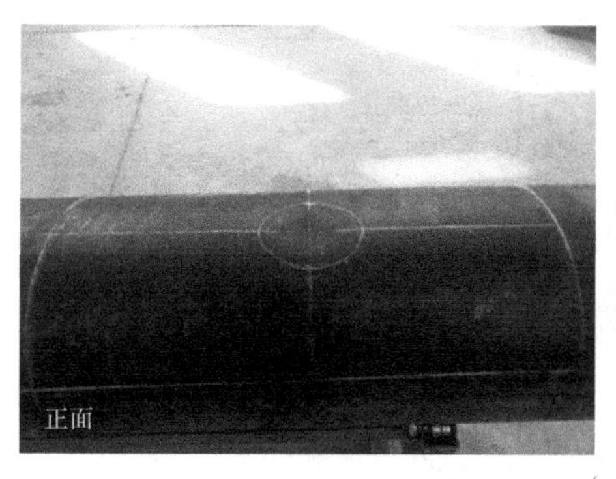

（c）

图 2-1-22　管件变形（续）

（a）A031（b）A013（c）A042

通过三维机械臂对凹陷管件进行几何外轮廓扫描，选取管件最大凹陷横断面来观察变形形态，发现其整体为凹陷式椭圆度损伤形式，如图 2-1-23 所示。圆形截面在冲击载荷作用下，其顶部撞击处发生了局部凹陷损伤，这里用凹陷深度 d 来表示；随着落物对管件进行冲击挤压，截面整体还产生了附加椭圆度，仍然采用式（2-1-18）来表示椭圆度 O_o。

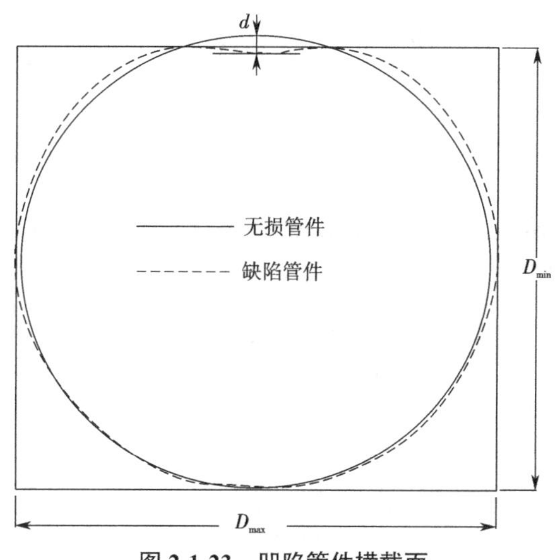

图 2-1-23　凹陷管件横截面

在全尺寸深海压力舱中对 4 组实验管件进行静水压溃实验，通过压力传感器采集的数据，可以得到舱内静水压力时程曲线，如图 2-1-24 所示。其中，P_{CO} 和 P_{COR} 分别为无损和缺陷管件实验压溃压力值。在 $0 \leqslant T \leqslant T_1$ 时，控制加压系统运行加载水压，舱内静水压力逐渐升高，当上升至管件结构最大极限承载力时，舱内传出响亮的管件压溃声响，管件发生屈曲失稳，T_1 时刻的曲线峰值点即为该管件的屈曲压溃压力值 P_{CO}（P_{COR}）。随着管件发生屈曲体积变形，舱内水压也随之骤降，局部压溃实验结束。

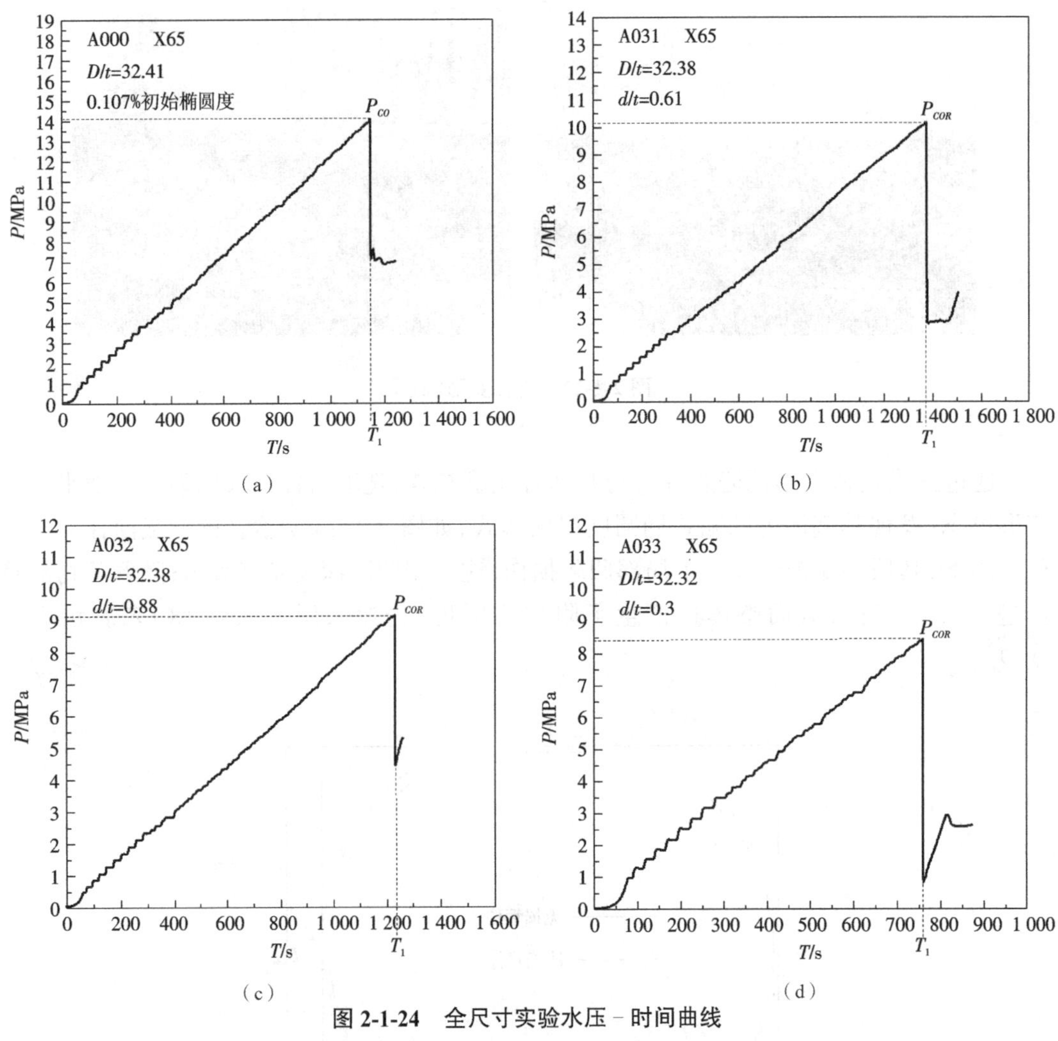

图 2-1-24 全尺寸实验水压－时间曲线

(a)对照管件 (b)A031 (c)A032 (d)A033

压溃实验结束后，将管件吊出舱体拆解应变片及引出线，发现在外静水压力作用下各组管件被严重压扁，变形模态相似。如图 2-1-25 所示，管件中段凹陷缺陷处最扁，横截面呈哑铃状，且沿轴向两端逐渐变形变小。由此可以认为，当静水压力达到管件凹陷截面的极限承载力时，缺陷中心处首先发生屈曲变形，并沿轴向各截面延伸。

(a)

图 2-1-25 实验前后试验管件

(b)

图 2-1-25　实验前后试验管件(续)

(a)实验前管件　(b)实验后管件

2.1.6　结果分析与结论

2.1.6.1　撞击过程数据分析

按照图 2-1-23 的凹陷管件横截面进行计算，可以得到各组实验管件的最终凹陷深度(d)和椭圆度(O_o)，见表 2-1-5。

表 2-1-5　实验结果

试验编号	支撑形式	v(m/s)	E_k·kJ	d/t	O_o/%
A011	刚性基础	11.79	2.96	0.50	0.769
A012	刚性基础	12.52	3.33	0.56	0.874
A013	刚性基础	14.25	4.32	0.71	1.132
A031	刚性基础	10.97	3.71	0.61	0.969
A032	刚性基础	13.06	5.26	0.88	1.507
A033	刚性基础	14.54	6.52	1.30	2.588
A041	土壤覆盖	10.97	3.71	0.51	0.810
A042	土壤覆盖	12.56	4.87	0.62	1.020
A043	土壤覆盖	14.18	6.20	0.85	1.240
A051	刚性悬跨	10.87	3.65	0.57	0.910
A052	刚性悬跨	12.53	4.84	0.76	1.220
A053	刚性悬跨	13.96	6.01	0.99	1.602

图 2-1-26(a)将实验凹陷深度与 DNV 规范计算值(式 2-1-12)进行了对比。根据 DNV-RP-F107 规范中相对保守的规定，假设落物的所有动能被海底管道全部吸收以致海底管道

损伤变形。但实际上，对于非刚性落物，落物本身也会变形吸收一部分动能，且撞击后落物与管件分离，本身会保留一定的反弹速度离开；或者在土壤地基条件下，部分动能会传递至地基，并非 100% 被管道吸收。因此，规范中也给出了特殊说明，针对土壤地基或非刚性落物，管壁吸收的动能比例可能降低至 50%~60%。此处引用 100% 和 50% 两个吸能比例来进行 DNV 规范计算对比。

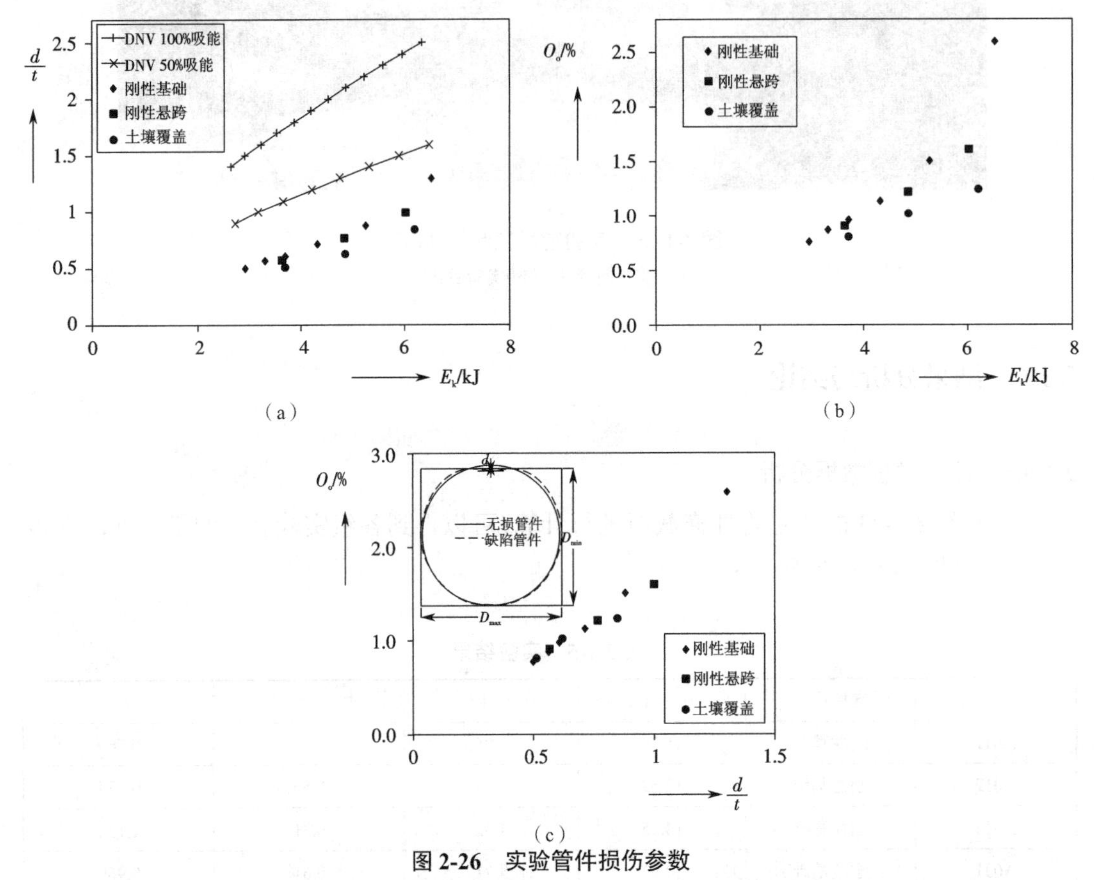

图 2-26 实验管件损伤参数

(a)凹陷深度－撞击能量 (b)椭圆度－撞击能量 (c)椭圆度－凹陷深度

由图 2-1-26 可以得到以下结论。

(1)在实验研究范围内，凹陷深度、椭圆度与撞击能量的变化趋势一致，都是随撞击能量的增大而增大；在相同撞击能量下，土壤覆盖的缓冲防护作用优于刚性悬跨和刚性基础工况，产生的局部凹陷和椭圆度缺陷最小，刚性悬跨工况下的凹陷深度和椭圆度值略小于刚性基础工况，但是差别不大。分析原因可能为悬跨长度较短，管件的整体变形程度不大，只分担了少量的塑性变形耗能。

(2)DNV 规范计算结果很保守，凹陷深度的规范计算值远大于实验结果，但实验结果整体趋势与 50% 吸能的规范趋势相近，最大相对误差约为 50%；而 100% 吸能的规范计算值更加保守。

(3)在实验研究范围内，管件椭圆度与凹陷深度的对应关系近乎线性关系，说明在一定撞击形式下，管件局部凹陷与整体椭圆度是相辅相成的关系，较大凹陷深度对应形成较大的截面椭圆度。

2.1.6.2　压溃过程数据分析

根据实验过程中记录的静水压力时程曲线，可以得到各组实验管件的屈曲压溃压力，见表 2-1-6。

表 2-1-6　压溃压力实验值

常规尺寸 $D/t=32.5$					
编号	D/t	E_k/J	d/t	O_o /%(max)	p_{COR}/p_{CO}
A033	32.32	6 522.0	1.30	2.588	0.598
A032	32.48	5 261.9	0.88	1.507	0.648
A031	32.38	3 712.5	0.61	0.969	0.721
A000(对照)	32.41	0	0	0.11	1.000

注：$P_{CO}=14.132$ MPa

图 2-1-27 为不同撞击能量下的管件截面变形及临界压溃压力值情况，从图中可以得到如下结论。

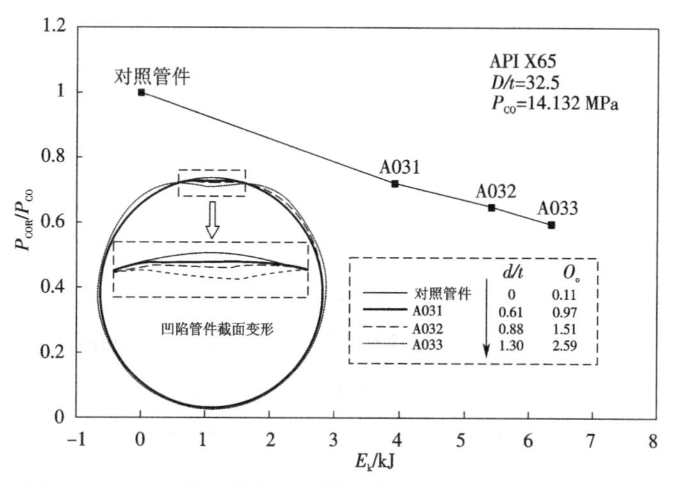

图 2-1-27　不同撞击能量下的管件截面变形及临界压溃压力值

(1)落物撞击可显著降低管件的抗屈曲能力，撞击能量越大，产生的凹陷深度及附加椭圆度越大，压溃压力值越小；随着撞击能量增大至 A033 工况的 6.52 kJ，管件的极限承压能力降低了 40.2%。

(2)落物撞击对管件屈曲失稳的影响机理主要体现在碰撞产生的凹陷损伤降低了管件缺陷截面的结构承载力，导致在较低的外界静水压力下，最大缺陷截面处首先发生结构屈曲，并连锁引起管件局部的压溃破坏。

落物撞击造成特有的缺陷形式——凹陷式椭圆度(Dented Ovality)缺陷，而 DNV 规范中为管件常规椭圆度(Simple Ovality)的屈曲核算(式2-1-14),对于局部凹陷损伤形式的管件抗屈曲能力分析未作明确定义。因此,采用椭圆度标准来对比实验与DNV规范的压溃压力值,具体如图2-1-28所示,P_p根据式(2-1-16)计算得到。分析计算结果可知:①在实验涵盖的椭圆度范围内,实验与DNV规范压溃压力值随着管件椭圆度的增大而减小,敏感性趋势一致;②DNV规范计算值始终低于实验值,在椭圆度幅值较小(0.11%~1%)时,两者相对误差均不超过11%;③随着椭圆度幅值的增大,两者相对误差逐渐增大,至椭圆度为2.59%时,相对误差为22.8%。④DNV规范的结果偏保守,且随着椭圆度增大而更加保守。同时,规范对于落物撞击造成的凹陷式椭圆度缺陷与管道极限承载力的关系未考虑,不能很好地对比区分凹陷式椭圆度和常规椭圆度两种形式缺陷对管件抗屈曲能力的影响差异性,还有待在后续数值研究中进行探讨。

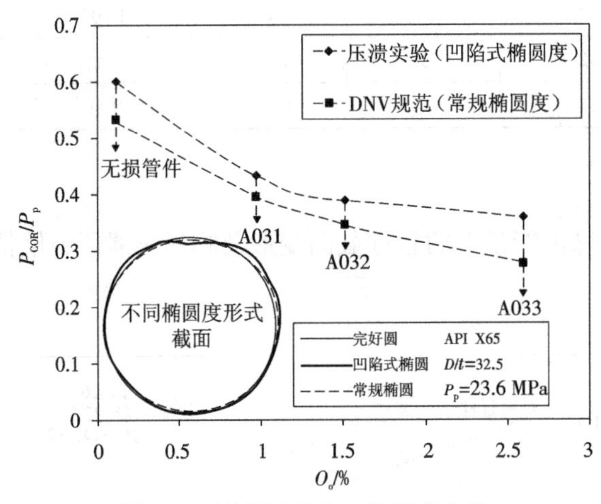

图2-1-28 压溃压力-椭圆度曲线

2.1.6.3 实验结论

通过上述实验过程,得出的主要结论如下。

(1)对落物撞击和管道屈曲实验的相关装置、系统进行了归纳介绍,梳理了实验管件的几何测量过程,对实验管件材料的力学性能进行了测试,确定了实验全尺寸管件的有效长度为6 m,并给出管件的初始几何参数,为后面联合实验的顺利开展做好装置及管件的前期准备工作。

(2)通过对落物与管件的撞击力-位移曲线分析可知,碰撞过程中两者一直接触未分离,管件先后经历了弹性变形、塑性变形和回弹变形的过程。在承受最大撞击力之后,发现撞击力下降、变形增大的"软化现象",主要原因为持续地塑性变形扩散导致在撞击力下降时产生"软化现象"。

(3)在冲击载荷作用下,管件的主要损伤形式为凹陷式椭圆度损伤,即截面顶部撞击处发生了局部凹陷,由于挤压作用截面整体还产生了附加椭圆度。因此对于损伤程度的描述,需要分别给出凹陷深度和椭圆度参数。在实验研究范围内,管道凹陷深度、椭圆度都随撞击能量的增大而增大,土壤覆盖的缓冲防护作用优于刚性悬跨和刚性基础工况,刚性悬跨工况下的管件损伤略小于刚性基础。在一定撞击形式下,损伤管件椭圆度与凹陷深度的对应关系近乎线性关系,两者是相辅相成产生的。

(4)通过压力传感器采集的舱内静水压力时程曲线可知,随着静水压力的缓慢升高,当达到管件临界压溃压力时,实验管件瞬间屈曲体积变形,水压也随之骤降,局部压溃实验结束。在本实验研究范围内,落物冲击载荷可显著降低管件的抗屈曲能力:撞击能量越大,产生的凹陷深度及附加椭圆度越大,管件的极限承载力越小。管件承受最大实验撞击能量(6.52 kJ)时,其极限承载力降低了 40.2%。

(5)高压屈曲实验后,管件发生了严重的压溃变形,中段撞击凹陷处变形最大,横截面呈哑铃状,并沿轴向两端逐渐变形变小。分析原因为碰撞产生的局部凹陷,降低了管件缺陷截面的结构承载力,在较低外界水压作用下,最大缺陷截面首先发生结构屈曲,并连锁引起管件局部的压溃破坏。

(6)通过将实验获得的凹陷深度及压溃压力结果与 DNV 规范计算值对比发现,规范计算结果很保守。凹陷深度的 DNV 规范计算值远大于实验结果,但实验结果整体趋势与 50% 吸能的规范趋势相近,最大相对误差约为 50%;而 100% 吸能的规范计算值则更加保守。管件压溃压力的规范计算值低于实验值,且随着椭圆度增大而更加保守,最大相对误差为 22.8%。

(7)一方面, DNV 规范(式(2-1-12))对于落物撞击能量与凹陷深度的关系只考虑了管道几何和材料参数的影响,未考虑外界静水压力的影响及屈曲失稳的可能性。另一方面, DNV 规范(式(2-1-14))对于管件极限承载力与管件几何缺陷的关系只定义了初始的常规椭圆度缺陷,未考虑落物撞击造成的凹陷式椭圆度缺陷的影响。换言之, DNV 规范中落物撞击损伤和管件屈曲的规定是分离的,远远不能满足当前工程设计和校核的应用需要。

2.2　管道碰撞损伤机理分析

2.2.1　局部迦辽金离散方法的三维数值理论计算方法

2.2.1.1　基本原理

本方法研究的物理简化模型如图 2-2-1 所示,管道两端固支放置于刚性地面上,落锚以一定的速度撞击管道中部。理论计算模型如图 2-2-2 所示。目前本方法暂不考虑土体的影响。

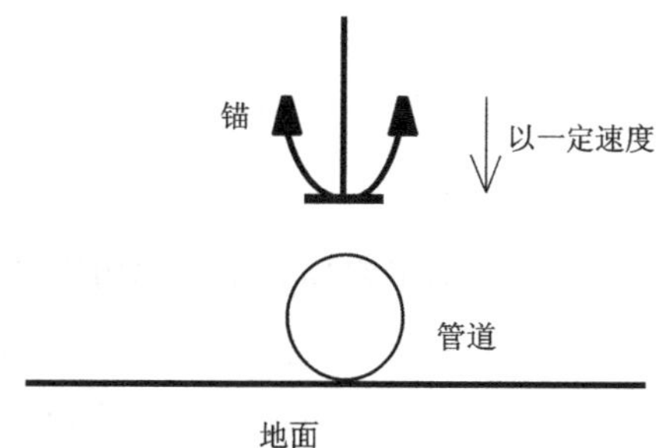

图 2-2-1　落锚撞击管道物理简化模型

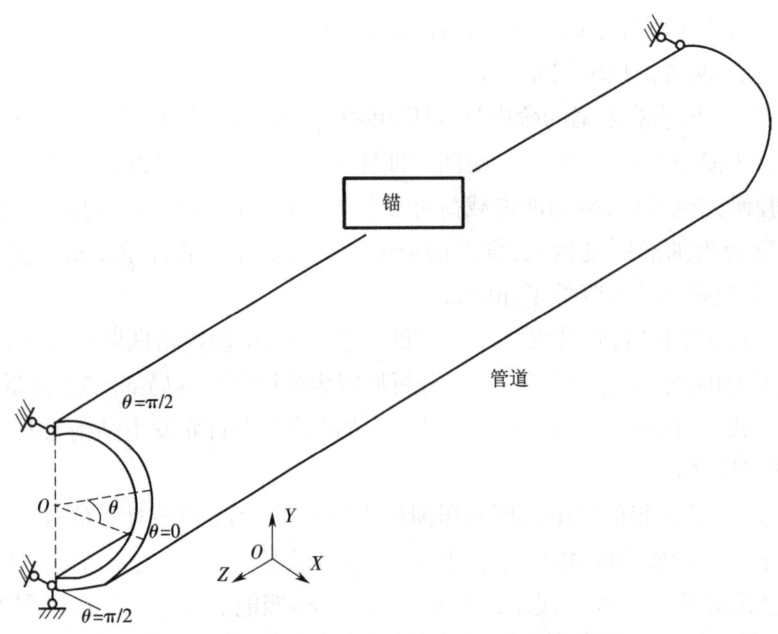

图 2-2-2 局部伽辽金离散方法理论计算模型

管道的构型采用下式所示的方法进行表达：

$$\vec{r}_0=\begin{pmatrix} r_1\\ r_2\\ r_3\end{pmatrix}=\begin{pmatrix} Lx_1\\ (R+tx_3)\cos\left(\dfrac{\pi}{2}x_2\right)\\ (R+tx_3)\sin\left(\dfrac{\pi}{2}x_2\right)\end{pmatrix} \tag{2-2-1}$$

在本方法中，建立了局部无量纲化的柱坐标系系统 x_1、x_2、x_3。管道的构型可映射到这个柱坐标系系统中，映射后的管道的位移表达式见下式。

$$\begin{cases} u_1=R\sum\limits_{m,n,k}A_{mnk}x_3^{k-1}\sin(m\pi x_1)\cos(n\pi x_2)\\ u_2=R\sum\limits_{m,n,k}B_{mnk}x_3^{k-1}\cos(n\pi x_1)\sin\dfrac{\pi n(x_2+1)}{2}\\ u_3=R\sum\limits_{m,n,k}C_{mnk}x_3^{k-1}\cos(m\pi x_1)\sin\dfrac{\pi n(x_2+1)}{4}\end{cases} \tag{2-2-2}$$

$$\vec{u}=\begin{pmatrix} u_1\\ u_2\\ u_3\end{pmatrix}=N\tilde{u} \tag{2-2-3}$$

公式为管道结构设计的一种位移模式，该位移模式能满足落锚撞击管道时管道应该满足的边界条件，而采用柱坐标系系统是为了容易满足位移边界条件。

在本方法设计的位移公式中，当 $x_1=0$, 1（管道两端）时，将不存在轴向位移；当 $x_2=-1$, 1 时，将不存在轴向位移。当 $x_2=-1$ 时，不存在径向位移。因而所需要的位移边界条件可全部满足。

为了便于采用最小势能原则解决此问题，可以将式（2-2-2）和（2-2-3）中的位移转换成直角坐标系系统，转换方法是采用转换矩阵 $\boldsymbol{T}$。

$$\vec{\boldsymbol{a}}=\begin{pmatrix}a_1\\a_2\\a_3\end{pmatrix}=\boldsymbol{T}\begin{pmatrix}u_1\\u_2\\u_3\end{pmatrix}=\boldsymbol{T}N\tilde{u} \tag{2-2-4}$$

其中，a_1、a_2、a_3 是直角坐标系下的位移；$\boldsymbol{T}$ 是转换矩阵，如下式所示：

$$\boldsymbol{T}=\begin{pmatrix}1 & 0 & 0\\ 0 & -\sin\left(\dfrac{\pi x_2}{2}\right) & \cos\left(\dfrac{\pi x_2}{2}\right)\\ 0 & \cos\left(\dfrac{\pi x_2}{2}\right) & \sin\left(\dfrac{\pi x_2}{2}\right)\end{pmatrix} \tag{2-2-5}$$

当前的构型 $\vec{\boldsymbol{r}}$ 可以表示为

$$\vec{\boldsymbol{r}}=\vec{\boldsymbol{r}}_0+\vec{\boldsymbol{a}} \tag{2-2-6}$$

从 $\vec{\boldsymbol{r}}$ 到 x_1、x_2、x_3 的雅克比矩阵如下式所示：

$$\boldsymbol{J}=\begin{pmatrix}\dfrac{\partial r_1}{\partial x_1} & \dfrac{\partial r_1}{\partial x_2} & \dfrac{\partial r_1}{\partial x_3}\\ \dfrac{\partial r_2}{\partial x_1} & \dfrac{\partial r_2}{\partial x_2} & \dfrac{\partial r_2}{\partial x_3}\\ \dfrac{\partial r_3}{\partial x_1} & \dfrac{\partial r_3}{\partial x_2} & \dfrac{\partial r_3}{\partial x_3}\end{pmatrix} \tag{2-2-7}$$

将船锚当作刚体处理，其运动方程为

$$m_a\ddot{\vec{\boldsymbol{u}}}_a^t=\vec{\boldsymbol{Q}}_a^{t+\mathrm{d}t}+\vec{\boldsymbol{F}}_a^t \tag{2-2-8}$$

以管道为研究对象，建立其运动方程，将管道进行显式动力迭代。

$$M\left(\frac{\vec{\boldsymbol{u}}^{t+\mathrm{d}t}-2\vec{\boldsymbol{u}}^t+\vec{\boldsymbol{u}}^{t-\mathrm{d}t}}{\mathrm{d}t^2}\right)=\vec{\boldsymbol{Q}}^{t+\mathrm{d}t}-\vec{\boldsymbol{F}}^t t\mathrm{d}t \tag{2-2-9}$$

通过上式，可以计算得到锚的加速度以及锚的位移增量。假定锚与管道在碰撞过程中始终接触，求得的锚的位移增量又作为该时间步下管道的位移载荷。如上面所述，锚与管道之间的撞击力当作一种位移载荷。

$$\begin{pmatrix}\boldsymbol{M} & \alpha^{\mathrm{T}}\\ \alpha & \boldsymbol{0}\end{pmatrix}\begin{pmatrix}\mathrm{d}\vec{\boldsymbol{u}}^t\\ \vec{\boldsymbol{f}}_c\end{pmatrix}=\begin{pmatrix}\mathrm{d}t^2(\vec{\boldsymbol{Q}}^{t+\mathrm{d}t}-\vec{\boldsymbol{F}}^t)+M\mathrm{d}\vec{\boldsymbol{u}}^{t-\mathrm{d}t}\\ \mathrm{d}\vec{\boldsymbol{u}}_a^t\end{pmatrix} \tag{2-2-10}$$

为了实现数值编程计算，需要在管道表面搜索撞击点。由于管道与锚之间的撞击为面撞击，因而需要在管道撞击区域设定一些接触点。根据当前管道与锚的坐标，可以判断哪些接触点被触发，只要发现锚穿透管道外表面，就将这些点记录下来，在下一个时间步，这些点将被当作位移载荷来处理。

2.2.1.2　管道凹陷计算流程

给刚体锚设定一个初速度，锚撞击管道后将引起管道的位移。在每一个时间步，通过当前锚速度计算得到管道上的位移载荷。管道将会给刚体锚反作用力,使锚减速,锚的速度越来越慢,直至最后管道反力使锚停止,计算结束。具体计算流程如图 2-2-3 所示。

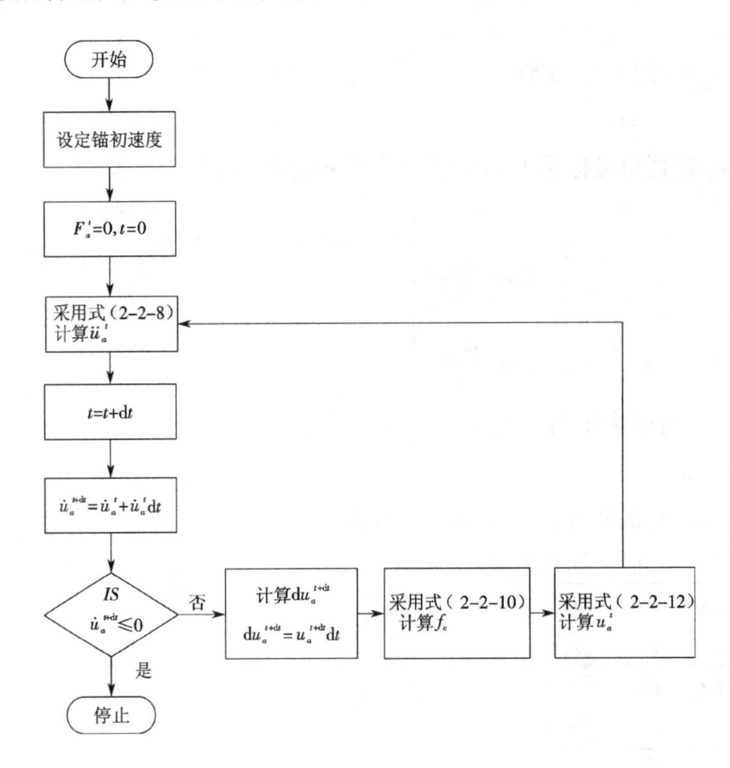

图 2-2-3 管道撞击凹陷计算流程图

根据锚的刚体运动方程,采用式(2-2-11)及式(2-2-12)计算当前时间步下的锚的速度。

$$\ddot{\vec{u}}_a = \frac{\vec{Q}_a + \vec{F}_a}{m_a} \tag{2-2-11}$$

$$\dot{\vec{u}}_a^{t+dt} = \dot{\vec{u}}_a^t + \ddot{\vec{u}}_a \mathrm{d}t \tag{2-2-12}$$

采用式(2-2-13)计算锚的位移增量,这个位移增量加至管道上。根据管道的显式动力方程计算管道上的接触响应力,该力反作用在锚的运动方程中。

$$\mathrm{d}\vec{u}_a^{t+dt} = \dot{\vec{u}}_a^{t+dt} \mathrm{d}t \tag{2-2-13}$$

2.2.1.3 对实验撞击的局部伽辽金方法计算

通过 MATLAB 编程实现局部伽辽金方法的计算。由于本方法暂不考虑砂土的作用,因此选择模拟实验中 A 组的撞击。在模拟中,落物锚设定为刚体,锚底面的尺度和锚重作为计算的输入参数,见表 2-2-1。其中锚底面的长度方向与管道的轴向垂直,锚底面的宽度方向与管道轴向平行。为了方便计算,管道两边取为反对称边界。

表 2-2-1　锚底面尺寸

锚质量 /kg	锚底面长度 /m	锚底面宽度 /m
10	0.084 8	0.061 7
20	0.106 9	0.077 8
30	0.122 3	0.089 0

管道变形图如图 2-2-4 和图 2-2-5 所示。其中图 2-2-4 是管道撞击方向的位移云图，(a)~(e)对应 A 组的五个实验结果，凹陷值即为撞击方向的最大位移。可以看出不同撞击条件下得到的管道变形图相差很大。在撞击部位，凹陷值最大。同时可以得到与实验结果一样的结论，即凹陷值与落物的撞击能量和接触面积相关。更加明显的管道变形情况如图 2-2-5 所示。图 2-2-5 中粗线为管道的初始截面形状，点划线为局部伽辽金方法计算结果管道截面，细线为实验结果。由于实验研究中，撞击能量不足够大，因而撞击后的管道主要为椭圆形状。

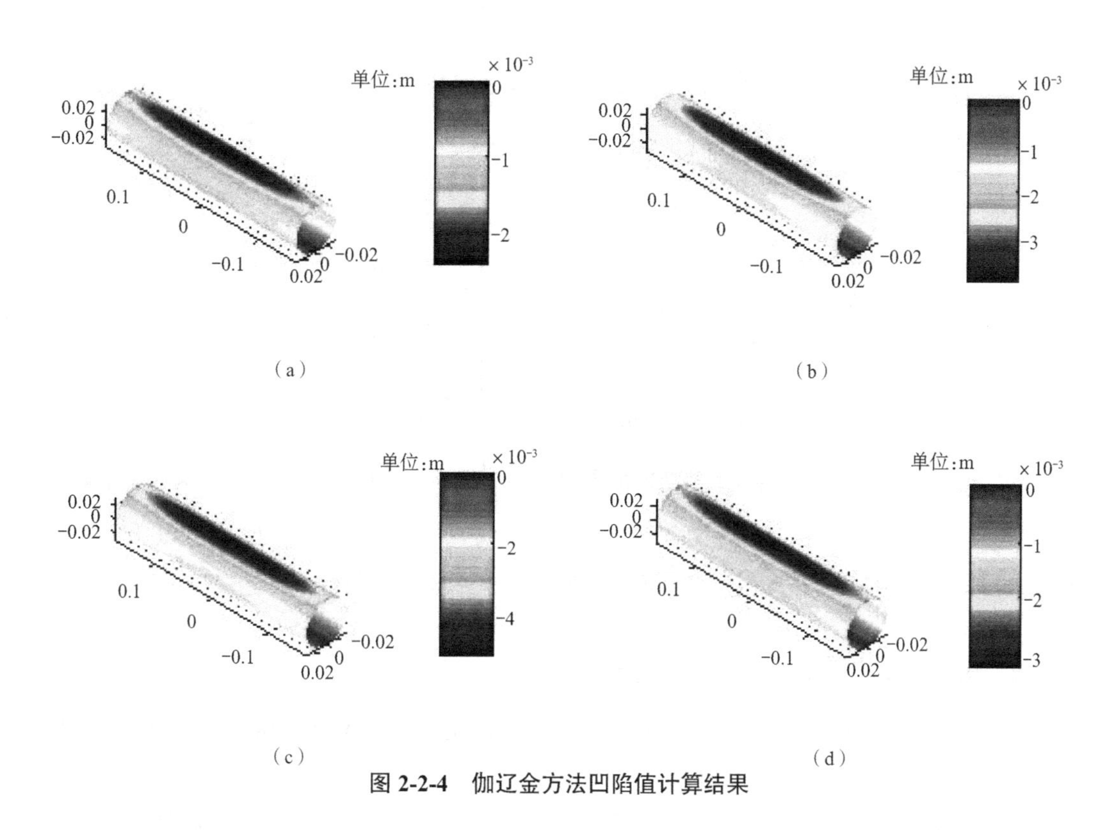

图 2-2-4　伽辽金方法凹陷值计算结果

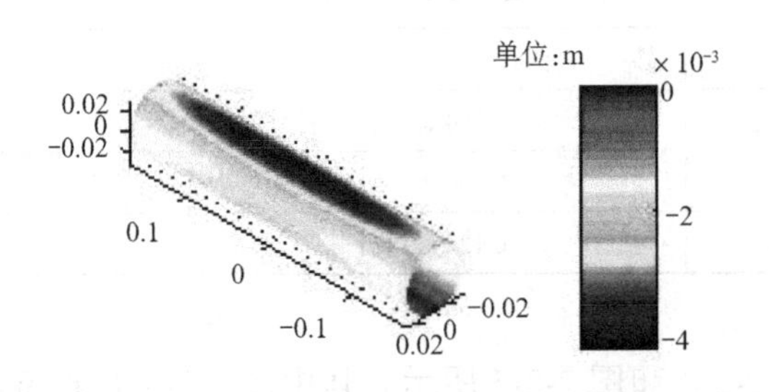

(e)

图 2-2-4 伽辽金方法凹陷值计算结果(续)

(a)实验号 1 的 y 向位移云图 (b)实验号 2 的 y 向位移云图 (c)实验号 3 的 y 向位移云图
(d)实验号 4 的 y 向位移云图 (e)实验号 5 的 y 向位移云图

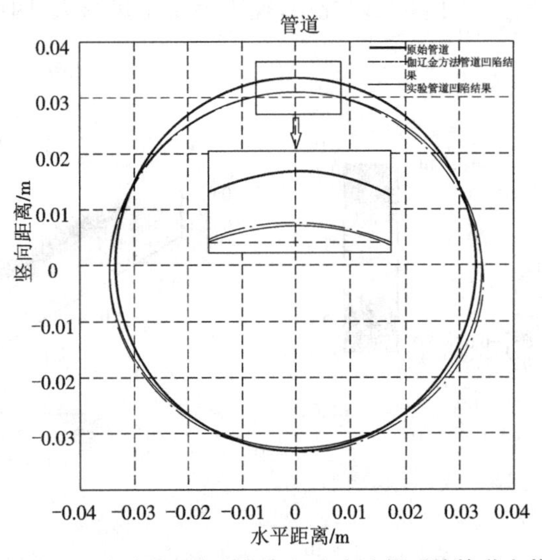

图 2-2-5 实验号 1 实验结果和局部伽辽金方法得到的管道中截面变形图

2.2.2 基于联合实验的管道动态响应及屈曲失稳数值研究

2.2.2.1 管道碰撞实验的数值模拟及结果分析

本文采用非线性动力学分析有限元软件 ANSYS/LS-DYNA 开展落物冲击载荷作用下实验管件动态响应的数值模拟研究。ANSYS/LS-DYNA 是一款功能强大的非线性显式动力求解器,拥有丰富的材料属性库和本构关系模型,能够有效处理动态碰撞过程中的非线性动力学问题。

1. 几何建模、单元和网格划分

首先,按照表 2-2-2、表 2-2-3 给出的几何参数建立法兰、海底管道、土壤的几何模型,土壤尺寸设置为宽度 3 m,高度 2 m,长度 6 m。对于落物和土体,采用 SOLID164 实体单元,管道采用 SHELL163 壳单元。

表 2-2-2　管道几何参数

管道型号	管径 /mm	壁厚 /mm	管长 /m
API X65	325	10	6

表 2-2-3　法兰几何参数

法兰型号	直径 /mm	厚度 /mm	质量 /kg
法兰 A	300	90	42.55
法兰 B	300	130	61.7

在网格划分过程中，对管道和土壤的不同位置设定不同的网格密度。通过对多组不同网格边界尺寸的有限元模型进行求解计算，对比计算结果的变化趋势，当管道撞击部位的单元边界尺寸为 15 mm，并且远端部分单元尺寸按照等比关系逐渐增长时，即能得到稳定的结果，继续增加网格数量会使运行时间变长，影响计算效率。因此，选取撞击点附近单元尺寸为 15 mm，在远离撞击点位上采取渐变形式的网格划分，如图 2-2-6 和图 2-2-7 所示。

图 2-2-6　管道和法兰

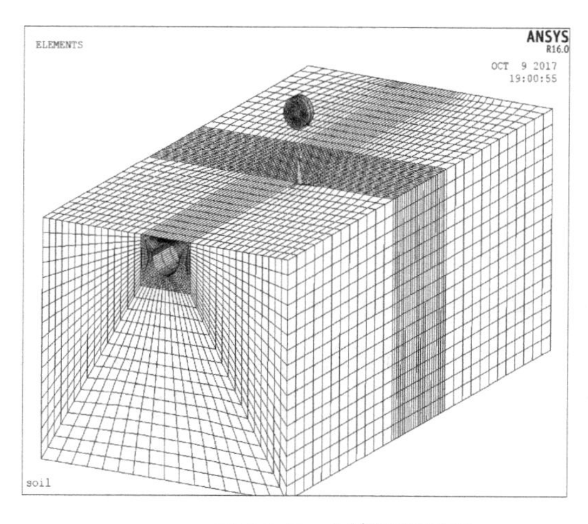

图 2-2-7　土壤覆盖模型

2. 材料模型

1）落物材料模型的选择

考虑到落物在撞击过程中的变形很小以至于可以忽略，将法兰设置为刚性体进行分析，减少模型计算时间。

2）管道材料模型的选择

管道材料选取塑性随动强化模型来模拟，并考虑撞击过程的应变率影响，引入 Cowper-Symonds 模型。材料的屈服应力计算公式如下：

$$\sigma_{\mathrm{y}}=\left[1+\left(\frac{\dot{\varepsilon}}{C}\right)^{\frac{1}{p}}\right]\left(\sigma_0+\beta E_{\mathrm{p}}\varepsilon_{\mathrm{eff}}^{p}\right) \quad (2\text{-}2\text{-}14)$$

其中，σ_{y} 为材料的屈服应力；p、C 为应变率参数；σ_0 为材料的初始屈服应力；$\varepsilon_{\mathrm{eff}}^{p}$ 为有效的塑性应变；E_{p} 为塑性硬化模量。

$$E_{\mathrm{p}}=\frac{E_{\mathrm{t}}\cdot E}{E-E_{\mathrm{t}}} \quad (2\text{-}2\text{-}15)$$

其中，E 为弹性模量；E_{t} 为切线模量。

本书没有测试管件材料在不同应变率下的应力应变关系。鉴于准静态拉伸曲线琼斯（Jones N.）等公布的测试结果吻合性较好，数值模拟中 Cowper-Symonds 模型参数也采用其公布的数据，具体见表 2-2-4。

表 2-2-4 管道材料参数

属性	相关参数
材料密度 ρ/（kg/m^3）	7 850
弹性模量 E/（N/m^2）	206.1×10^{-9}
泊松比 μ	0.3
初始屈服应力 σ_0 /Pa	357.3×10^{-6}
硬化模量 E_{p}/（N/m^2）	1.18×10^{-9}
硬化参数 β	0
应变率参数 p	40.4
应变率参数 C	5
失效应变	0.22

3）土体材料模型的选择

选取 Drucker-Prager（DP）模型模拟土壤在冲击作用下的弹塑性力学行为。由于该模型不能直接在 ANSYS 的前处理模块中进行定义，需要根据 LS-DYNA 关键字手册中模型库的规定，对 k 文件中的部分内容进行修改，实现土壤模型的设置，相关材料参数见表 2-2-5。

表 2-2-5　土壤材料参数

密度 ρ/(kg/m^3)	剪切模量 G/(N/m^2)	泊松比 ν	内摩擦角 φ /°	内聚力 C/Pa	膨胀角 ψ /°
1.96×10^3	6×10^6	0.2	30	1.8×10^4	0

3. 接触及边界条件

按照落物实验的四种场景,设定有限元模型的边界条件。

(1)刚性支撑工况:管道两端设置固定约束,并在管道模型底部设置刚性平板模型,约束管道下部节点单元向下运动,以模拟钢板对管道的支撑效果。

(2)悬跨支撑工况:仅在管道两端设置固定约束,管道下部节点单元可以发生垂向位移。

(3)土壤覆盖工况:土体四周和底部固支,管道两端固支,上表面设置为自由边界,不设置约束。

接触设置方面,法兰与管道之间和管道与土体之间均设置为自动面面接触(ASTS),并设置法兰与管道之间的静摩擦系数为 0.2,动摩擦系数为 0.1,设置管道与土壤之间的静摩擦系数为 0.3,动摩擦系数为 0.15。

4. 数值模型验证

为验证数值模型的可靠性,以 A031 实验管件为例,将数值计算获得的落物加速度 - 时间曲线、撞击力 - 位移曲线及截面变形与实验结果进行比对,如图 2-2-8 所示。其中,实验结果为落物与管件未分离前的力 - 位移曲线,数值结果为管件整个碰撞过程的力 - 位移曲线,包括了两者分离后的回弹位移,即撞击力为零后的位移。

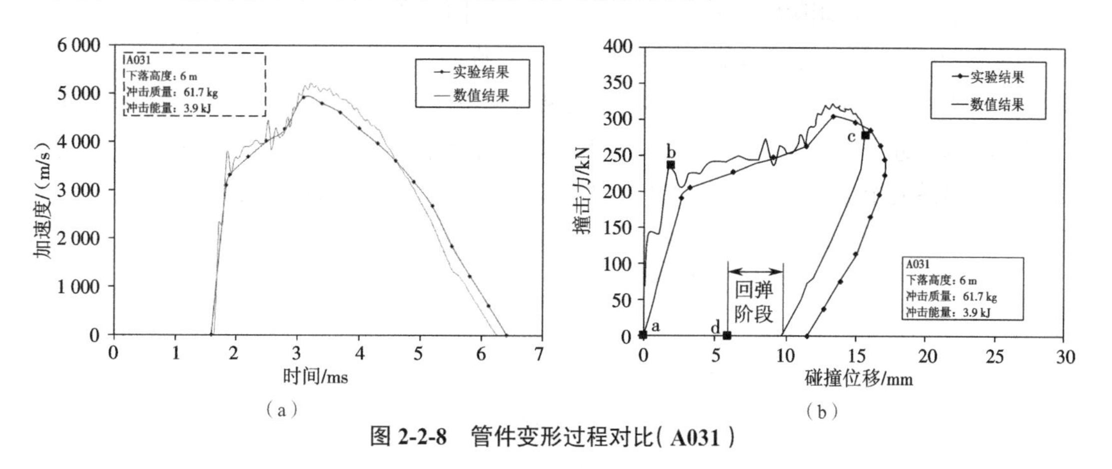

图 2-2-8　管件变形过程对比(A031)

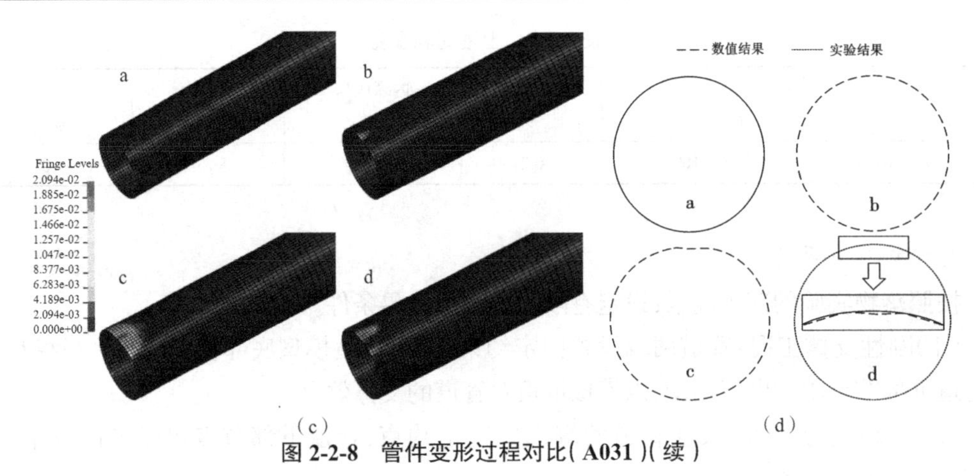

图 2-2-8　管件变形过程对比（A031）（续）

（a）加速度－时程曲线　（b）撞击力－位移曲线　（c）有效塑性应变　（d）变形过程

从图 2-2-8 中可以得到如下结论。

（1）数值模拟的加速度－时间曲线、撞击力－位移曲线趋势与实验结果基本一致，但是在撞击力和位移方面，存在一定的差异。随着变形位移的增大，数值模拟的撞击力较实验值偏大，最大撞击力比实验值偏大 5.1%。同时，数值模拟的最大位移和永久位移分别比实验值偏小 8.5% 和 5.7%。

（2）撞击过程中，管件的有效塑性应变不断增大，最大塑性应变出现在撞击凹陷中心处，管件底部也产生了有效塑性应变，但应变值非常小。数值模拟与实验获得的管件最终凹陷变形基本一致，数值模拟的椭圆度比实验值偏小 5.3%。

（3）落物撞击管件过程主要分为三个阶段：落物自由下落运动至管件结构表面阶段，落物与管件结构相互作用阶段，惯性力作用下管件结构回弹变形阶段。

图 2-2-9 给出了计算获得的不同撞击工况下管件最终凹陷深度（d）及椭圆度（O_o）与实验结果的比较情况，图中横坐标是实验结果，纵坐标为计算结果。数据点越接近斜率为 1 的直线表明越接近实验结果。由图可知：有限元方法计算结果与实验结果非常接近，椭圆度和凹陷深度的最大相对误差分别为 11.4% 和 11.8%，分析原因主要有以下几个方面。

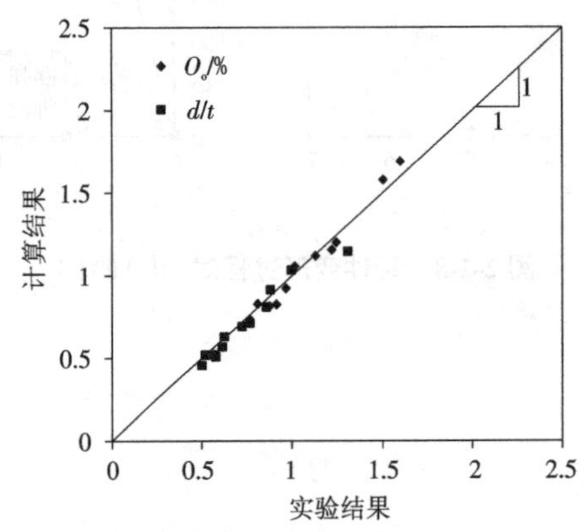

图 2-2-9　管件椭圆度和凹陷深度实验结果与计算结果对比

(1)数据采集系统的误差。落物撞击实验采用三维机械臂、测厚仪和高速摄像机对实验过程及结果进行监控、测量,存在一定的误差。

(2)实验操作的影响。尽管有各种保证落物撞击位置和姿态正确性的措施,但操作工人在定位落物撞击位置、下落高度和下落姿态时仍然存在一定失误的可能性,且无法通过高速摄像机完全无偏差地判别出来,这是无法体现到数值模拟中的,因此存在一定的误差。

(3)数值模型参数的误差。数值模型中涉及诸多计算参数的选取,且将落物简化为刚性体,这些都是参照工程实际经验和文献资料选定的,会造成一定的模拟误差。

5. 撞击接触形式的影响分析

DNV 规范中撞击能量与凹陷深度的关系如下,定义的落物形式为图 2-10 所示的楔形棱边。

$$E=16\left(\frac{2\pi}{9}\right)^{\frac{1}{2}} m_{\mathrm{p}}\left(\frac{D}{t}\right)^{\frac{1}{2}} D\left(\frac{\delta}{D}\right)^{\frac{3}{2}} \tag{2-2-16}$$

不同的撞击接触形式可以影响落物与管件的相互作用,本节针对不同的撞击接触形式,研究管件的动态响应特征及差异性。如图 2-2-11 所示,对球形面、圆弧面和楔形棱边三种接触形式进行了数值建模,保持落物质量($m=100$ kg)、撞击速度($v=16$ m/s)一致,落物垂直撞击管中位置。图中同时给出了不同接触形式的落物撞击管件后的最终变形情况,由图可以看到,圆弧面撞击管件造成的塑性变形范围最大,球形面次之,楔形棱边的塑性范围最小。

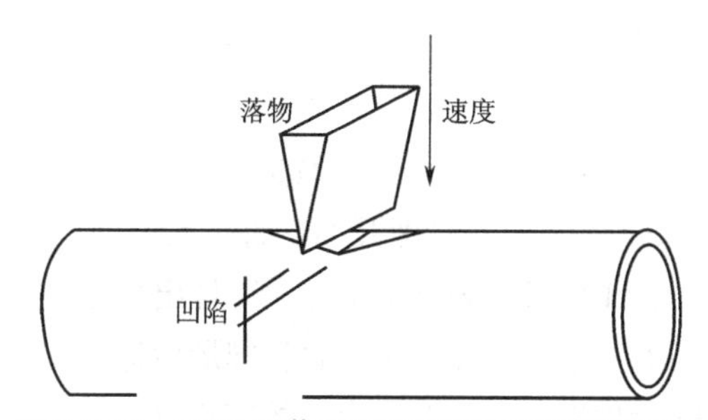

图 2-2-10　DNV 规范中定义的落物撞击接触形式

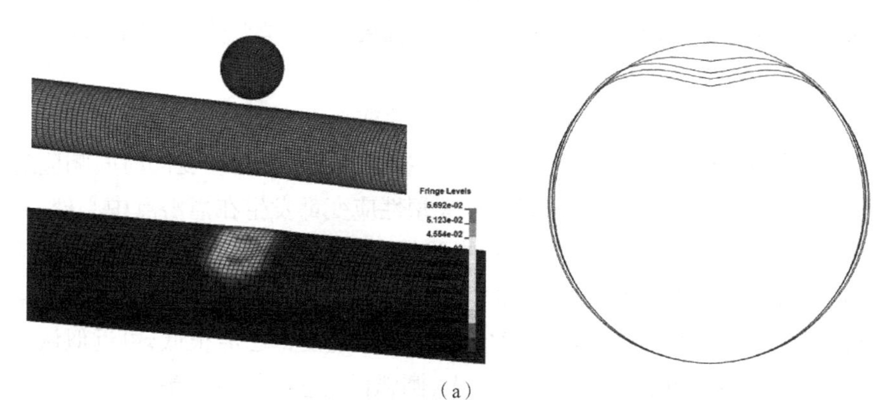

(a)

图 2-2-11　初始撞击接触形式和最终变形

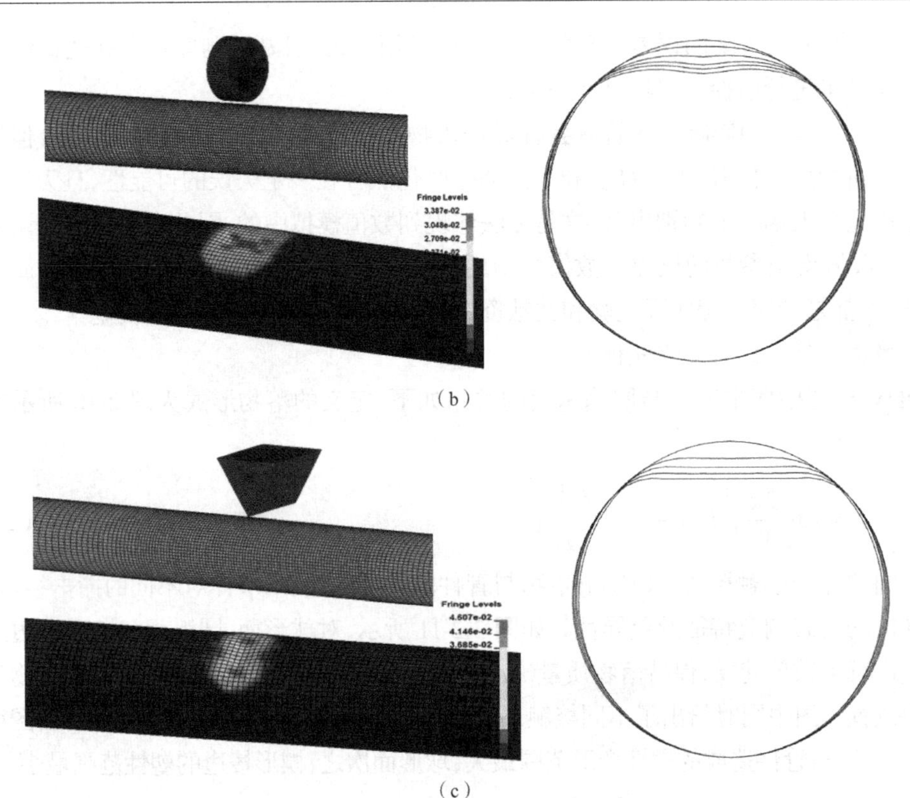

图 2-2-11 初始撞击接触形式和最终变形(续)

(a)球形面 (b)圆弧面 (c)楔形棱边

图 2-2-12 为碰撞接触中心点的撞击力－位移曲线,从图中可以发现:碰撞初期,球形面和楔形棱边撞击管件在 200 kN 撞击力时即开始塑性变形;由于圆弧面接触面积较大,弹性阶段撞击力持续增大,至 330 kN 时才发生塑性变形,且出现了“撞击力－位移平台区域”,即撞击力基本不变,径向位移一直增大,而球形面和楔形棱边撞击形式未出现此类现象。分析原因为法兰面接触撞击管件时,主要造成管件的塑性变形沿轴向扩散,径向变形深度较浅,而球形面和楔形棱边主要造成管件较小范围的径向变形。因此,虽然圆弧面的塑性变形区域大,但凹陷深度最小,球形面造成的永久凹陷深度最大,楔形棱边和圆弧面的凹陷深度分别比球形面的小 22.7% 和 26.9%。

为了进一步了解不同撞击接触形式下管件的变形差异,以撞击点为中心(点 1),以 30 mm 的间隔沿轴向布置了四个特征点,对管件结构特征点塑性应变的时间响应过程进行研究,具体如图 2-2-13 所示。可以观察到,最大塑性应变都发生在撞击点中心处,且圆弧面最大,球形面次之,楔形棱边最小,但三者相差不大。特征点 2 位置处,圆弧面塑性应变仍然保持较大值,仅降低了 9.2%;而球形面和楔形棱边的塑性应变分别快速降低了 41.9% 和 73.8%。至特征点 4 位置处,三种撞击接触形式的塑性应变都已经很低,可近似认为已经到达了塑性变形边界处。由此说明管件在轴向上,圆弧面的塑性影响面最大,球形面和楔形棱边相对较小,尤其是楔形棱边接触形式,塑性影响面非常局限。

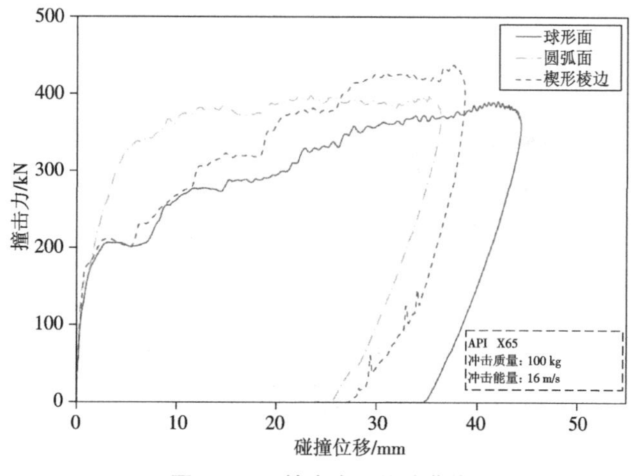

图 2-2-12　撞击力 - 位移曲线

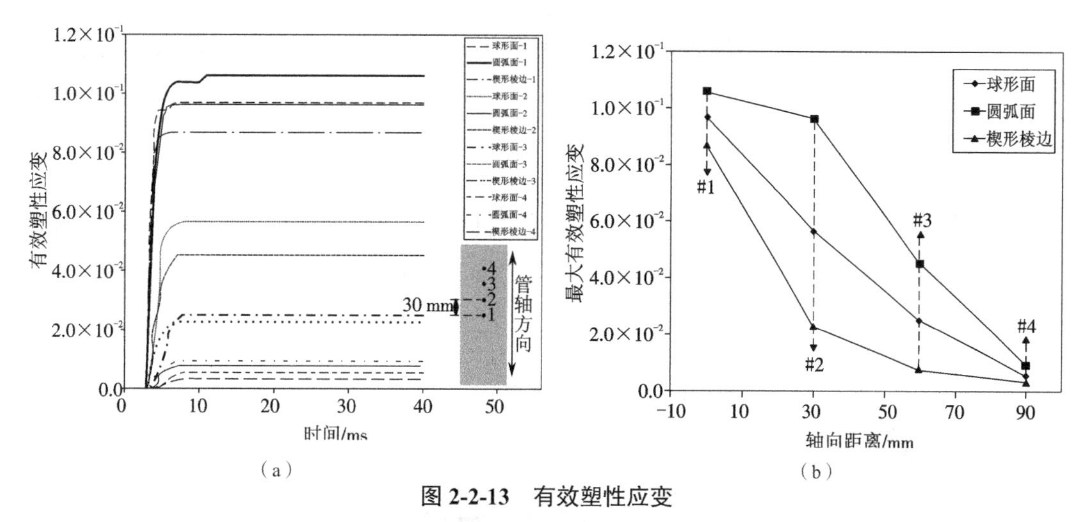

图 2-2-13　有效塑性应变

(a)有效塑性应变时程曲线　(b)轴向各特征点最大有效塑性应变

落物撞击管件损伤过程实际上是管件塑性变形吸能的过程，结构的能量吸收历程是分析结构变形特性的重要参数，图 2-2-14 给出了不同撞击接触形式下管件的总吸能时程曲线。由图可知，随着落物与管件相互接触作用，大量落物动能转化为管件的内能。随后在管件触底回弹过程中，一部分内能又转换为落物动能，其余能量被管件塑性变形所消耗。但是不同撞击接触形式下管件的最终塑性吸能比例不同，球形面最大（66.9%），楔形棱边次之（64.1%），圆弧面最小（61.2%）。

综上所述，可知相同撞击能量下，不同的撞击接触形式对管件的损伤程度有很大的区别，主要体现在塑性变形面积、凹陷深度和塑性吸能三个方面。圆弧面撞击造成较大的轴向塑性变形区域，但凹陷深度较小；球形面和楔形棱边变形区域较小，主要以径向凹陷变形为主。整体来说，球形面撞击下管件的塑性吸能最大，楔形棱边次之，圆弧面最小，管件的凹陷损伤程度也是如此趋势。

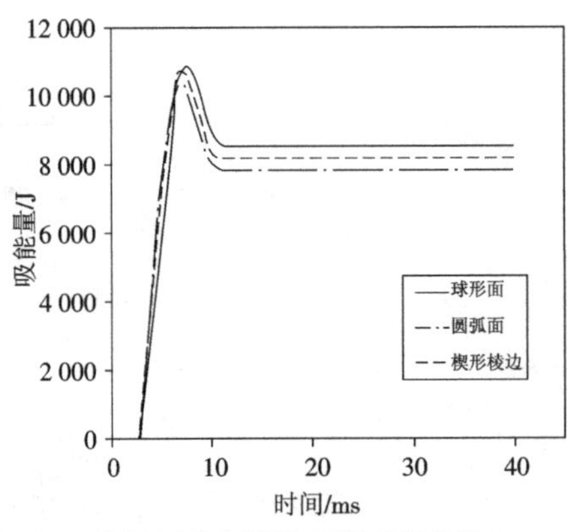

图 2-2-14 管件吸能时程曲线

2.2.2.2 高压屈曲实验的数值模拟

对于管道的屈曲压溃，同样是一个高度非线性问题，需要考虑管件在静水压力下的大挠度非线性结构变形和管件材料的非线性本构关系。考虑到后续冲击载荷和深水压联合作用下的结构碰撞及屈曲数值模拟，仍然采用 ANSYS/LS-DYNA 软件对高压屈曲实验过程进行数值模拟。

1. 有限元数值模型

为采集准确全面的管道形状，实验采用三维机械臂对落物实验后凹陷管件进行外轮廓扫描，并将扫描截面数据点进行筛选和转换，通过 ANSYS 软件创建管道凹陷截面，如图 2-2-15 所示。

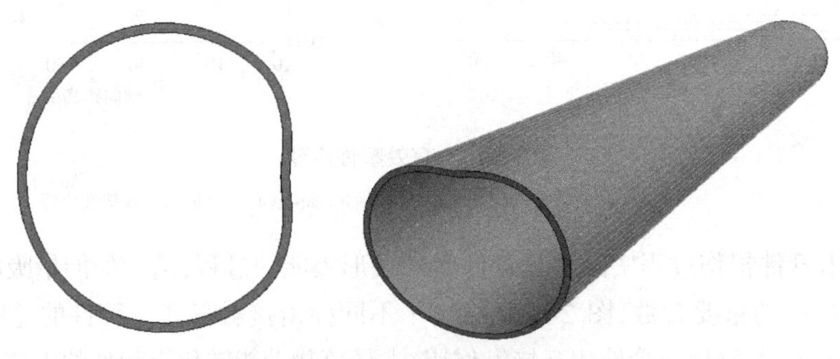

图 2-2-15 模型截面建立

2. 数值模型验证

对建立的不同凹陷程度实验管件模型表面逐渐施加静水压力，和实验实际过程一样，在达到其极限承载力时发生局部压溃，图 2-2-16 为模型计算得到的各组实验管件中率先压溃节点的水压－位移曲线以及压溃不同阶段的管件变形情况。图中横坐标为无量纲的节点径向位移（ δ/t ），纵坐标为无量纲的外界水压（ $\hat{P}_{COR}/P_{CO}$ ）。其中，P_{CO} 和 $\hat{P}_{CO}$ 分别为无损管件实验和数值模拟压溃压力值，P_{COR} 和 $\hat{P}_{COR}$ 分别为缺陷管件实验和模拟压溃压力值，δ 为节点径向位移。从图中可以看到，外界水压增加的初始阶段，管件处于弹性变形阶段，节点径向位移变化很小，当达到各自管件的极限承压能力时，管件结构瞬间发生屈曲失稳，很小的水压增量会引起大幅的位移变化。各条曲线的拐点即为管件临界压溃压力值。

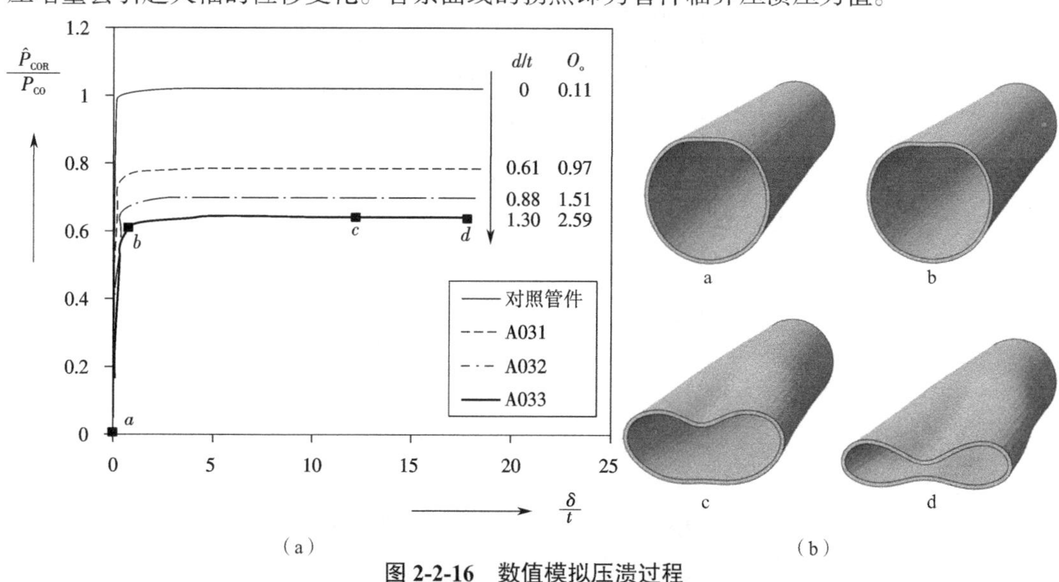

（a）　（b）

图 2-2-16　数值模拟压溃过程

（a）水压－位移曲线　（b）压溃过程变形

表 2-2-6 和图 2-2-17 为实验管件临界压溃压力与数值模拟压溃压力值的比对情况。图 2-2-17 中横坐标是实验结果，纵坐标为数值模拟结果，数据点越接近斜率为 1 的直线表明越接近实验结果。由图表可知：无缺陷管件的临界压溃压力最大，随着凹陷程度增大，管件临界压溃压力随之减小，管件抗屈曲能力降低；有限元方法模拟结果能够很好地与实验结果吻合，最大相对误差仅为 4.36%。分析产生误差的主要原因为模型未考虑受损管件的剩余应力、实际椭圆度和壁厚偏心的影响。

表 2-2-6　实验与模拟结果对比

编号	d/t	O_o /%（max）	p_{COR} / p_{CO}	$\hat{p}_{COR}$ / p_{CO}	相对误差 /%
A033	1.30	2.588	0.598	0.615	2.83
A032	0.88	1.507	0.648	0.673	3.95
A031	0.61	0.969	0.721	0.752	4.36
A000（对照）	0	0.110	1.000	0.977	-2.31

注：p_{CO} =14.132 MPa。

图 2-2-18 为压溃实验和数值模拟得到的管件变形情况。从图中可以发现数值模拟与实验获得的管件变形模态吻合较好：管件中段凹陷缺陷处最扁，横截面呈哑铃状，且沿轴向向两端逐渐变形变小。通过上述分析，能够确定所建立的管件高压屈曲有限元模型是可靠的，可以用于模拟分析管件结构的动态屈曲过程。

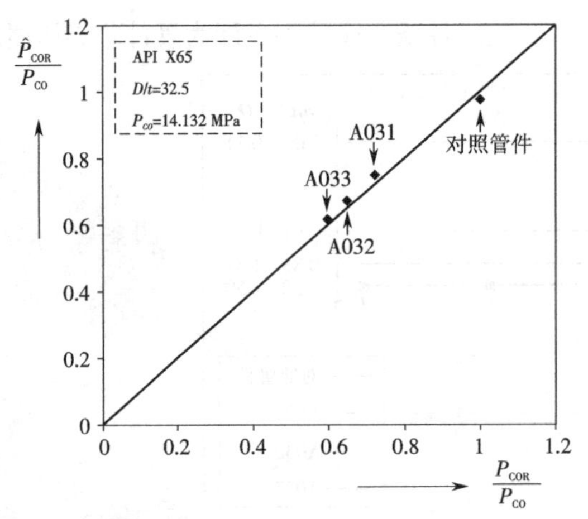

图 2-2-17 实验与模拟结果对比

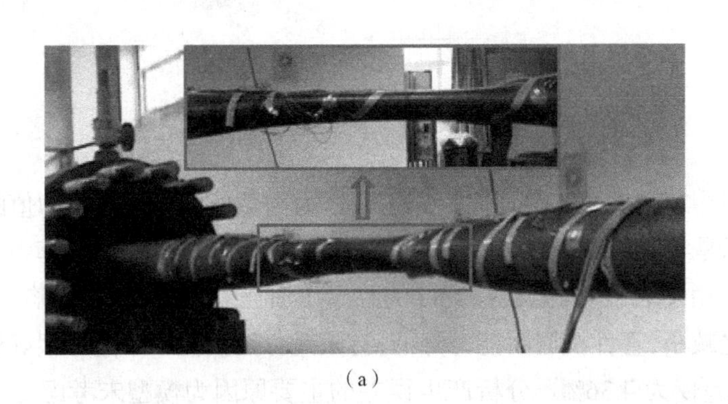

（a）

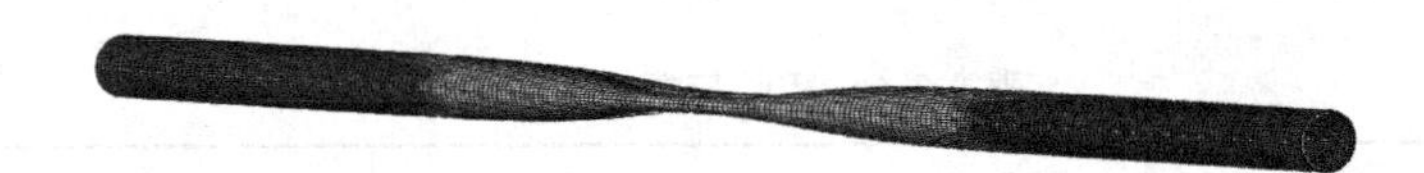

（b）

图 2-2-18 实验与数值模拟变形对比

（a）实验后管件 （b）数值模拟管件变形

3. 椭圆度形式的影响分析

本节中，以压溃实验管件椭圆度参数为算例，针对相同椭圆度值下的两种不同椭圆度缺陷形式进行压溃压力计算，并与 DNV 规范标准值进行比对，得到的压溃压力对比情况如图 2-2-19 所示，P_p 根据下式计算得到。

$$P_p(t) = 2f_y\alpha_{fab}\frac{t}{D} \tag{2-2-17}$$

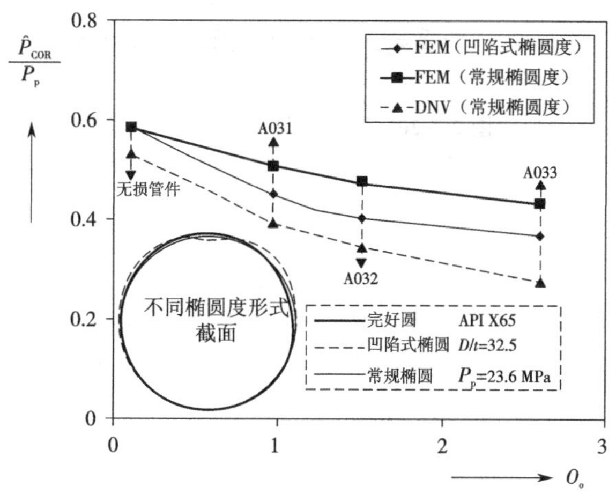

图 2-2-19　压溃压力－椭圆度曲线

由图 2-2-19 可以得到以下结论。

（1）在实验涵盖的椭圆度范围内，无论是凹陷式椭圆度还是常规椭圆度，数值模拟与 DNV 规范的压溃压力值结果都随着椭圆度的增大而减小，敏感性趋势一致。

（2）常规椭圆度下管件压溃压力，DNV 规范的结果一直低于数值模拟的结果，且随着椭圆度增大而差值更大。对于无损管件，DNV 规范的结果比数值模拟的结果偏低 9.1%；至椭圆度为 2.59% 时，比数值模拟的结果偏低 35.9%。所以，DNV 规范相对比较保守，且随着椭圆度缺陷增大而更加保守。

（3）在椭圆度为 1%~2.6% 时，凹陷式椭圆度管件极限承压能力始终低于常规椭圆度管件，差异最大时比常规椭圆度管件偏低 15.4%。因此，相对于初始常规椭圆度缺陷，落物撞击造成的凹陷式椭圆度对管件抗屈曲能力的降低影响更大。

4. 缺陷参数敏感性分析

海底管道极限承载力与其结构和缺陷参数密切相关，管件碰撞损伤缺陷包含凹陷和椭圆度两部分。本节采用验证后的有限元方法，针对管件凹陷几何参数和凹陷式椭圆度进行敏感性分析，其中计算结果采用无量纲压溃压力－影响参数曲线表示。关于凹陷缺陷几何特征，图 2-2-20 给出了管件凹陷几何参数示意，其中 l、d 和 c 分别为凹陷的轴向长度、径向深度和周向宽度。

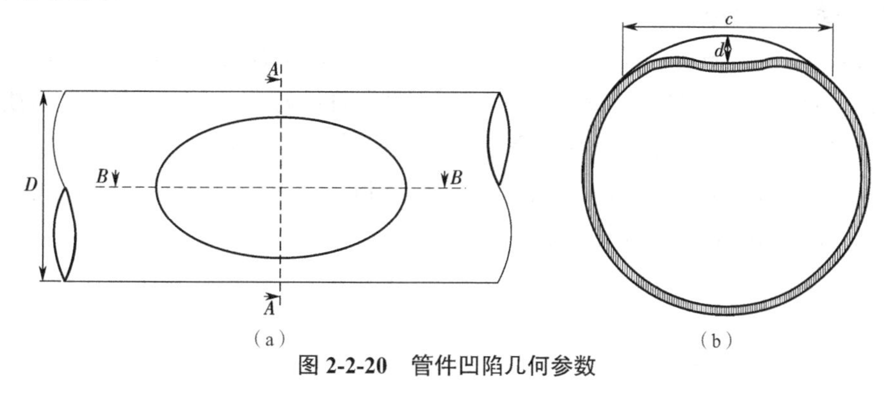

图 2-2-20　管件凹陷几何参数

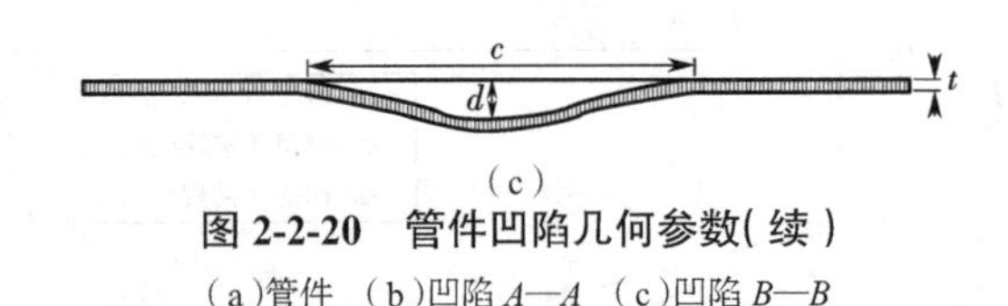

(c)

图 2-2-20 管件凹陷几何参数(续)

(a)管件 (b)凹陷 $A—A$ (c)凹陷 $B—B$

1)凹陷几何参数分析

图 2-2-21 为凹陷长度不变,凹陷深度 d/t 分别为 1、3、5 时,管件压溃压力随不同凹陷宽度的变化情况。可以看出,凹陷深度和长度相同的管件,压溃压力随凹陷宽度的增大而减小,当凹陷宽度为管件直径 D 时,压溃压力达到最小值;同一凹陷宽度下,压溃压力随凹陷深度的增大而减小。

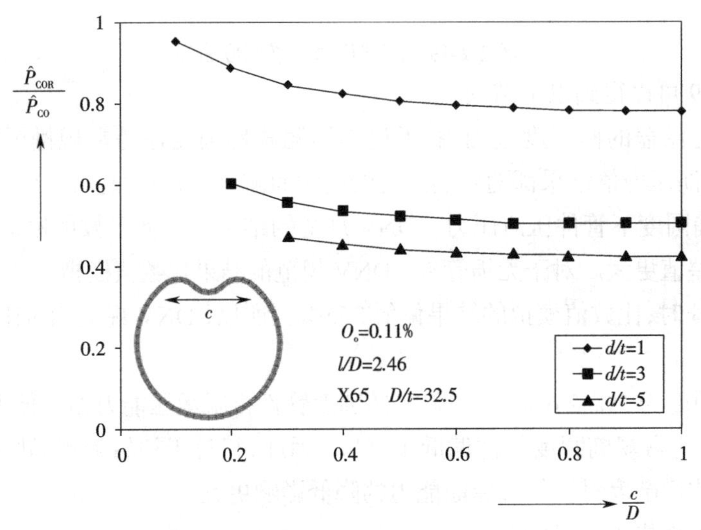

图 2-2-21 不同凹陷宽度的压溃压力

图 2-2-22 为凹陷宽度不变,凹陷深度 d/t 分别为 1、3、5 时,管件压溃压力随不同凹陷长度的变化情况。可以看出,随着凹陷长度的增大,管道压溃压力逐渐变小。但随着凹陷长度的增加,缺陷对管道压溃压力的影响逐渐变小,达到一定程度后,管道抗屈曲的能力基本不再降低。

2)凹陷式椭圆度分析

图 2-2-23 为凹陷宽度和长度不变,凹陷深度与椭圆度组合缺陷对管件压溃压力的影响情况。可以看到,一定凹陷尺寸管件压溃压力随椭圆度的增大而减小,但对管道压溃压力的影响随着椭圆度的增加而逐渐变小,达到一定程度后,管道抗屈曲的能力基本不再降低。由曲线斜率可知,小凹陷深度($d/t=1$)下椭圆度对管道压溃压力的影响较大;而大凹陷深度($d/t=3,5$)下椭圆度对管道压溃压力的影响相对较小。

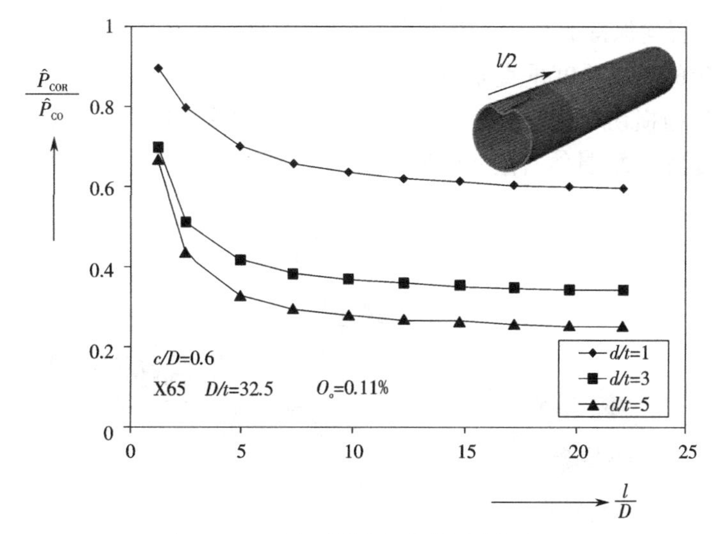

图 2-2-22　不同凹陷长度的压溃压力

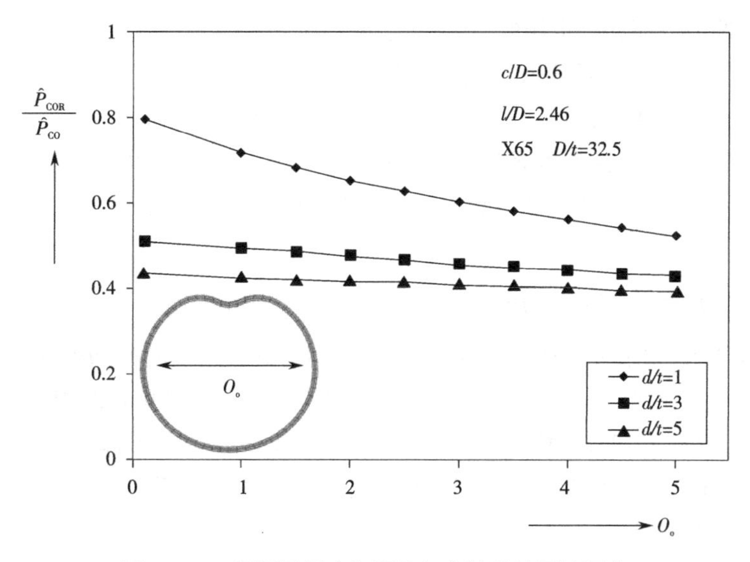

图 2-2-23　不同椭圆度与凹陷组合缺陷的压溃压力

2.2.3　冲击载荷和深水压联合作用下管道动态响应

本节基于前面联合实验验证的数值分析模型，考虑冲击载荷和深水压联合作用，对深海管道碰撞环境下的动态响应特性和屈曲失效机理开展相关研究、分析了径向压力对管道碰撞响应过程的影响规律，开展了管件抗冲击特性的敏感性分析，并提出了冲击载荷和深水压联合作用下，考虑管道全失效模式的临界失效水压评估公式。

2.2.3.1　数值模型

本节的数值研究采用前面联合实验验证的数值分析模型，管件几何参数、网格划分、材料模型和接触设置均保持不变。采用刚性支撑形式,在管道表面施加均布的静水压力载荷,刚体落物以一定的初始速度垂直撞击目标管道中间位置。为了更好地分析、完善 DNV 现有规范对管件碰撞损伤和屈曲的安全评估体系,本节中落物形式采用 DNV 规范中定义的楔形棱边撞击接触形式,具体有限元模型如图 2-2-24 所示。

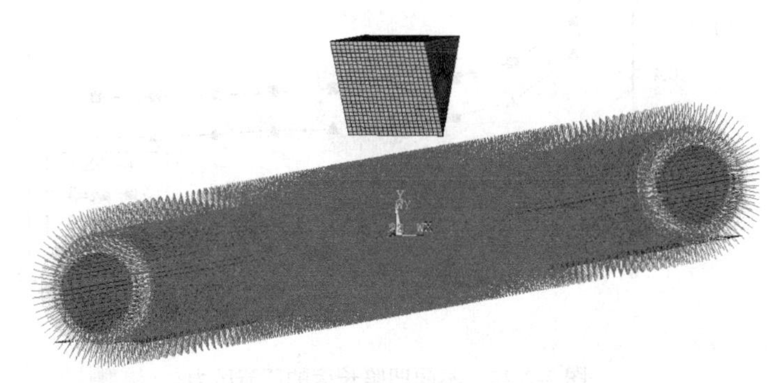

图 2-2-24 落物与受压管道有限元模型

为了实现冲击载荷和深水压的联合作用,数值模型中需要设置两阶段的分析步。

第一步为加压阶段。对管道外表面逐步施加静水压力至目标压力水平,并在一定时间内保持稳定。该过程中管道单元应力水平随着静水压力的升高而同步增大,并在静水压力恒定后保持稳定状态,而管道表面节点发生的变形则十分微弱,可以忽略。

第二步为冲击阶段。撞击物体以某一预设速度对稳定受压管道进行冲击,实现对深水环境碰撞过程的模拟分析。

2.2.3.2 径向受压管件的碰撞响应过程

为了研究管件径向压力 P_e 对碰撞响应的影响,保持落物质量($m=100$ kg)、撞击速度($v=14$ m/s)不变,分别设置径向压力 P_e 为 −4 MPa、−2 MPa、0 MPa、2 MPa、4 MPa、6 MPa、8 MPa、10 MPa 和 12 MPa,当管件径向外压大于内压时,P_e 值为正,即外压与内压的差值为正;当管件径向外压小于内压时,P_e 值为负,即外压与内压的差值为负。

1. 变形及失稳分析

图 2-2-25 给出了承受不同径向压力管件的顶部撞击力 - 位移曲线。由图中曲线可以得到以下结论。

(1)在外压不大于 8 MPa 时,管件的撞击力 - 位移曲线与前面实验及数值模拟获得的加载曲线趋势基本一致,经历了弹性变形、塑性变形和回弹变形三个阶段,未发生屈曲压溃现象。

(2)当内压大于外压时,随着内压的增大,撞击力的峰值不断增大,且管件回弹后的最终凹陷深度减小。可见,内压在一定程度上减小了落物撞击造成的管道变形,提高了管件的抗冲击能力。

(3)当外压大于内压时,随着外压的增大(0 → 8 MPa),撞击力的峰值不断降低,但管件变形位移不断增大,即很小的撞击力就造成了很大的塑性变形。相应地,管件的最终凹陷深度也随外压的增大而增大。可见,在碰撞过程中,随着管件变形带来了静水压力载荷的做功，且此部分能量直接由管件变形吸收，从而导致更大的截面变形位移。当外压继续增大（10 → 12 MPa）时，管件撞击点变形截面达到了该外界水压下的极限承载力，瞬间发生了屈曲失稳的大变形现象。此时，管件后续的变形将完全依靠静水压力的作用，落物撞击已不再参与做功。

（4）落物撞击只在初始阶段对管件的变形造成较大的影响，即主要给管件结构的初始稳定性带来影响。同时，随着静水压力的增大，落物撞击的影响逐渐减小，静水压力的影响逐渐增大。对于管件后期的屈曲失稳变形，则完全由静水压力做功完成。

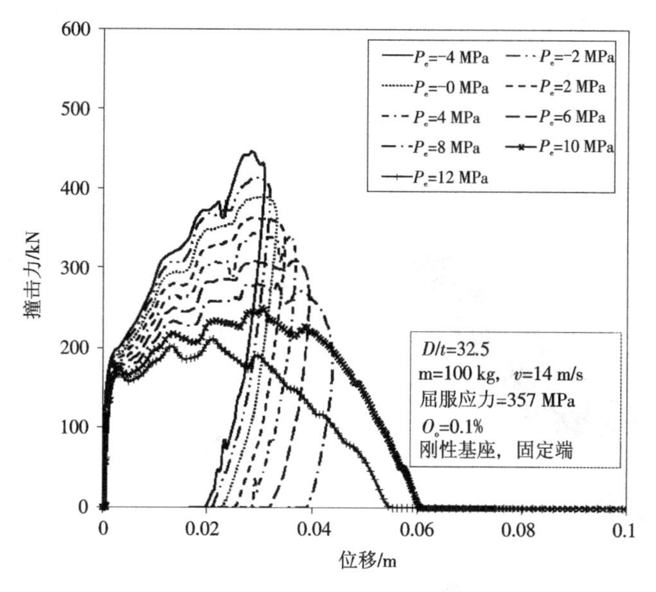

图 2-2-25　撞击力－位移曲线

图 2-2-26 为不同径向压力作用下，管件的 *XY* 平面和 *YZ* 平面的变形情况以及 Mises 应力分布。

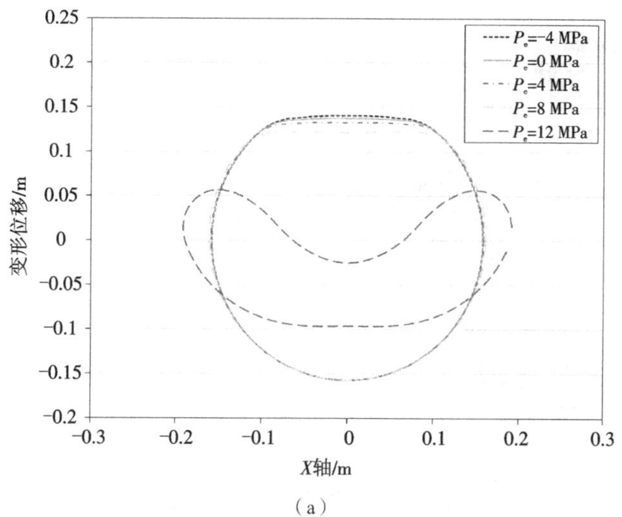

（a）

图 2-2-26　不同径向压力下的管件变形

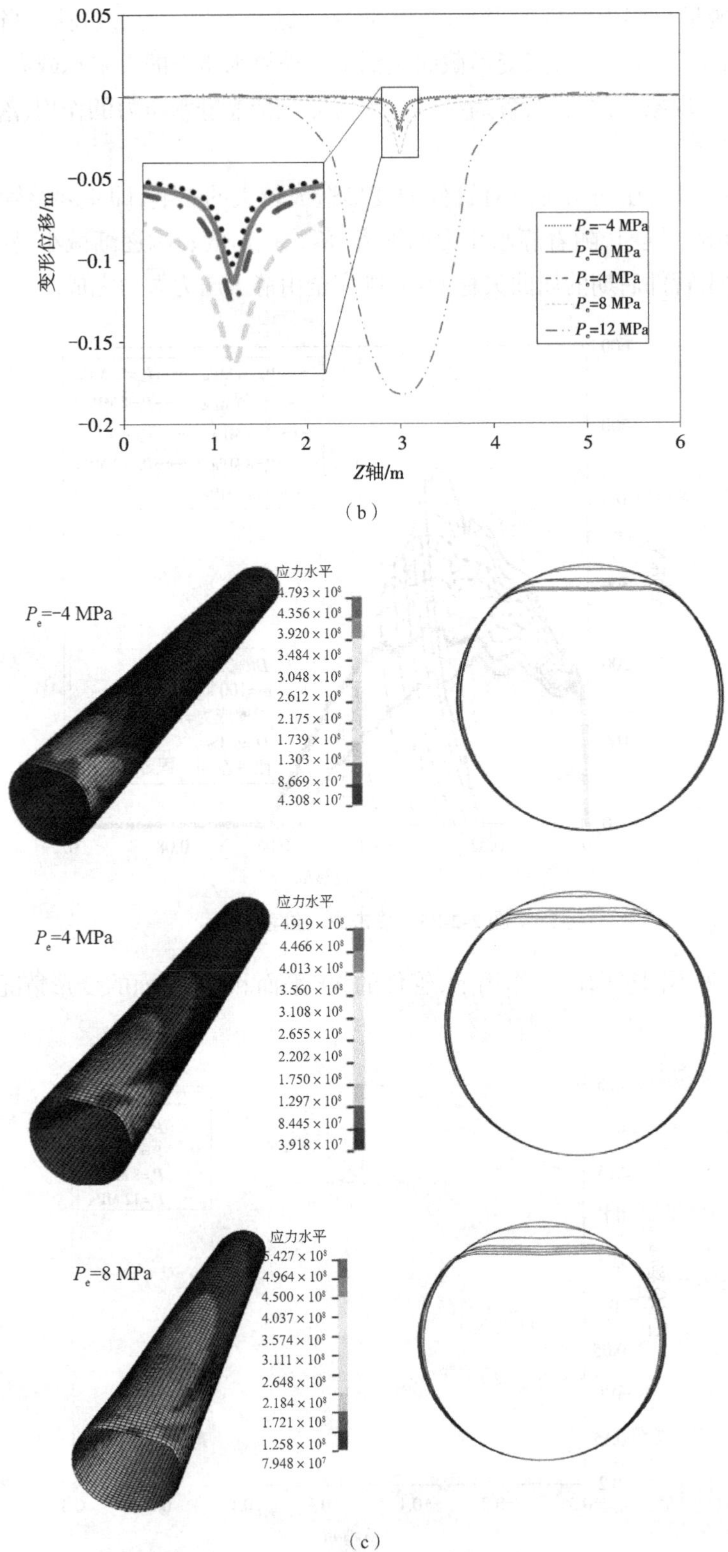

(b)

(c)

图 2-2-26 不同径向压力下的管件变形(续)

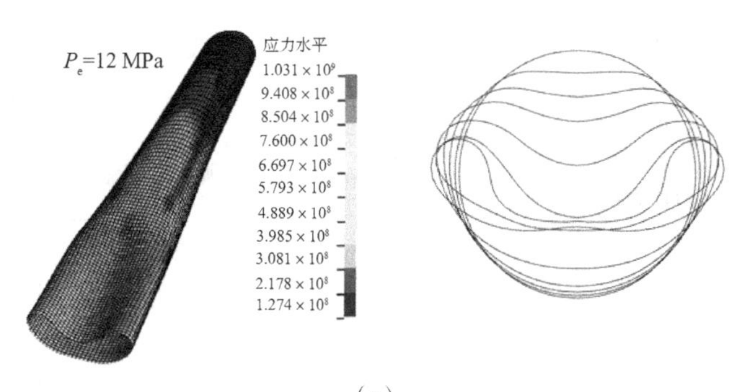

（c）

图 2-2-26　不同径向压力下的管件变形（续）

（a）*XY* 平面　（b）*YZ* 平面　（c）Mises 应力云图

由图 2-2-26 可以得到以下结论。

（1）随着外压的不断增大，管壁上最大 Mises 应力值不断增大，且有效应力范围不断沿轴向向两端扩散。在外压的联合作用下，管件塑性变形面积不断扩大。P_e 为 12 MPa 时的撞击导致管件发生即时屈曲失稳破坏，管件 Mises 应力幅值发生突增，Mises 最大应力比 $P_e = 8$ MPa 时增大了 85.9%。

（2）随着外压的增大，管件 *XY* 截面的凹陷深度不断增大，且变形速率不断增大；同时，管件的轴向变形趋势亦如此，主要原因还是随着外压增大，静水压力的作用明显提高，对管件的变形做功不断增大。

（3）在一定外压范围内，静水压力的附加做功加剧了管件的局部塑性变形。当外界水压增大到管件极限承载力能力时，会导致管件整体的环向失稳破坏。

2. 能量分析

不同径向压力下，管件结构的总吸能情况如图 2-2-27 所示，由图可以有以下发现。

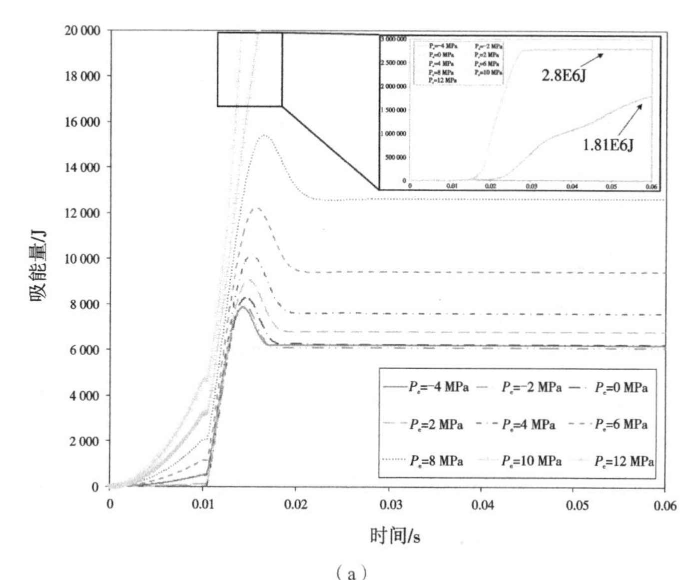

（a）

图 2-2-27　不同径向压力下的管件吸能

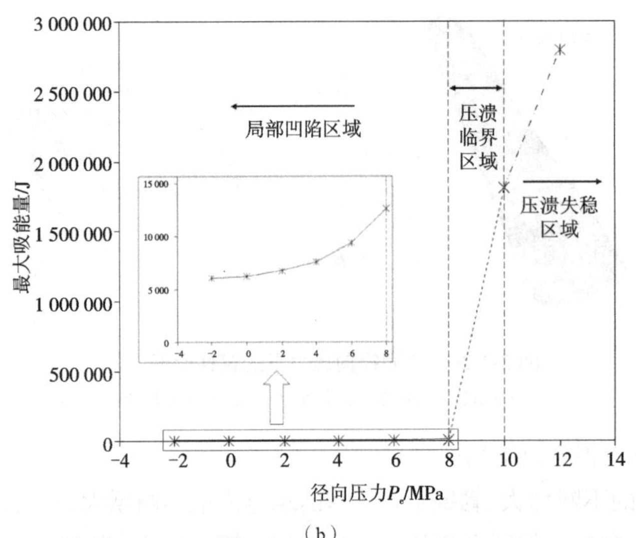

（b）

图 2-2-27　不同径向压力下的管件吸能（续）

（a）管件吸能时程曲线　（b）管件最大吸能量

（1）落物撞击总能量为 9 800 J，当管件径向压力为 0 时，管件塑性变形吸能量为 6 255 J，占落物初始动能的 63.8%。随着外压的增大，管件塑性变形吸能量不断增加；从 $P_e = 6$ MPa 开始，管件塑性变形吸能量逐渐超过落物的总动能，绝大部分来源于静水压力的做功。

（2）对于发生压溃失稳的管件（$P_e \geqslant 10$ MPa），随着管件的压溃大变形，静水压力做了大量的功。因此，压溃管件的总吸能量比未压溃管件吸能量超出两个量级，约为 222 倍。

（3）在外压为 8~10 MPa（压溃临界区域）时，存在一个临界外部水压值，即外压等于或大于此值，管件发生即刻屈曲失稳破坏。由于本节计算水压增量步较大，不能确定具体临界值大小。

综上所述，考虑静水压力的管件碰撞响应特性与无静水压力环境下存在显著的差异，主要表现为：深水环境下的管件碰撞过程，不只是落物撞击对管件做功变形，而且静水压力也参与了对管件附加做功，加剧了管件的局部塑性变形。当截面结构发生过大变形以至于不能继续承载外部水压力时，管件还会在撞击处发生即刻的屈曲失稳破坏。

2.2.3.3　抗冲击特性的敏感性分析

本节重点针对管件抗冲击屈曲特性的影响参数进行敏感性分析，研究各参数对管道极限承载力的影响规律。根据规范及以往文献研究，影响管件碰撞损伤和屈曲压溃的影响因素有很多，主要有初始椭圆度 O_o、径厚比 D/t、屈服强度 σ_y 等。通过上节的研究可知，深水环境下受撞击管件极有可能发生屈曲失稳，而造成管件屈曲失稳的载荷为外界水压力 P_e。因此，本节敏感性研究的指标为一定冲击载荷和静水压作用下管件的极限承载压力 P_c。需要说明的是，通过计算发现在冲击载荷和外界静水压联合作用下，管件可能发生局部损伤、破裂或屈曲失稳，对于直接破裂或屈曲失稳的管件，撞击过程的外界水压力即为管件的极限承载力 P_c；而对于只发生局部损伤未失效的管件，需要继续进行静水压力增压加载，直至管件发生屈曲压溃破坏，此时的静水压力才为管件的极限承载力 P_c。具体计算流程如图 2-2-28 所示。

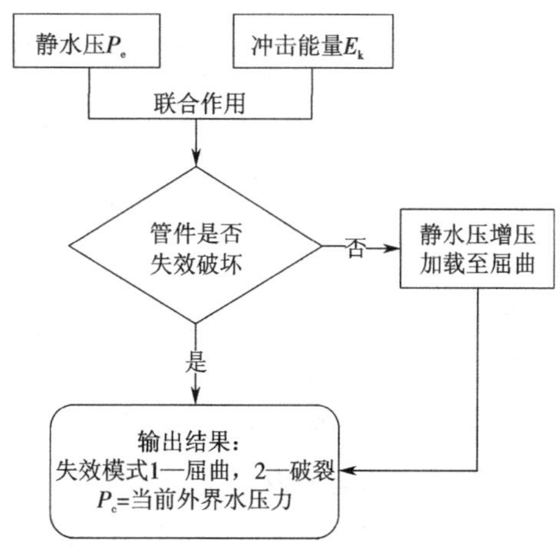

图 2-2-28　求解极限承载力的计算流程图

表 2-2-7 给出了本节敏感性分析中管件的基本模型参数及取值。

表 2-2-7　基本模型参数及取值

符号	模型参数	取值
D	管道外径	325 mm
t	管道壁厚	10 mm
L	管道长度	6 m
O_o	初始椭圆度幅值	0.08%
E	弹性模量	206.1 GPa
ν	泊松比	0.3
σ_y	屈服强度	357.3 MPa
ρ	密度	7 850 kg/m^3

1. 外部水压 P_e 的影响

本节计算采用表 2-2-7 中的管件材料、几何参数，表 2-2-8 给出了计算得到的不同撞击能量(E_k)和外界水压(P_e)取值下的管件极限承载力(P_c)。不同撞击能量通过保持撞击速度($v = 14$ m/s)不变，改变落物质量($m = 10$ kg、50 kg、100 kg、200 kg、300 kg、400 kg、500 kg)来实现。

表 2-2-8　不同 E_k 和 P_e 取值下的 P_c　　单位：MPa

P_e/MPa	$E_k = 0.98$ kJ	$E_k = 4.9$ kJ	$E_k = 9.8$ kJ	$E_k = 19.6$ kJ	$E_k = 29.4$ kJ	$E_k = 39.2$ kJ	$E_k = 49.0$ kJ
0	16.97	15.54	14.28	12.29	10.73	9.90	8.96
2	16.35	15.2	13.38	11.57	9.93	9.04	8.14

续表

P_e/MPa	E_k = 0.98 kJ	E_k = 4.9 kJ	E_k = 9.8 kJ	E_k = 19.6 kJ	E_k = 29.4 kJ	E_k = 39.2 kJ	E_k = 49.0 kJ
4	15.35	14.62	13.09	10.82	9.29	7.36	开裂
6	15.19	14.38	12.38	9.56	7.31	开裂	开裂
8	15.09	13.76	11.16	屈曲	屈曲	屈曲	屈曲
10	15.04	13.29	屈曲	屈曲	屈曲	屈曲	屈曲
12	15.24	屈曲	屈曲	屈曲	屈曲	屈曲	屈曲

计算结果表明，当外界水压较低时，管件碰撞过程中，随着撞击能量的增大，撞击点处会发生即刻开裂破坏；而当外界水压较大时，管件碰撞过程中，撞击点处会发生即刻屈曲压溃破坏。图 2-2-29 给出了两种失效模态的变形情况：图 2-2-29（a）为 P_e = 4 MPa，E_k = 49 kJ 时，撞击点处发生开裂失效的管件变形情况，管中截面变形过程图显示管道在落物冲击下不断向下挤压变形，至顶部材料失效应变时，在顶部两端发生开裂破坏，并向撞击点中心方向延伸；图 2-2-30（b）为 P_e = 10 MPa，E_k = 9.8 kJ 时，撞击点处发生屈曲失稳的管件变形情况，由于落物冲击能量很小，对管道的初始损伤变形很小，但是过高的外界水压作用，致使较小的凹陷变形发生即刻屈曲压溃，截面在外压做功下结构瞬间发生屈曲失稳。对于发生即刻失效的管件，当前外界水压 P_e 即为极限承载力 P_c。

表 2-2-8 中为固定撞击能量间距的计算结果，在一定外界水压下，必然存在一个临界撞击能量，使管道发生即刻失效变形，为了得到该临界点，需要对相应的失效临界区域进行加密计算。以 P_e = 12 MPa 为例，在 E_k = 0.98~ 4.9 kJ，存在一个临界撞击能量，使管道初次发生即刻压溃破坏，通过加密计算（m = 15 kg、20 kg、25 kg、30 kg、35 kg）得到了该外界水压条件下的临界撞击能量为 3.43 kJ（m = 35 kg，v = 14 m/s）。按照上述方式计算，图 2-2-30 给出了不同外界水压下的极限承载力－撞击能量曲线，其中标记为不同外界水压下的临界失效点，将各临界点相连的曲线即为对应表 2-2-7 基本参数条件下的管道临界失效曲线。该曲线的基本意义为在一定撞击能量下管件发生即刻失效破坏的临界水压力（临界水深），即一定管道材料几何参数下的临界失效水压与撞击能量之间的关系曲线。

从图 2-2-30 中的曲线可以发现以下几点。

（1）同一外界水压下，随着撞击能量的增大，管道的极限承载力降低，直至发生屈曲失稳或开裂失效破坏。

（2）外界水压越大，冲击载荷对管道极限承载力的衰减影响越大（曲线斜率越大），相应的临界失效点的撞击能量越小。

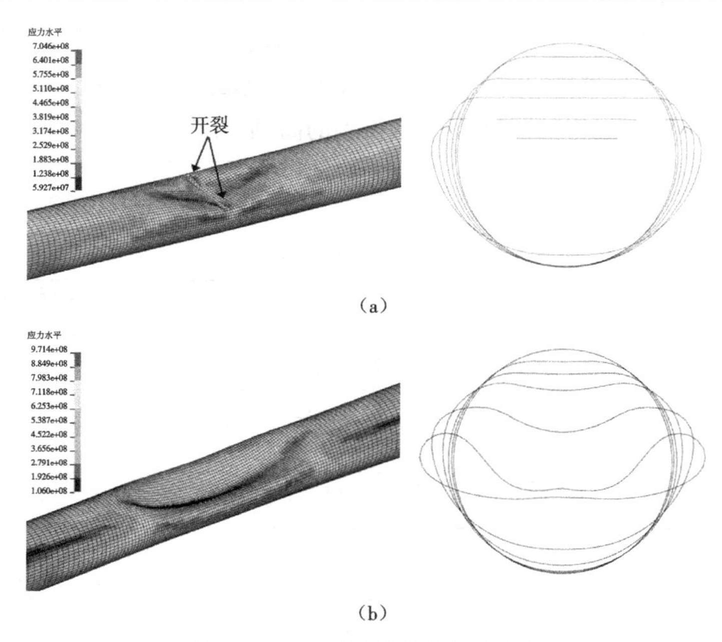

图 2-2-29　两种失效模态变形对比

(a) $P_s = 4$ MPa，$E_k = 49$ kJ　(b) $P_e = 10$ MPa，$E_k = 9.8$ kJ

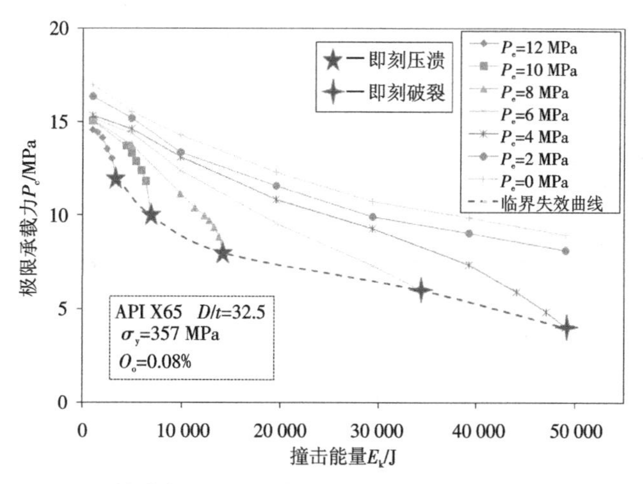

图 2-2-30　管道在不同外界水压下的极限承载力－撞击能量曲线

(3)低压区域(P_e = 0~6 MPa)，管道的失效模式为开裂破坏；高压区域(P_e = 8 ~ 12 MPa)，管道的失效模式为屈曲压溃破坏。因此，一般浅水区海底管道主要以开裂破损失效为主，且所需的撞击能量较大；而深水区海底管道主要以屈曲失稳为主，一旦发生落物撞击事故，在高水压附加做功下，相对较小的撞击能量即可导致管道发生屈曲失稳破坏，这对深海油气管道的安全运营极其不利。

2. 初始椭圆度 O_0 的影响

通过上一节的研究发现，高、低外界水压下，管道碰撞动态响应及失效形式有很大不同，需要分开进行敏感性分析。本节针对一般情况下发生概率较大的椭圆度值进行分析，分别取值 0.08%、0.5%、1% 和 1.5%。当椭圆度 $O_o = 1.5\%$ 时，在纯静水压力下，管道的压溃压力为 9.92 MPa，因此高外界水压 P_e 取 9 MPa，再取低外界水压为 2 MPa，其他管道参数仍选取表 2-2-7 中的基本值。表 2-2-9 给出了计算得到的高、低外界水压下，不同 E_k 和 O_o 取值下的管件极限承载力 P_c。

表 2-2-9 不同 E_k 和 O_o 取值下的 P_c 单位：MPa

P_e/MPa	O_o/%	E_k = 0.98 kJ	E_k = 4.9 kJ	E_k = 9.8 kJ	E_k = 19.6 kJ	E_k = 29.4 kJ	E_k = 39.2 kJ	E_k = 49.0 kJ	E_k = 53.9 kJ
9	0.08	15.18	13.46	屈曲	屈曲	屈曲	屈曲	屈曲	屈曲
	0.5	13.30	11.86	屈曲	屈曲	屈曲	屈曲	屈曲	屈曲
	1	11.84	屈曲	屈曲	屈曲	屈曲	屈曲	屈曲	屈曲
	1.5	10.80	屈曲	屈曲	屈曲	屈曲	屈曲	屈曲	屈曲
2	0.08	16.35	15.20	13.38	11.57	9.93	9.04	8.14	开裂
	0.5	14.23	13.48	12.44	10.71	9.54	8.76	开裂	开裂
	1	12.70	12.10	11.40	10.19	8.93	8.28	开裂	开裂
	1.5	11.49	11.23	10.62	9.67	8.63	8.02	开裂	开裂

通过分析试算可知，不同椭圆度管道在高、低外界水压下的失效模态同样为高压屈曲失稳、低压开裂。图 2-2-31 给出了加密计算后含有临界失效点的不同椭圆度下的管道极限承载力－撞击能量曲线，以及临界撞击能量与椭圆度的曲线。

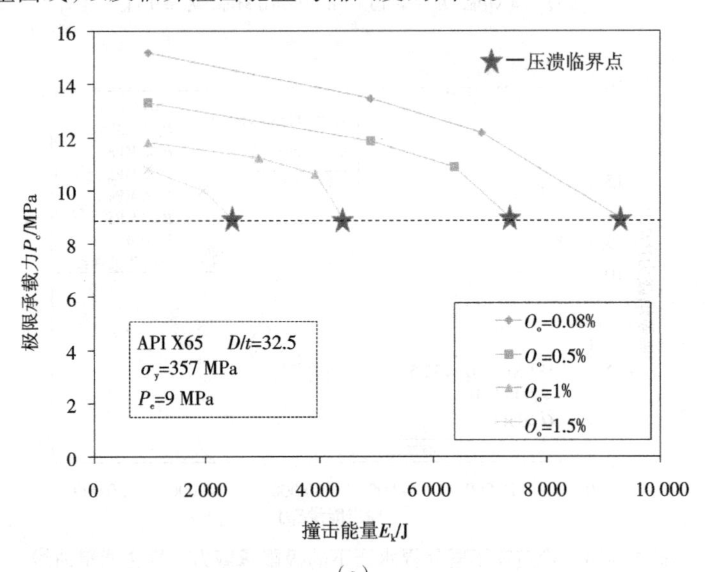

(a)

图 2-2-31 不同椭圆度下的管道抗撞击能力

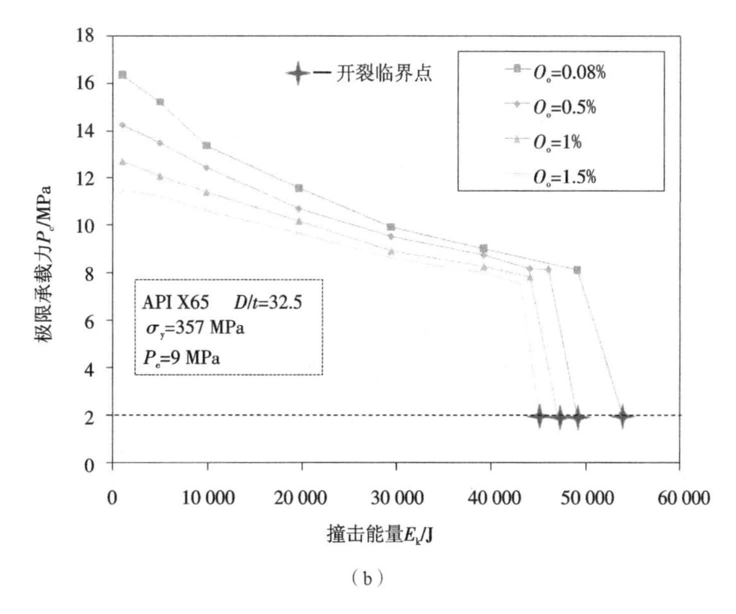

（b）

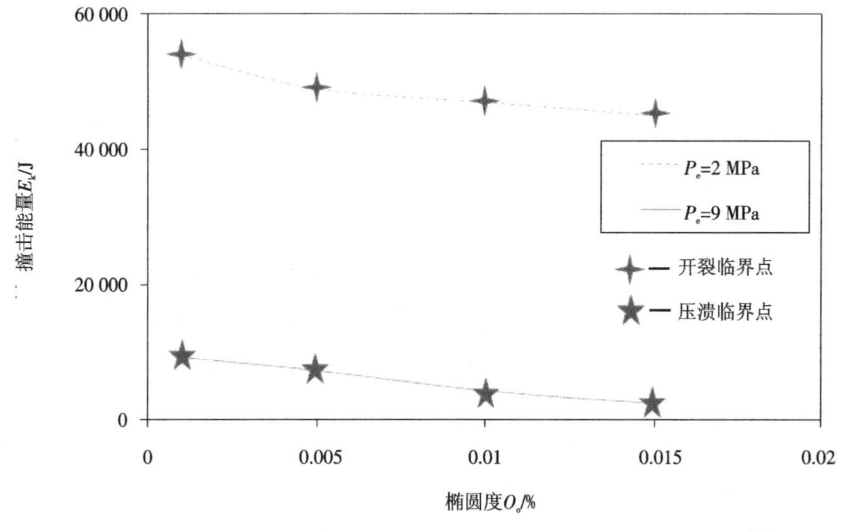

（c）

图 2-2-31　不同椭圆度下的管道抗撞击能力（续）

（a）受高压管道极限承载力－撞击能量曲线　（b）受低压管道极限承载力－撞击能量曲线　（c）失效临界点的极限承载力－椭圆度曲线

由图 2-31 可知以下几方面。

（1）同一椭圆度下，管道极限承载力随撞击能量的增大而减小，敏感性趋势一致。

（2）椭圆度越大，管道的抗冲击能力越差，较小的撞击能量即可大幅降低管道的极限承载力，甚至发生压溃（高压）或开裂（低压）破坏，但低压开裂失效所需撞击能量远大于高压屈曲失稳；对于高压屈曲的临界撞击能量不超过 10 000 J，而低压开裂的临界撞击能量至少需要 45 000 J。

（3）含有初始椭圆度缺陷的管道，在受到落物撞击时，会在原有椭圆度的基础上，继续产生局部凹陷和附加椭圆度损伤，降低管件的极限承载力。椭圆度越大，对其叠加损伤程度越大。

3. 径厚比 D/t 的影响

表 2-2-10 给出了计算得到的高、低外界水压下，不同撞击能量 E_k 和径厚比 D/t 取值下的管件极限承载力 P_c。外界水压分别取为 6 MPa 和 2 MPa，根据常规全尺寸海底管道的选用尺寸，分别取 D/t = 273 mm/10 mm、325 mm/10 mm、406 mm/10 mm，其他管道参数仍选取表 2-2-7 中的基本值。

表 2-2-10 不同 E_k 和 D/t 取值下的 P_c 单位：MPa

P_e/MPa	D/t	E_k = 0.98 kJ	E_k = 4.9 kJ	E_k = 9.8 kJ	E_k = 19.6 kJ	E_k = 29.4 kJ	E_k = 39.2 kJ	E_k = 49.0 kJ	E_k = 53.9 kJ
6	27.3	25.36	21.77	17.86	13.70	11.50	开裂	开裂	开裂
	32.5	15.83	14.63	12.38	9.56	7.31	开裂	开裂	开裂
	40.6	9.72	8.88	屈曲	屈曲	屈曲	屈曲	屈曲	屈曲
2	27.3	25.57	22.32	18.85	15.33	12.92	开裂	开裂	开裂
	32.5	16.35	15.20	13.38	11.57	9.93	9.04	8.14	开裂
	40.6	10.32	9.11	8.45	7.79	7.08	6.46	5.95	5.25

给出了加密计算后含有临界失效点的不同径厚比管道极限承载力－撞击能量曲线以及临界撞击能量与径厚比的关系曲线。

由图 2-2-32 可知以下几方面。

（1）同一径厚比下，管道极限承载力随撞击能量的增大而减小，敏感性趋势一致。

（2）在较低外界水压下（P_e = 2 MPa），管道的主要失效模式为开裂破坏；径厚比越大，管道的极限承载力越低，但其临界失效撞击能量越大，与其他分析参数的影响规律不同。

（3）在较高外界水压下（P_e = 6 MPa），较小径厚比（D/t = 27.3 mm、32.5 mm）的管道失效模式为开裂破坏，较大径厚比（D/t = 40.6 mm）的管道失效模式为屈曲失稳；径厚比越大，管道的极限承载力越低，其临界失效撞击能量越小。

（4）无论是高外界水压，还是低外界水压，大径厚比管道的临界失效模式与失效所需撞击能量与小径厚比管道都表现出了较大的差异性，分析原因为单纯在静水压作用下径厚比对管道结构稳定性的影响已经很大，大径厚比管道尤其显著，联合冲击载荷的作用形式，导致大径厚比管道抗冲击特性的差异性表现。

4. 屈服强度 σ_y 的影响

本节针对一定范围的管道材料屈服强度进行敏感性分析，屈服强度 σ_y 分别取 301.5 MPa、357 MPa、395 MPa 和 448 MPa。当屈服强度 σ_y = 301.5 MPa 时，在纯静水压力下，管道的压溃压力为 12.15 MPa，因此高外界水压 P_e 取 12 MPa，再取低外界水压为 2 MPa，其他管道参数仍选取表 2-2-7 中的基本值。表 2-2-11 给出了计算得到的高、低外界水压下，不同 E_k 和 σ_y 取值下的管件极限承载力 P_c。

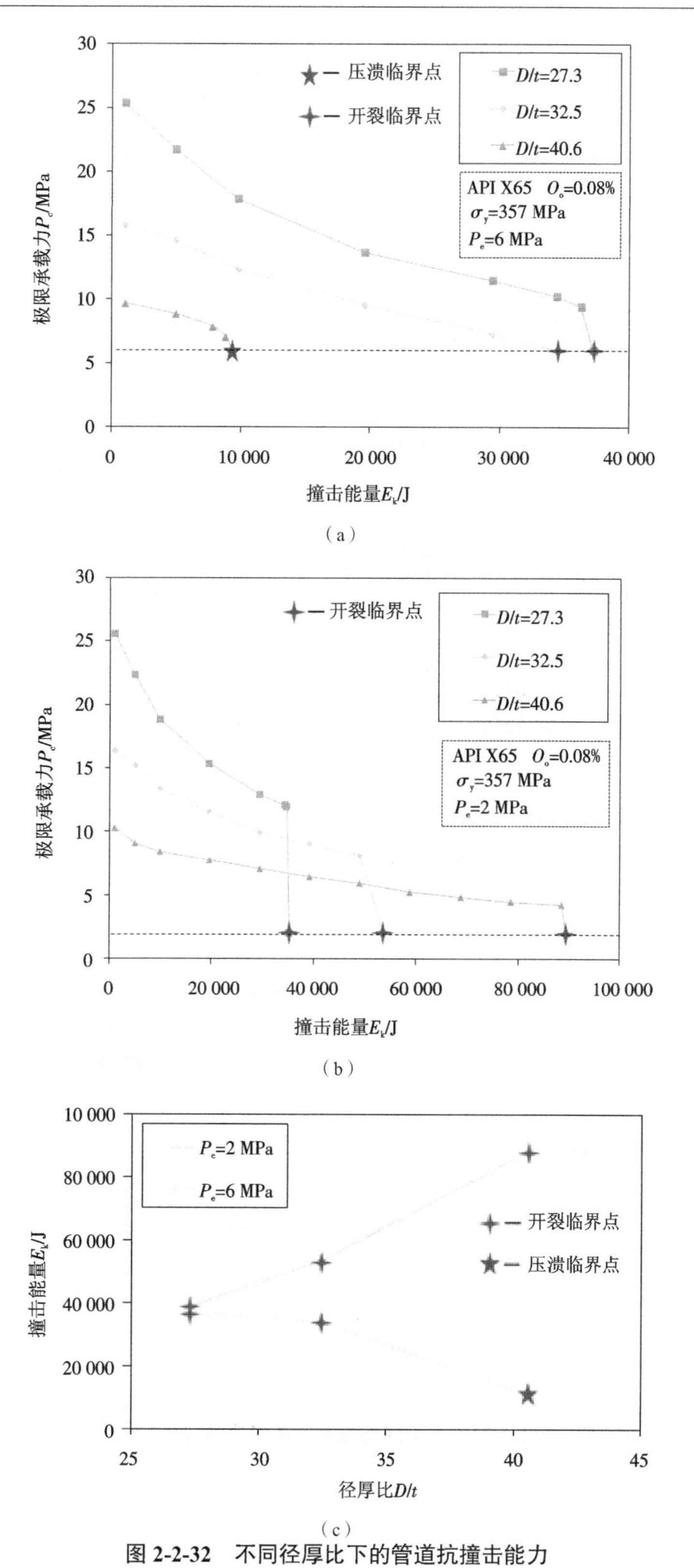

图 2-2-32　不同径厚比下的管道抗撞击能力

(a)受高压管道极限承载－撞击能量曲线　(b)受低压管道极限承载－撞击能量曲线　(c)失效临界点的撞击能量－径厚比曲线

表 2-2-11 不同 E_k 和 σ_y 取值下的 P_c 单位:MPa

P_e/MPa	σ_y /MPa	E_k / kJ							
		0.98	4.9	9.8	19.6	29.4	39.2	49.0	53.9
12	301.5	14.10	屈曲	屈曲	屈曲	屈曲	屈曲	屈曲	屈曲
	357	14.57	屈曲	屈曲	屈曲	屈曲	屈曲	屈曲	屈曲
	395	14.90	屈曲	屈曲	屈曲	屈曲	屈曲	屈曲	屈曲
	448	15.15	13.44	屈曲	屈曲	屈曲	屈曲	屈曲	屈曲
2	301.5	16.28	13.89	12.29	9.98	8.61	7.56	开裂	开裂
	357	16.35	15.2	13.38	11.57	9.93	9.04	8.14	开裂
	395	16.96	15.77	14.47	12.29	10.67	9.53	8.88	开裂
	448	17.02	16.17	15.20	13.20	11.93	11.12	10.31	9.58

图 2-2-33 给出了加密计算后含有临界失效点的不同屈服强度的管道极限承载力－撞击能量曲线以及临界撞击能量－屈服强度的关系曲线。

由图 2-2-33 可知以下几方面。

(1)同一屈服强度下,管道极限承载力随撞击能量的增大而减小,敏感性趋势一致。

(2)屈服强度越大,管道的抗冲击变形能力越强,相同撞击能量下,管道变形越小。

(3)失效模式与椭圆度情况相同,发生压溃(高压)或开裂(低压)破坏,但低压开裂失效所需撞击能量远大于高压屈曲失稳;对于高压屈曲的临界撞击能量不超过 6 000 J,而低压开裂的临界撞击能量至少需要 49 000 J。

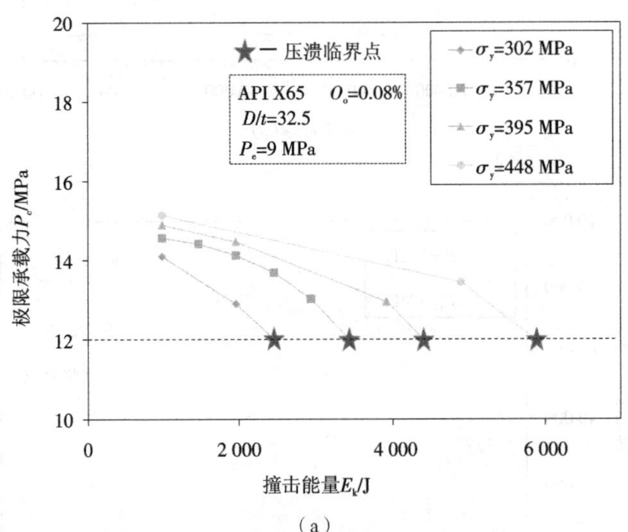

(a)

图 2-2-33 不同屈服强度下的管道抗撞击能力

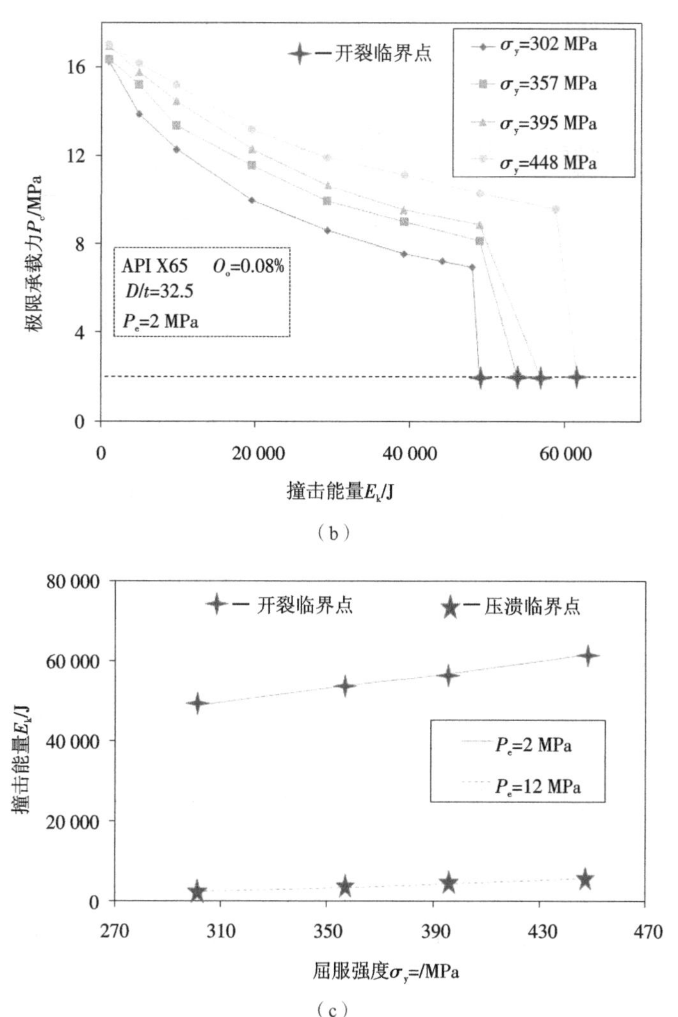

图 2-2-33 不同屈服强度下的管道抗撞击能力(续)

(a)受高压管道极限承载力－撞击能量曲线 (b)受低压管道极限承载力－撞击能量曲线 (c)失效临界点的极限承载力－屈服强度曲线

2.2.3.4 全失效模式的临界水压评估公式

绝大多数落物撞击管道的损伤结果主要为凹陷。假设落物垂直砸到裸露的海底管线上,并且覆盖整个横截面,撞击时海底管线产生比较光滑的缺口形状,凹陷深度与吸能关系的经验公式为

$$E = 16\left(\frac{2\pi}{9}\right)^{\frac{1}{2}} m_{\mathrm{p}}\left(\frac{D}{t}\right)^{\frac{1}{2}} D\left(\frac{\delta}{D}\right)^{\frac{3}{2}} \tag{2-2-18}$$

其中,m_{p}为管壁的极限塑性弯矩,$m_p = \frac{1}{4}\sigma_y t^2$;$D$为管道外径;$t$为管壁厚度;$\delta$为管道变形凹陷深度。上式是基于刀刃边缘的落物垂直撞击管道的凹陷损伤计算。

土体和各类保护层都会吸收相当一部分撞击动能,并非全部落物动能都被管道所吸收。所以,预测落物撞击管道凹陷损伤的具体计算流程如图 2-2-34 所示,工程上认为 5% 的凹陷直径比为管线仍然可以安全使用的最大伤害值，当凹陷直径比大于 5% 时，极有可能发生重大损伤并引起油气泄漏事故。

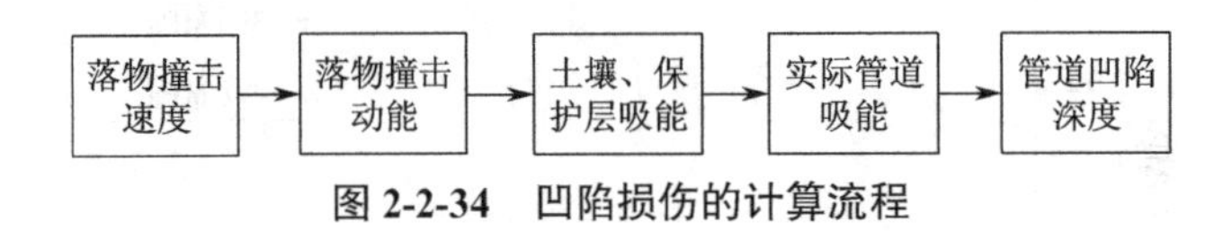

图 2-2-34 凹陷损伤的计算流程

对于管道局部屈曲压溃问题，在 DNV-OS-F101 规范设计极限承载力标准部分有所涉及，即对纯静水压力条件下管道内部压力为零时（管道安装、检修、空载等），管道的任一位置处的外部压力 P_e 必须满足下式的要求：

$$P_e - P_{min} \leqslant \frac{P_c(t)}{\gamma_m \gamma_{SC}} \tag{2-2-19}$$

$$[P_c(t) - P_{el}(t)][P_c^2(t) - P_p^2(t)] = P_c(t)P_{el}(t)P_p(t)f_0\frac{D}{t} \tag{2-2-20}$$

其中，P_{min} 为长时间稳定的最小管内压力；γ_m、γ_{SC} 分别为基于材料性能和安全等级要求下的抗力系数；P_c 为管道极限承载力，表示管道抗屈曲的能力。

然而，当前 DNV 规范中落物撞击损伤和高压屈曲的评估规定（式（2-2-18）、式（2-2-20））是分离开的，需要在原有 DNV 规范计算公式的基础上，建立临界外界水压和撞击能量之间的深水管道碰撞结构稳定性评估公式。

（1）冲击载荷和深水压联合作用下管道开裂失效的临界失效水压力 $P_{failure}$ 的表达形式为

$$P_{failure} = b_1 \cdot \left(\frac{t}{D}\right)^{b_2}\left(b_3\frac{E_k}{EDt^2}\right)^{b_4}\sigma_y \tag{2-2-21}$$

其中，t 为管道壁厚；D 为管道外径；E 为弹性模量；E_k 为撞击能量；σ_y 为屈服强度；b_1~b_4 为公式系数。

（2）冲击载荷和深水压联合作用下管道屈曲失效的临界失效水压力 $P_{failure}$ 的表达形式为

$$P_{failure} = a_1 O_o \left(\frac{t}{D}\right)^{a_2} E + a_3\left(\frac{E_k}{4EDt^2}\right)^{a_4}\sigma_y \tag{2-2-22}$$

其中，O_o 为椭圆度；a_1~a_4 为公式系数。这里所需要解决的是非线性最小二乘问题，模型可简化为

$$\min_{x\in\mathbf{R}^n} F(x) = \sum_{i=1}^{m} f_i^2(x) \tag{2-2-23}$$

求解非线性最小二乘问题的基本方法是通过求解一系列的线性最小二乘问题逐步逼近非线性最小二乘问题的解。假设 x^k 是最小二乘解的第 k 次的近似解，将每一个函数 $f_i(x)$ 在 x^k 处进行线性展开，成功将其转化为线性最小二乘问题，将其最优解作为最小二乘的第 k+1 次的近似解 x^{k+1}，不断重复上述过程，直到得到原问题的解。

本研究采用了一种使用最广泛的非线性最小二乘算法——列文伯格－马夸尔特算法（Levenberg-Marquardt Algorithm）。该算法能借由执行时修改参数达到结合高斯－牛顿算法以及梯度下降法的优点，并对两者之不足作改善（比如高斯－牛顿算法之反矩阵不存在

或是初始值离局部极小值太远)。当 λ 很小时,步长等于高斯 - 牛顿法步长,当 λ 很大时,步长约等于梯度下降法的步长。其基本原理简述如下:

$$\begin{cases} \min \left\| f(x^k) + A(x^k)(x - x^k) \right\| \\ \text{s.t.} \ \left\| x - x^k \right\|^2 \leqslant h_k \end{cases} \tag{2-2-24}$$

其中,h_k 为信赖域半径。该方程的解可由解如下方程组得到:

$$\left[A(x^k)^{\mathrm{T}} A(x^k) + \lambda_k I \right] z = -A(x^k)^{\mathrm{T}} f(x^k) \tag{2-2-25}$$

$$x^{k+1} = x^k - \left[A(x^k)^{\mathrm{T}} A(x^k) + \lambda_k I \right]^{-1} A(x^k)^{\mathrm{T}} f(x^k) \tag{2-2-26}$$

如果 $\left\| \left[A(x^k)^{\mathrm{T}} A(x^k) \right]^{-1} A(x^k)^{\mathrm{T}} f(x^k) \right\| \leqslant h_k$,则 $\lambda_k = 0$;否则 $\lambda_k > 0$。

采用列文伯格 - 马夸尔特优化算法,对敏感性分析的数值结果进行拟合优化,得到各系数值以及根据外界水压条件从这两种失效模式中作出选择的判定标准。在外部静水压力和冲击载荷联合作用下,需要对深海管道的抗冲击能力进行评估,要求管道上任意一点的外部压力 P_{e} 都要满足:

$$P_{\mathrm{e}} - P_{\min} \leqslant P_{\text{failure}} \tag{2-2-27}$$

其中,$P_{\min}$ 是持续的最小管道内部压力;P_{failure} 为全失效模式的临界水压,其判别公式为

$$P_{\text{failure}} = \begin{cases} \text{压溃失效:} 2O_{\mathrm{o}} \left(\dfrac{t}{D} \right)^{2.5} E + 0.002\,5 \left(\dfrac{E_{\mathrm{k}}}{4EDt^2} \right)^{-0.29} \sigma_{\mathrm{y}} & \text{当} P_{\mathrm{e}} - P_{\min} \geqslant P_{\text{critical}} \text{时} \\ \text{开裂失效:} 0.75 \left(\dfrac{t}{D} \right)^{4.2} \left(\dfrac{2.24E_{\mathrm{k}}}{EDt^3} \right)^{-2.4} \sigma_{\mathrm{y}} & \text{当} P_{\mathrm{e}} - P_{\min} < P_{\text{critical}} \text{时} \end{cases} \tag{2-2-28}$$

$$P_{\text{critical}} = 58(1 - 66.15O_{\mathrm{o}})^{0.0335} \left(\frac{t}{D} \right)^{2.32} \sigma_{\mathrm{y}} \tag{2-2-29}$$

其中,O_{o} 为椭圆度;t 为管道壁厚;D 为管道外径;E_{k} 为撞击能量;E 为弹性模量;σ_{y} 为屈服强度;P_{critical} 为不同外界水压下判定压溃、开裂失效模式的选择标准。

第3章　气体泄漏扩散风险分析

在深海油气勘探或生产设施发生意外时泄漏的石油、天然气或其二者的混合物可对环境产生破坏性影响。除了环境危害之外，大量释放的天然气还可能造成其他危险，例如火灾隐患等；如果有来往船只碰巧航行在泄漏物的射流或对流的轨迹上，则会丧失浮力。在各种意外情况下发生泄漏的天然气，其泄漏轨迹最初表现为射流 / 羽流。从动力学角度出发，此阶段主要靠射流 / 羽流的动力驱动。在射流 / 羽流的初始动量可以被忽略后，其泄漏轨迹可以通过对流扩散方程来描述。天然气泄漏扩散运动的轨迹取决于泄漏流量、泄漏口径的大小以及天然气与环境的特性等因素。明确有多少气体会到达水面，何时到达水面，到达水面的位置以及到达表面后的扩散面积，对于有效评估气体泄漏扩散带来的安全风险具有重要意义。

3.1　不同水深水下气体泄漏扩散特点与影响研究

3.1.1　不同水深气体泄漏扩散特点研究

3.1.1.1　对水中单气泡运动规律的探讨

气泡运动基本方程假设：①初始半径较小的气泡在短距离上升过程中形状始终保持为球形；②气泡内气体温度在运动过程中保持不变。

在两相流动中，当颗粒与流体的相对速度有加速度存在时，颗粒不仅受到恒定的气动力作用，而且还受到非恒定的气动力作用。其中非恒定气动力主要包括两个部分：附加质量力和巴赛特（Basset）力。附加质量力的产生来自颗粒周围流体的加速过程，Basset 力是由于相对速度随时间的变化而导致颗粒表面附面层发展滞后所产生的非恒定气动力，由于该力大小与颗粒的运动经历有直接关系，所以该力又称为“历史力”（History Force）。整理得气泡运动平衡方程为

$$\frac{\rho_g+\rho_w K_m}{6}\pi d^3\frac{dv}{dt}=\frac{\rho_w-\rho_g}{6}g\pi d^3-\frac{1}{8}C_d\pi d^2\rho_w v^2-\frac{K_B d^2}{4}\sqrt{\pi\mu\rho_w}\int_0^t\frac{1}{\sqrt{t-\tau}}\frac{dv}{d\tau}d\tau \tag{3-1-1}$$

气泡稳定上升速度为

$$v=\sqrt{\frac{4(\rho_w-\rho_g)g\pi d}{3C_d\pi\rho_w}} \tag{3-1-2}$$

气泡半径变化率控制方程为

$$\frac{\mathrm{d}D}{\mathrm{d}t}=\frac{\rho_{\mathrm{w}}gDv}{3\left[P_0+\rho_{\mathrm{w}}g(H-z)+\dfrac{8\sigma}{D}\right]} \tag{3-1-3}$$

单气泡运动规律数值计算如下。

在求解过程中，涉及第 j 个 Δt 时刻气泡的上升高度 $z_j=\sum_{i=1}^{j}v_i\Delta t$，其中 v_i 为第 i 个时刻气泡的上升速度。

阻力系数 C_{d} 与雷诺数 Re 之间的关系为

$$C_{\mathrm{d}}=\frac{aRe^{b}+c}{Re}$$

气泡上浮速度与阻力系数之间的关系为

$$v=\sqrt{\frac{8r\left(\rho_{\mathrm{w}}-\rho_{\mathrm{g}}\right)g}{3\rho_{\mathrm{g}}C_{\mathrm{d}}}}$$

根据文献实验结果，该文献根据实测静水中气泡上升最终速度和气泡半径之间的关系拟合出如下经验公式

$$C_{\mathrm{d}}=\frac{1.01Re^{0.648}+24}{Re}$$

其中 $Re=\dfrac{vd}{\upsilon}=\dfrac{\rho_{\mathrm{w}}vd}{\mu}$。

因此气泡在静水中上升的方程组为

$$\begin{cases}\dfrac{\rho_{\mathrm{g}}+\rho_{\mathrm{w}}K_{\mathrm{m}}}{6}\pi D^3\dfrac{\mathrm{d}v}{\mathrm{d}t}=\dfrac{\rho_{\mathrm{w}}-\rho_{\mathrm{g}}}{6}g\pi D^3-\left[0.126\,25\left(\dfrac{\rho_{\mathrm{w}}vD}{\mu}\right)^{0.648}+3\right]\pi\mu Dv- \\ 1.5D^2\sqrt{\pi\mu\rho_{\mathrm{w}}}\left[\dfrac{\Delta t}{2}\left[\dfrac{a(0)}{\sqrt{t}}+2\sum_{i=1}^{n-2}\dfrac{a(i\Delta t)}{\sqrt{t-i\Delta t}}\right]+\dfrac{3}{2}a(t-\Delta t)\sqrt{\Delta t}+\sqrt{\Delta t}\dfrac{\mathrm{d}v}{\mathrm{d}t}\right] \\ \dfrac{\mathrm{d}D}{\mathrm{d}t}=\dfrac{\rho_{\mathrm{w}}gDv}{3P_0+3\rho_{\mathrm{w}}g(H-z)+\dfrac{8\sigma}{D}} \\ v\big|_{t=0}=v_0 \\ D\big|_{t=0}=D_0 \\ z\big|_{t=0}=z_0,z_j=z_0+\sum_{i=1}^{j}v_i\Delta t\end{cases} \tag{3-1-4}$$

采用龙格库塔方法求解上述方程组。

3.1.1.2 考虑 Basset 力和不考虑 Basset 力计算结果对比

取 $\rho_{\mathrm{g}}=0.77\ \mathrm{kg/m^3}$，$\rho_{\mathrm{L}}=1\,025\ \mathrm{kg/m^3}$，附加质量力经验系数 $K_{\mathrm{m}}=0.5$，水的动力黏性系数 $\mu=0.001\,005\ \mathrm{Pa{\cdot}s}$。在模拟气泡运动过程中，初始条件是气泡的初速度为 0，气泡初始半径为 0.002 m。水的表面张力系数为 0.071 8 N/m，水深 H 取 40 m。

下面按不考虑 Basset 力和考虑 Basset 力两种情况分析，如图 3-1-1 所示。

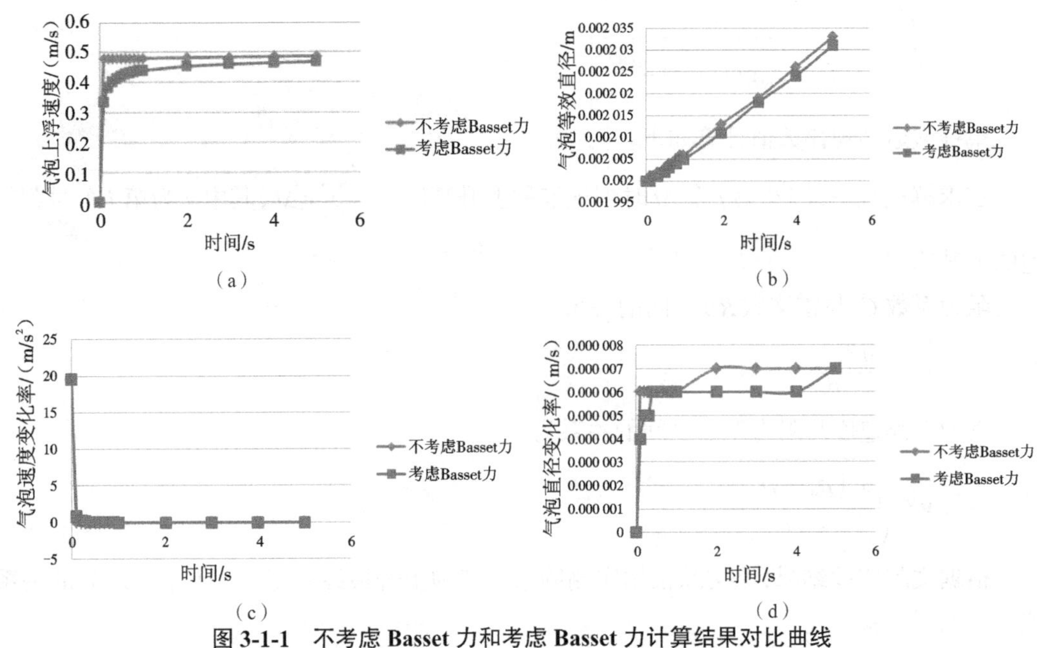

图 3-1-1 不考虑 Basset 力和考虑 Basset 力计算结果对比曲线

(a)气泡上浮速度随时间变化曲线 (b)气泡等效直径随时间变化曲线

(c)气泡速度变化率随时间变化曲线 (d)气泡直径变化率随时间变化曲线

从图 3-1-1 可以看出,随着气泡的上升,气泡的速度逐渐增大,直至趋于某一值,当不考虑 Basset 力时,5 s 时的速度为 0.486 m/s;当考虑 Basset 力时,5 s 时的速度为 0.468 m/s。在同一时刻,不考虑 Basset 力时上浮速度大于考虑 Basset 力时的上浮速度,也就是说由于 Basset 力的存在,会减小气泡运动速度。同时可得:不考虑 Basset 力时,气泡在 5 s 内上升了 2.40 m;考虑 Basset 力时,气泡在 5 s 内上升了 2.23 m。

随着气泡的上升,气泡直径逐渐增大,当不考虑 Basset 力时,5 s 时的直径为 2.033 mm;当考虑 Basset 力时,5 s 时的直径为 2.031 mm。在同一时刻,不考虑 Basset 力时气泡直径大于考虑 Basset 力时的气泡直径,也就是说由于 Basset 力的存在,会减小气泡直径。

随着气泡的上升,气泡速度变化率减小,直至趋于 0,当不考虑 Basset 力时,5 s 时的速度变化率为 0.001 63 m/s^2;当考虑 Basset 力时,5 s 时的速度变化率为 0.003 26 m/s^2。在同一时刻,不考虑 Basset 力时气泡速度变化率小于考虑 Basset 力时的气泡速度变化率,也就是说由于 Basset 力的存在,会增加气泡速度变化率。

随着气泡的上升,气泡直径变化率增加,整体而言,在同一时刻,不考虑 Basset 力时气泡直径变化率大于考虑 Basset 力时的气泡直径变化率,也就是说由于 Basset 力的存在,会减小气泡直径变化率。

3.1.1.3 不同水深情况下考虑 Basset 力敏感性分析

水的动力黏性系数 $\mu = 0.001\,005$ Pa·s。在模拟气泡运动过程中,初始条件是气泡的初速度为 0,气泡初始半径为 0.002 m。不同水深情况下考虑 Basset 力敏感性分析如图 3-1-2 所示。

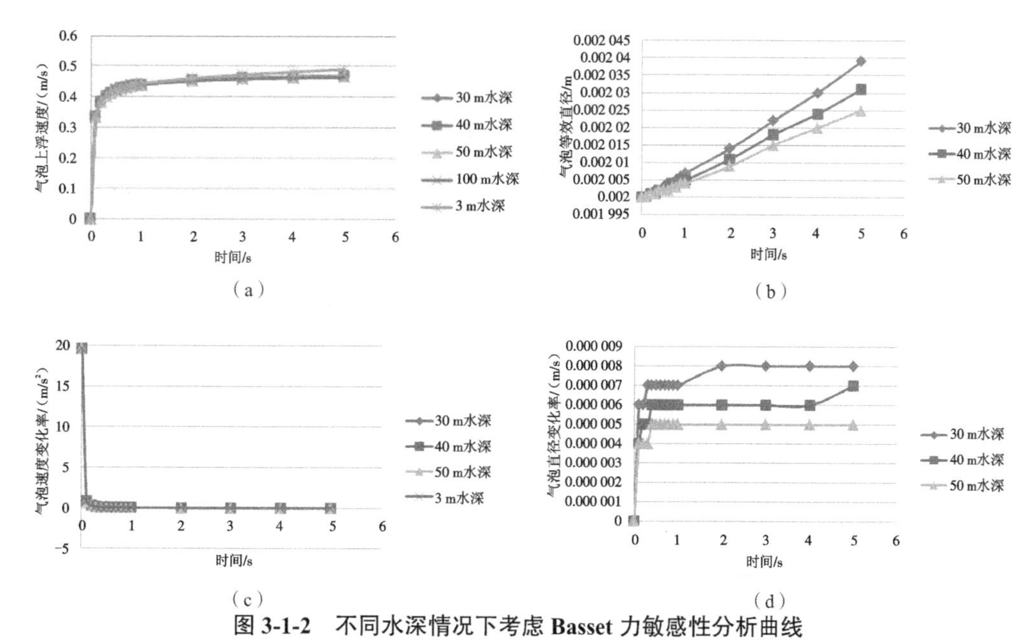

图 3-1-2　不同水深情况下考虑 Basset 力敏感性分析曲线

(a)气泡上浮速度随时间变化曲线　(b)气泡等效直径随时间变化曲线

(c)气泡速度变化率随时间变化曲线　(d)气泡直径变化率随时间变化曲线

从图 3-1-2 可以看出,当水深增加时,气泡稳定上升的速度减小,但水深对上浮速度的影响不是特别明显;气泡上升时的直径减小,这与水压有关;气泡上升时的速度变化率减小,但水深对速度变化率的影响不是特别明显;气泡上升时的直径变化率减小。

3.1.1.4　气泡从 100 m 水深上升全程分析

取 $\rho_g = 0.77\ \mathrm{kg/m^3}$, $\rho_L = 1\,025\ \mathrm{kg/m^3}$,附加质量力经验系数 $K_m = 0.5$,水的动力黏性系数 $\mu = 0.000\,100\,5\ \mathrm{Pa \cdot s}$ 。在模拟气泡运动过程中,初始条件是气泡的初速度为 0,气泡初始直径为 0.002 m。水的表面张力系数为 0.071 8 N/m,水深 H 取 100 m。气泡从 100 m 水深上升全程分析曲线如图 3-1-3 所示。

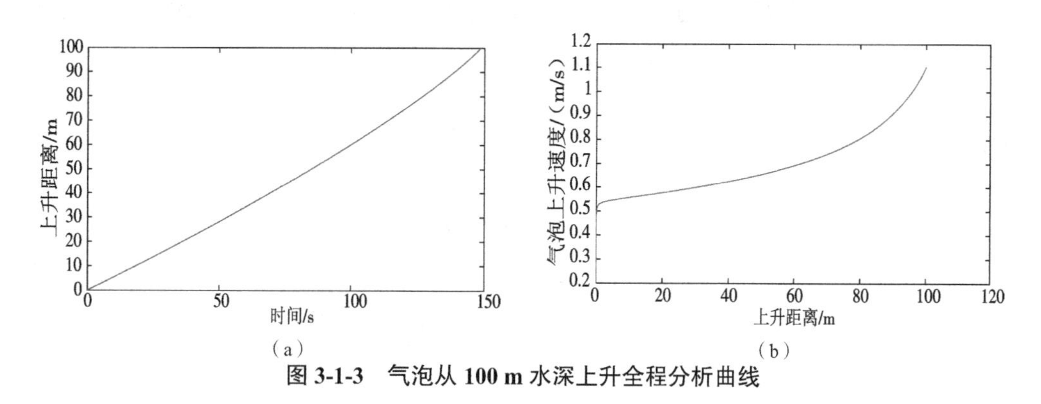

图 3-1-3　气泡从 100 m 水深上升全程分析曲线

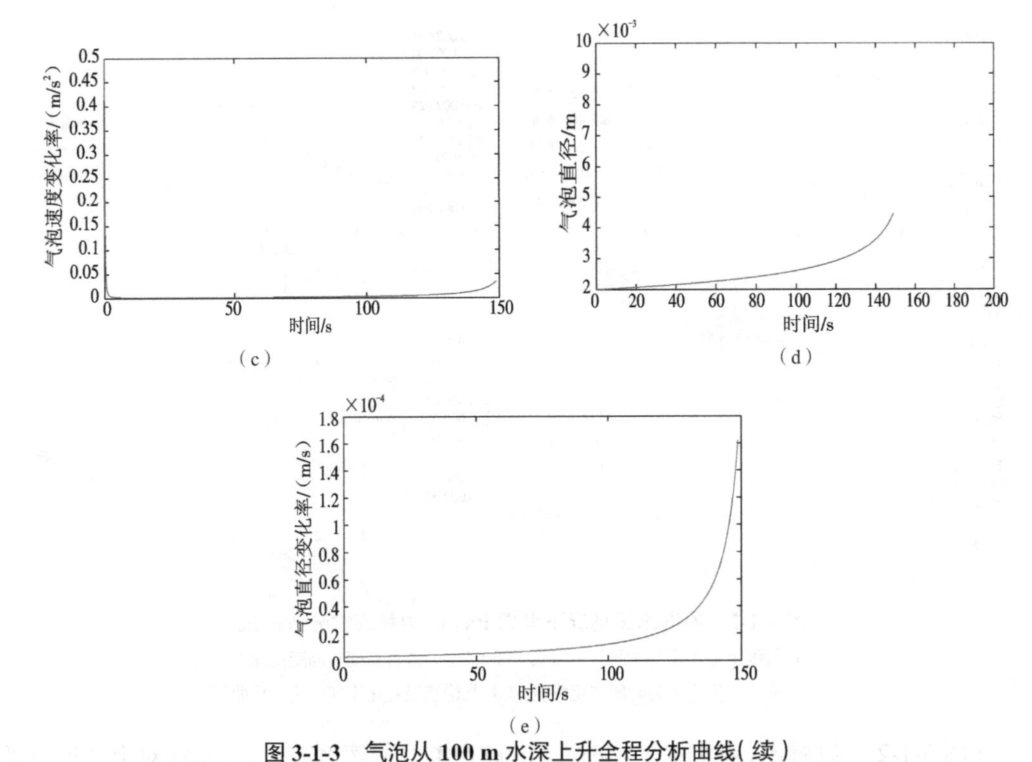

图 3-1-3 气泡从 100 m 水深上升全程分析曲线(续)

(a)气泡垂向位置随时间变化曲线 (b)气泡上升速度随上升距离变化曲线 (c)气泡速度变化率随时间变化曲线 (d)气泡直径随时间变化曲线 (e)气泡直径变化率随时间变化曲线

从图 3-1-3 可以看出,气泡从 100 m 海底上升至海面用时约 149 s,气泡速度先是快速增加,后是平缓增加,离海面越近,气泡上升速度增加越大。这点也可以从气泡上升速度变化率曲线看出。气泡从 100 m 海底上升至海面,气泡直径逐渐增大,离海面越近,气泡直径增加速度越快。在海面处,气泡直径达到 4.5 mm 左右。

3.1.1.5 100 m 与 150 m 水深上升结果对比

为了探究是否是离海面越近,气泡相关参数变化越快,这里对 150 m 水深的气泡上升进行计算,100 m 与 150 m 水深上升结果对比曲线如图 3-1-4 所示。

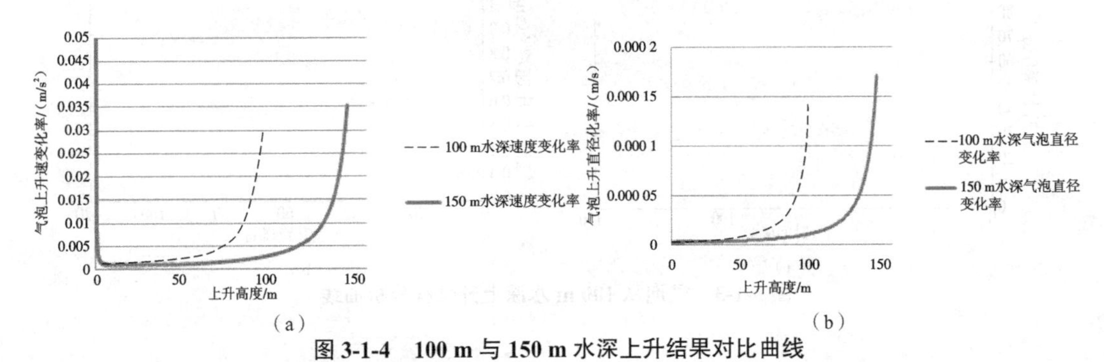

图 3-1-4 100 m 与 150 m 水深上升结果对比曲线

(a)气泡上升速度变化率随上升高度变化曲线 (b)气泡上升直径变化率随上升高度变化曲线

从图 3-1-4 可以看出，100 m 水深和 150 m 水深，气泡相关参数的变化规律类似，都是在距离海面某个位置处时，相关参数的变化率大幅增加。

3.1.2　不同水深气体泄漏扩散影响研究

3.1.2.1　气体泄漏扩散数值模拟及结果分析

采用 Fluent 软件中 VOF 模型和 DPM 模型耦合的方法进行数值模拟，不仅能反映自由表面上水－气两相发生相互影响后的形态，还可以模拟泄漏后的气泡羽流。通过测定泄漏天然气到达海面后稳定时的扩散半径、偏移距离等参数，为事故预防提供一定的理论参考。

本节研究的是非定常问题，采用基于压力求解器，设置 y 方向的加速度为 $-9.8\ m/s^2$ 。需要将液体水（water-liquid）和甲烷（methane）添加到材料中去，环境区域中流体设置为 water-liquid。打开“define”→“phase”面板，将 phase1 设置为 water-liquid，phase2 设置为 methane。

模拟过程中，离散相与连续相混合以后，它们之间的相互作用会受到很多因素的影响。气体会在湍流旋涡的作用下发生扩散，加之水深较大，湍动比较明显。由于上边界设置为 outflow 自由出流边界，所以扩散到一定程度时，会达到较为稳定的状态，气体的偏移轨迹将不会发生非常明显的变化，后处理得到气体的离散相密度分布云图，在 GetData 软件中测出天然气扩散至海面的半径以及偏移距离等参数的值。这里定义扩散半径为水面上气体扩散范围的一半，偏移距离为泄漏口至水面上气体中心点的水平距离。

本研究假定水下气体输送管道处于 1 500 m 水深，管道直径为 1.328 m，压强为 15 MPa，管道起始位置的压强为 20 MPa。管道内输送的气体为天然气，气体常数取 8.643 Pa · m^3/（mol · K），成分理想为甲烷，甲烷温度约为 325 K。假设离管道起始位置 1 500 m 处发生了泄漏，泄漏口形状为圆孔，孔径设为 20 mm。

不同泄漏孔位的离散相密度分布云图如图 3-1-5 所示。

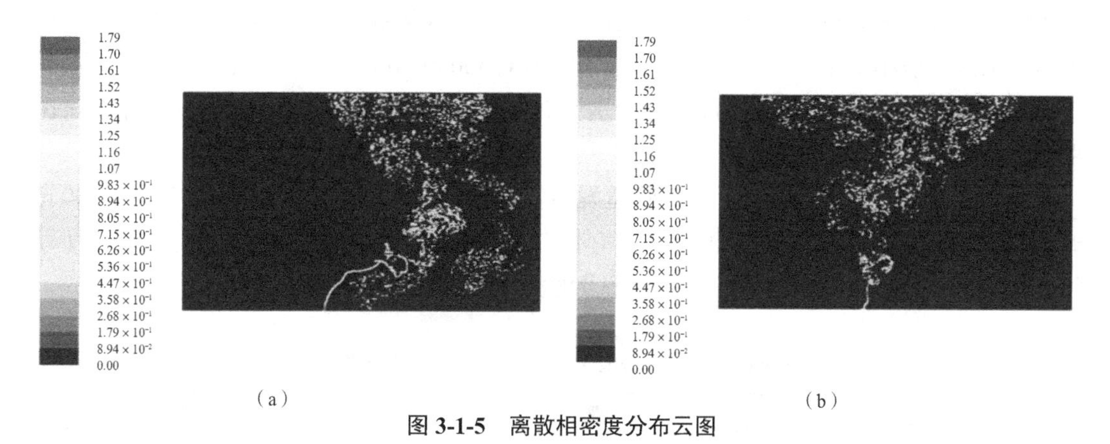

图 3-1-5　离散相密度分布云图

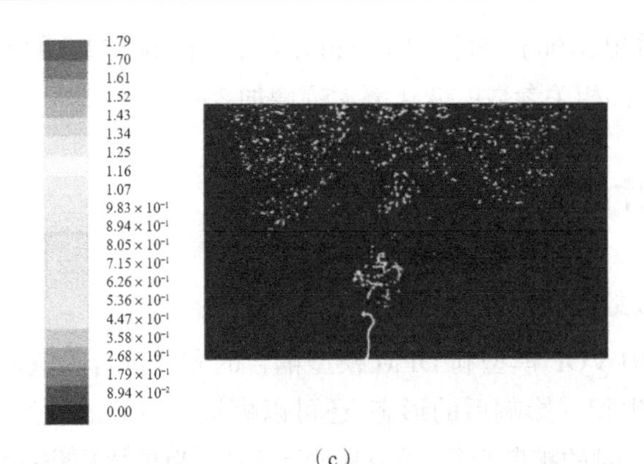

（c）

图 3-1-5　离散相密度分布云图(续)

(a)泄漏孔径为 20 mm　(b)泄漏孔径为 100 mm　(c)泄漏孔径为 500 mm

在 GetData 软件中测出其扩散半径及偏移距离见表 3-1-1。

表 3-1-1　1 500 m 水深时各泄漏孔径下的扩散半径及偏移距离

泄漏孔径 /mm	20	100	500
扩散半径 /m	453.281	610.339	858.849
偏移距离 /m	468.390	271.572	150.301

从表 3-1-1 可以看出,对于相同的泄漏深度即 1 500 m 水深情况下的泄漏,泄漏孔径越大,扩散半径越大,偏移距离越小。

3.1.2.2　不同水深气体泄漏扩散结果对比

1. 不同水深气体泄漏率计算

针对荔湾 1 500 m 气田中管道泄漏孔径分别为 20 mm、100 mm 及 500 mm 下的工况进行了研究。接下来分析不同水深、泄漏孔径及温度对气体泄漏扩散的影响,由于水下输气管道所处水深一般小于 1 500 m,因此选取了 1 000 m、500 m、100 m 这几组比较有代表性水深下的管道进行分析,同样对其泄漏孔径分别为 20 mm、100 mm 及 500 mm 时的气体泄漏扩散进行研究。

对于上述不同的水深情况,假定管道发生泄漏时所处环境除了压强外其余与 1 500 m 时相同,来流也保持不变,同时也考虑了气体扩散过程中的溶解,海水温度取为 4 ℃。计算气体在各水深及不同泄漏孔径下的泄漏率及泄漏速度,其值见表 3-1-2 至表 3-1-4。

表 3-1-2　1 000 m 水深时管道不同泄漏程度下气体泄露速率及速度

破损程度	孔口口径 /mm	气体温度 /K	质量泄漏速率 /(kg/s)	气体泄出后的密度 /(kg/m³)	体积泄漏速率 /(m³/s)	泄漏速度 /(m/s)
小孔径	20	325	1.21	22.74	0.054	170.36

续表

破损程度	孔口口径 /mm	气体温度 /K	质量泄漏速率 /（kg/s）	气体泄出后的密度 /（kg/m³）	体积泄漏速率 /（m³/s）	泄漏速度 /（m/s）
大孔径	100	325	30.25	18.16	1.666	212.09
	500	325	756.25	10.98	68.875	350.78

表 3-1-3　500 m 水深时管道不同泄漏程度下气体泄露速率及速度

破损程度	孔口直径 /mm	气体温度 /K	质量泄漏速率 /（kg/s）	气体泄出的密度 /（kg/m³）	体积泄漏速率 /（m³/s）	泄漏速度 /（m/s）
小孔径	20	325	0.81	18.24	0.044	141.35
大孔径	100	325	20.25	14.72	1.376	175.16
	500	325	506.25	8.77	57.725	293.99

表 3-1-4　100 m 水深时管道不同泄漏程度下气体泄露速率及速度

破损程度	孔口口径 /mm	气体温度 /K	质量泄漏速率 /（kg/s）	气体泄出后的密度 /（kg/m³）	体积泄漏速率 /（m³/s）	泄漏速度 /（m/s）
小孔径	20	325	0.41	14.22	0.029	90.81
大孔径	100	325	10.14	10.54	0.962	122.52
	500	325	253.50	8.82	28.74	146.38

在 Gambit 软件中建立上述不同水深情况下的气体泄漏扩散模型，划分完网格后输入 Fluent 软件中进行数值模拟。与之前操作相类似，只需简单修改编写的用户自定义函数以及一些速度及泄漏率的参数等即可，模拟得到的离散相密度分布云图如图 3-1-6 所示。同样在 GetData 软件中测出其扩散半径及偏移距离等参数的值。

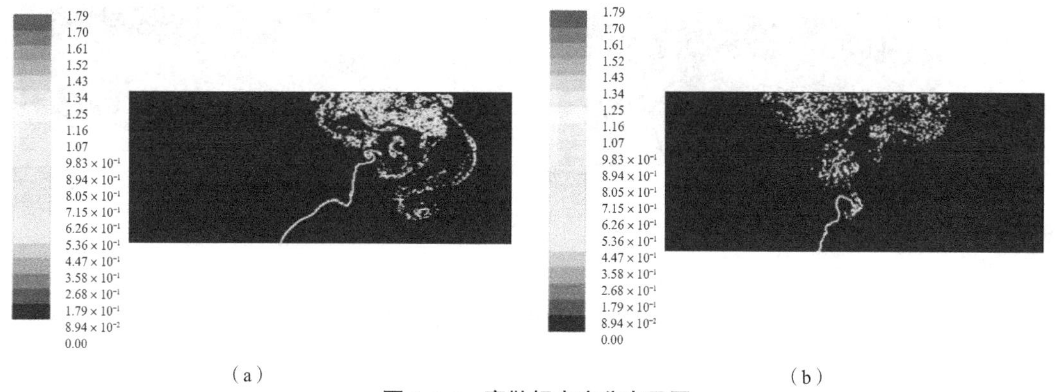

图 3-1-6　离散相密度分布云图

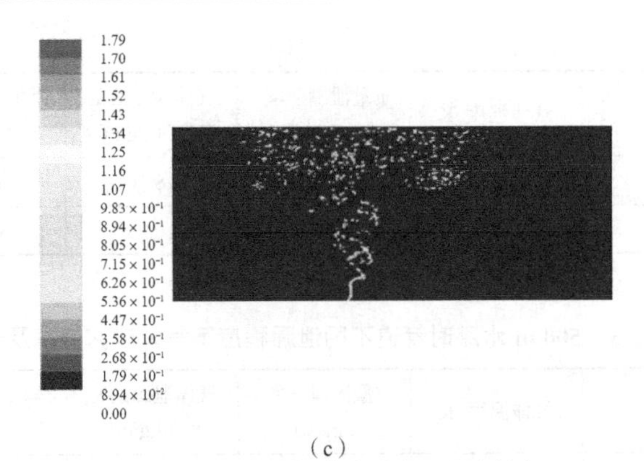

(c)

图 3-1-6　离散相密度分布云图(续)

(a)泄漏孔径为 20 mm　(b)泄漏孔径为 100 mm　(c)泄漏孔径为 500 mm

2. 1 000 m 水深的气体泄漏扩散

在 GetData 软件中测出其扩散半径及偏移距离见表 3-1-5。

表 3-1-5　1 000 m 水深时各泄漏孔径下的扩散半径及偏移距离

泄漏孔径 /mm	20	100	500
扩散半径 /m	207.817	488.456	568.386
偏移距离 /m	381.174	203.554	77.445

从表 3-1-5 可以看出,对于相同的泄漏深度即 1 000 m 水深情况下的泄漏,泄漏孔径越大,扩散半径越大,偏移距离越小。

3. 500 m 水深的气体泄漏扩散

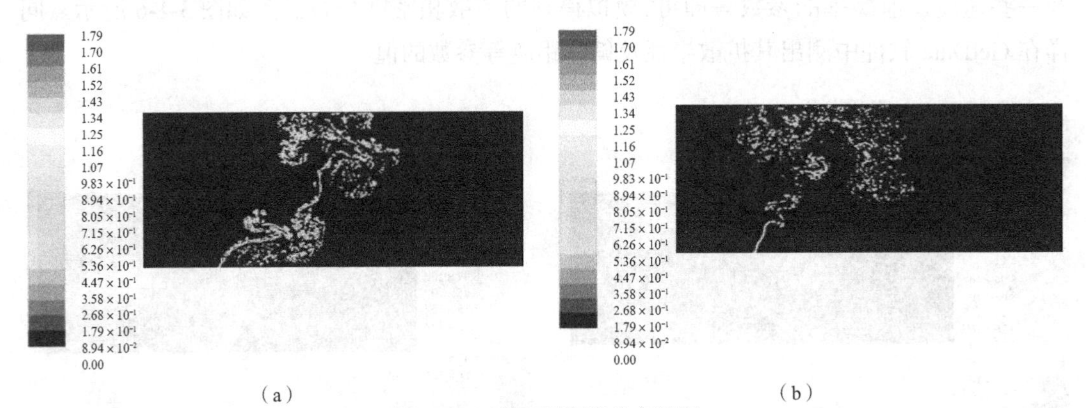

(a)　(b)

图 3-1-7　离散相密度分布云图

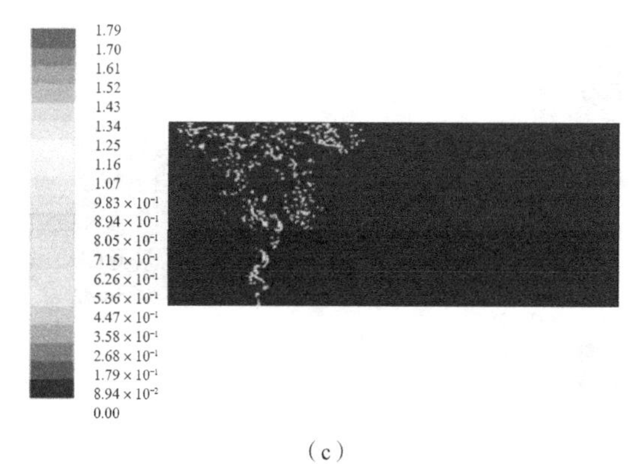

(c)

图 3-1-7　离散相密度分布云图(续)

(a)泄漏孔径为 20 mm　(b)泄漏孔径为 100 mm　(c)泄漏孔径为 500 mm

在 GetData 软件中测出其扩散半径及偏移距离见表 3-1-6。

表 3-1-6　500 m 水深时各泄漏孔径下的扩散半径及偏移距离

泄漏孔径 /mm	20	100	500
扩散半径 /m	123.834	164.299	206.039
偏移距离 /m	287.179	186.324	32.682

从表 3-1-6 可以看出，对于相同的泄漏深度即 500 m 水深情况下的泄漏，泄漏孔径越大，扩散半径越大，偏移距离越小。

4. 100 m 水深的气体泄漏扩散

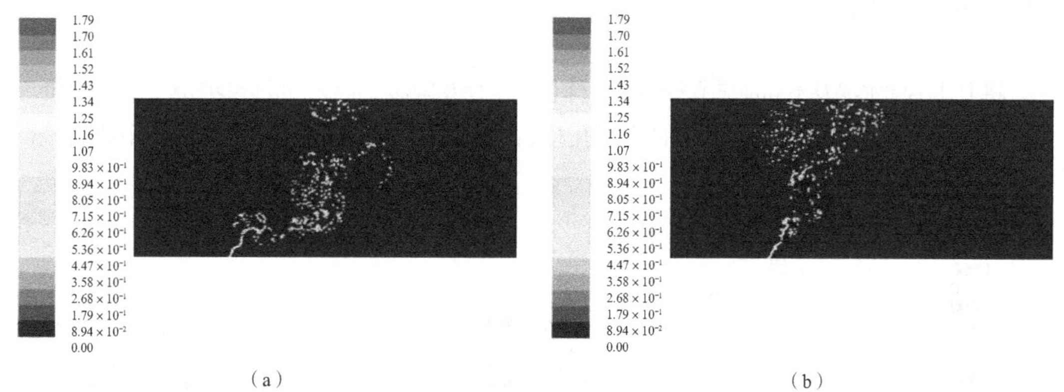

(a)　(b)

图 3-1-8　离散相密度分布云图

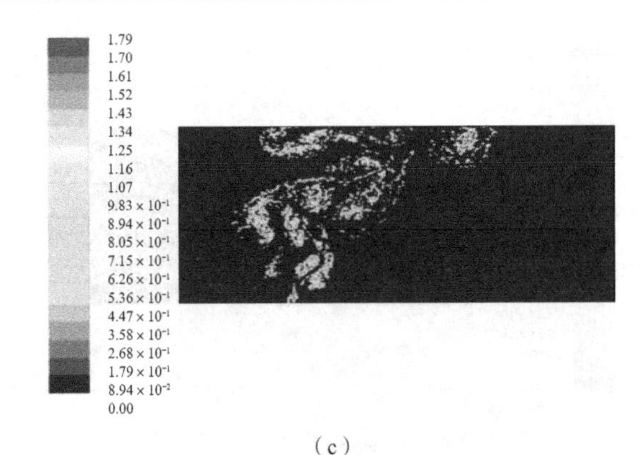

(c)

图 3-1-8 离散相密度分布云图(续)

(a)泄漏孔径为 20 mm (b)泄漏孔径为 100 mm (c)泄漏孔径为 500 mm

在 GetData 软件中测出其扩散半径及偏移距离见表 3-1-7。

表 3-1-7 100 m 水深时各泄漏孔径下的扩散半径及偏移距离

泄漏孔径 /mm	20	100	500
扩散半径 /m	14.920	25.512	33.748
偏移距离 /m	57.638	33.837	23.890

从表 3-1-7 可以看出,对于相同的泄漏深度即 100 m 水深情况下的泄漏,泄漏孔径越大,扩散半径越大,偏移距离越小。

3.1.3 结果对比

将上述不同水深及不同泄漏孔径下的气体扩散半径及偏移距离绘制成折线图进行比较分析。

(1)横向比较:对于上述不同的泄漏孔径,各水深下的气体扩散半径及偏移距离折线图如图 3-1-9 所示。

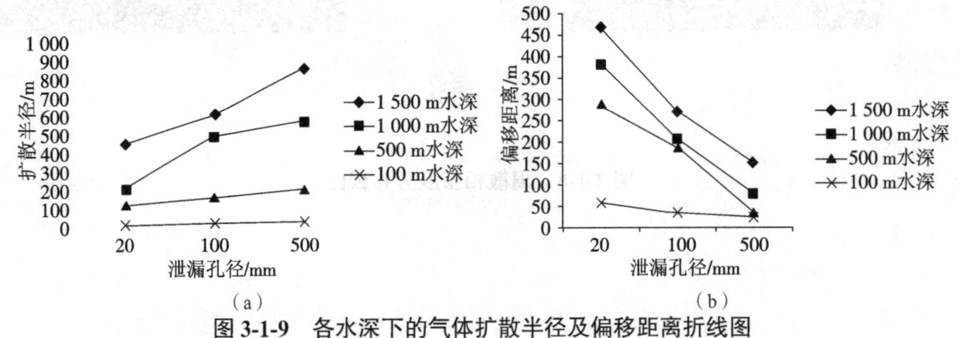

图 3-1-9 各水深下的气体扩散半径及偏移距离折线图

(a)扩散半径随泄漏孔径变化折线图 (b)偏移距离随泄漏孔径变化折线图

(2)纵向比较:对于上述不同的水深,各泄漏孔径下的气体扩散半径及偏移距离折线图如图 3-1-10 所示。

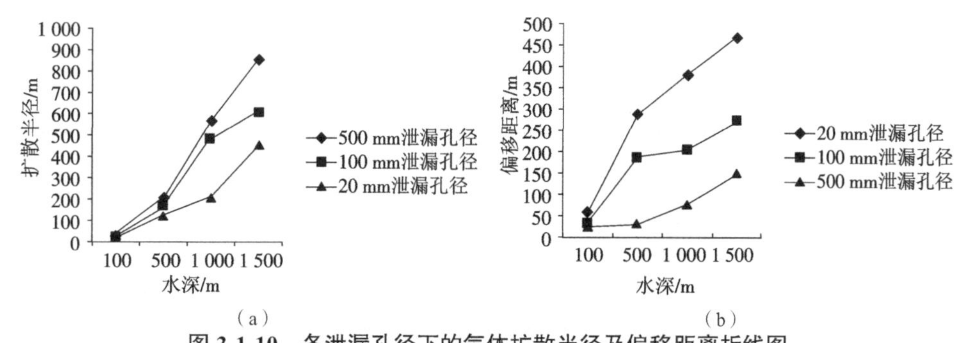

（a）　（b）

图 3-1-10　各泄漏孔径下的气体扩散半径及偏移距离折线图

（a）扩散半径随水深变化折线图　（b）偏移距离随水深变化折线图

从以上数据结果及折线图可以得出下列结论。

（1）对于不同的水深及泄漏孔径，在有相同来流情况下，气体发生泄漏后的输移轨迹发生了不同程度的偏移，偏移方向与来流方向大体一致。

（2）在同一水深条件下，泄漏孔径越大，泄漏率越大，气体扩散半径也越大，但是偏移距离越小。

（3）在同一泄漏孔径下，水深越大，泄漏率越大，扩散半径越大，偏移距离也越大。

3.2　水下气体泄漏模型实验研究

3.2.1　水下气体泄漏释放实验

3.2.1.1　实验设备与材料

本次水下气体泄漏释放实验在天津大学港口与海岸工程实验大厅波浪水槽（图 3-2-1 和图 3-2-2）中进行，水槽有效宽度 2.0 m，高度 1.8 m，可用水深 1.2 m。实验过程中，不开造波机，进行静水实验。

图 3-2-1　波浪水槽全貌 1

图 3-2-2　波浪水槽全貌 2

根据实验方案设计，主要用到的设备与材料见表3-2-1。

表3-2-1　主要实验设备与材料

材料设备名称	主要性能说明	数量
空气压缩泵（图3-2-3）	可提供的最大气压为0.8 MPa，0.1 m^3/min	1台
减压阀（图3-2-4）	可调节并稳定整个管道中的气压，附带量程0～1 MPa的小型压力表	1个
空气流量计（图3-2-5和图3-2-6）	LZB-10玻璃转子流量计，量程0～2.5 m^3/h，精度等级1.5%，工作压力<1 MPa	1个
压力表（图3-2-7）	量程0～1 MPa，精度等级1.6%	1个
硬管	管径1 cm	6 m
软管	管径1 cm	4 m
管路连接件（图3-2-8至图3-2-11）	如等径弯头、等径三通等，配套使用管道防漏胶带	10个
管路加工工具（图3-2-12）	如扳手、钳子、剪刀、整圆器等	—
管帽（图3-2-13和图3-2-14）	与直径1 cm管道配套的管帽	10个
刻度尺（图3-2-15和图3-2-16）	长度为1 m的钢尺	4根
照明灯（图3-2-17和图3-2-18）	固定式照明灯、悬挂式照明灯	2盏
支架（图3-2-17）	水槽上方的固定支架	3套
照相机	尼康单反相机	1部
摄像机	松下数码摄像机	1部
净水剂	明矾（用于净水）	若干

图3-2-3　空气压缩泵

图3-2-4　减压阀

图 3-2-5　空气流量计

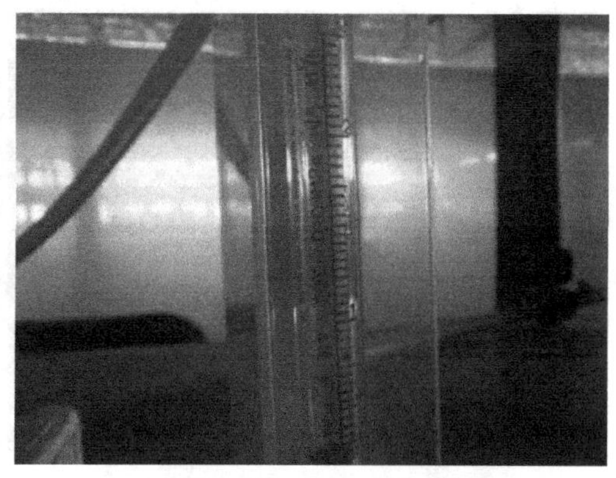

图 3-2-6　空气流量计刻度

图 3-2-7　压力表

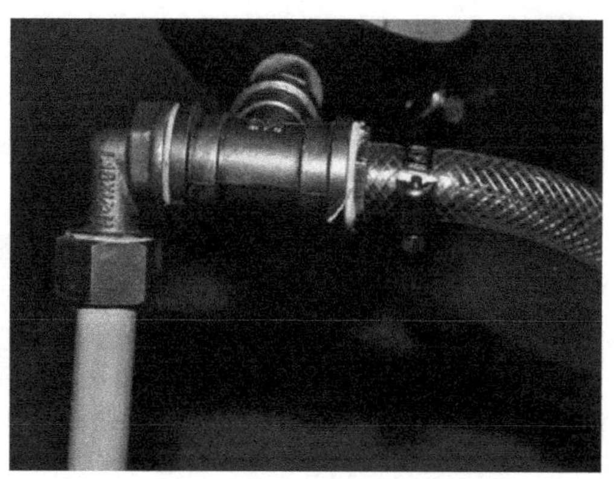

图 3-2-8　管路连接组合件

图 3-2-9　等径三通

图 3-2-10　等径弯头(右)

图 3-2-11 等径弯头(左)

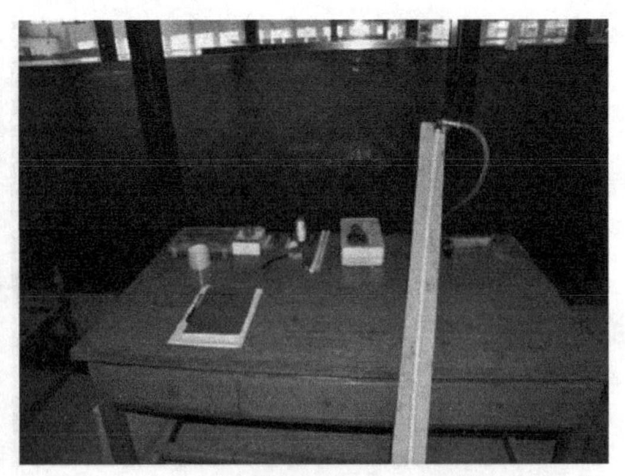
图 3-2-12 管路加工工具

图 3-2-13 加工后的管帽

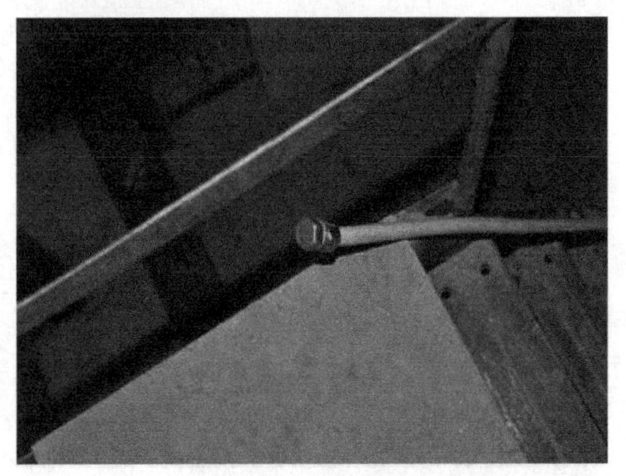
图 3-2-14 末端封口管帽

图 3-2-15 水位刻度尺与水平方向刻度尺

图 3-2-16 水槽上方刻度尺

图 3-2-17　固定式照明灯与固定式支架

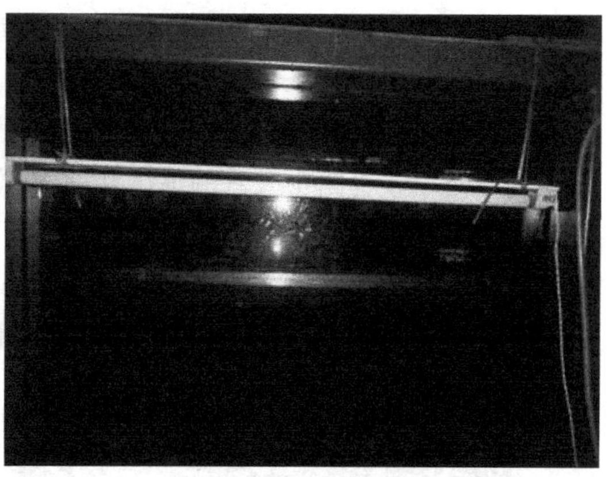

图 3-2-18　悬挂式照明灯

3.2.1.2　实验管路加工

根据实验需要，对管路进行加工。其中硬管根据水槽尺度进行截断，适当留有余量，以便硬管与各连接件连接；软管根据连接气体压缩泵、减压阀、空气流量计以及压力表的距离进行截断，适当留有余量，以便移动减压阀和空气流量计；管路喷口根据设计方案以及现有条件进行加工，管路开孔尺寸有 1 mm、1.2 mm、1.5 mm、1.8 mm、2.0 mm、2.5 mm、3 mm 等多种方案，以便探索该管路允许的最大开孔尺寸。

根据实验设计方案，将管路依次连接成 U 型管路（即中间开孔管路，如图 3-2-19 所示）和 L 型管路（即末端开孔管路，如图 3-2-20 所示），再根据实验操作的不同步骤，更换不同尺寸的喷口。

此外，在不同位置设置刻度尺。水槽玻璃竖直方向设置 1 根刻度尺，用于观察水位；水槽玻璃水平方向设置 1 根刻度尺，用于从紧贴水面方向观察气池范围和测试羽流直径；水槽水面上方交叉设置 2 根刻度尺，用于从水面上方观察气池范围。

图 3-2-19　U 型管路

图 3-2-20　L 型管路

3.2.1.3　方案设计与实验

为了考察实验管路中间开孔与末端开孔两种情形下，气体泄漏释放形成的气泡羽流现象是否有区别，在改进后的实验中设计了 U 型管路和 L 型管路两种实验方案，其中 U 型管路是实验重点部分。对于 U 型管路实验方案，主要对“1.2 m、1.1 m、1.0 m、0.9 m、0.8 m 水深”和“1.0 mm、1.2 mm、1.5 mm、1.8 mm、2.0 mm 孔径”条件下的多个指定气压值（最大指定气压值应略小于管路中允许的最大孔前气压值）进行实验。对于 L 型管路实验方案，主要对“1.2 m 水深”和“1.0 mm、1.5 mm、2.0 mm 孔径”条件下的多个指定气压值进行实验。实验过程中用铅锤找出管路开孔的具体位置并记录下来。每种情形连续拍摄三组数码照片，读取照片中刻度尺后取平均值即得到羽流直径，如图 3-2-21 至图 3-2-23 所示。

图 3-2-21　气泡羽流现象 1（U 型管路）

图 3-2-22　气泡羽流现象 2（U 型管路）

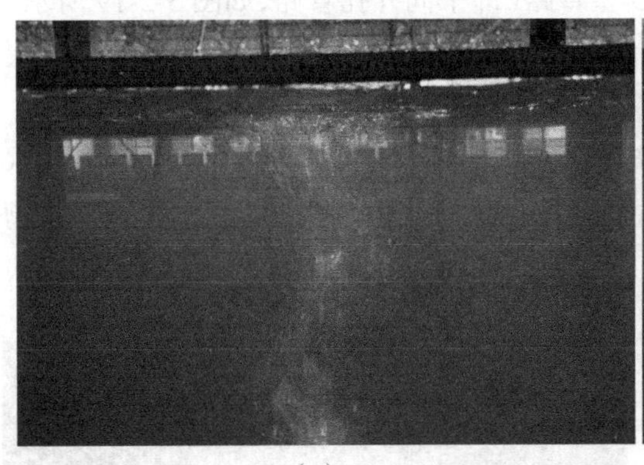

（a）

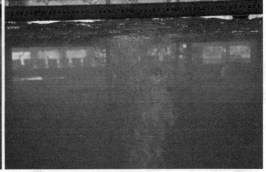

（b）

图 3-2-23　1.2 m 水深 2.0 mm 孔径 0.10 MPa 条件下的气泡羽流直径

（a）U 型管路　（b）L 型管路

3.2.2　实验分析与后处理

3.2.2.1　空气流量和羽流直径随孔前气压条件的变化趋势分析

各个孔径的空气流量随孔前气压的变化曲线如图 3-2-24 所示。

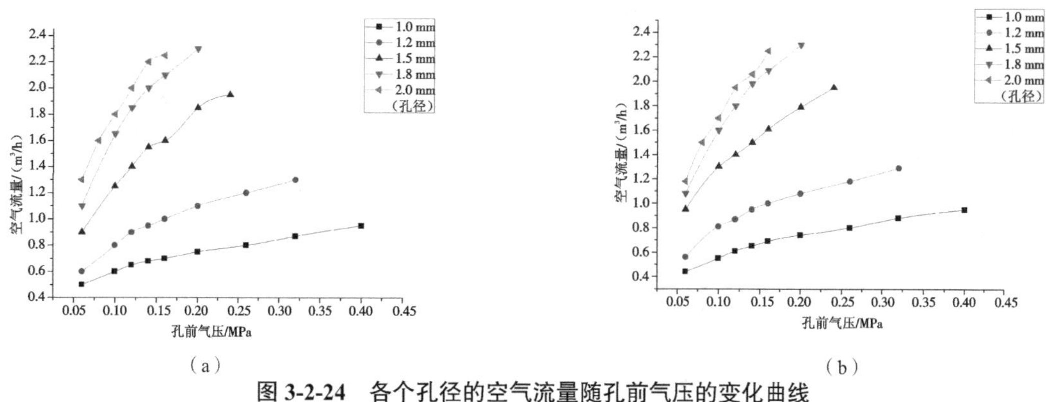

（a）　（b）

图 3-2-24　各个孔径的空气流量随孔前气压的变化曲线

（a）0.8 m 水深的空气流量随孔前气压的变化曲线　（b）1.2 m 水深的空气流量随孔前气压的变化曲线

各个孔径的羽流直径随孔前气压的变化曲线如图 3-2-25 所示。

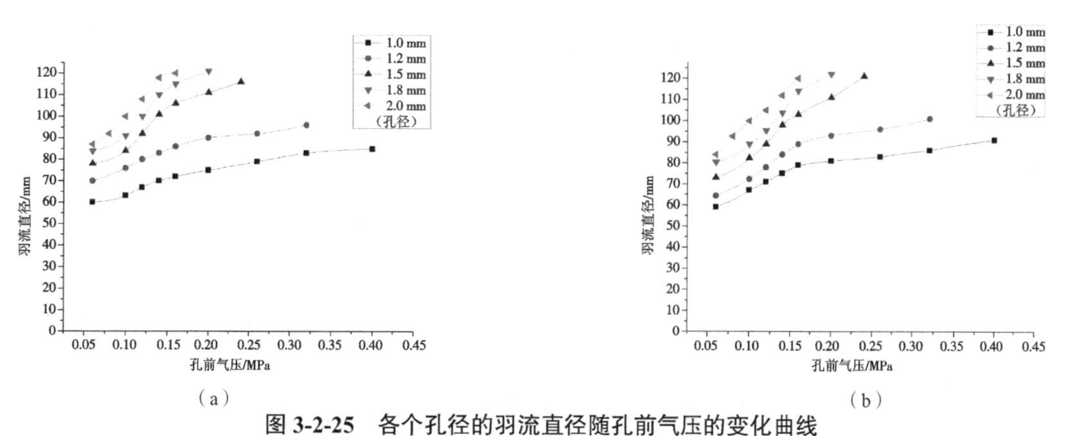

（a）　（b）

图 3-2-25　各个孔径的羽流直径随孔前气压的变化曲线

（a）0.8 m 水深的羽流直径随孔前气压的变化曲线　（b）1.2 m 水深的羽流直径随孔前气压的变化曲线

通过分析以上空气流量和羽流直径随孔前气压的变化曲线可以得出：对于同一水深（如 0.8 m 或 1.2 m），各个孔径的空气流量和羽流直径随孔前气压的变化趋势是比较明显的；对于同一水深同一孔径，空气流量和羽流直径随孔前气压的增大而增大，呈近似线性增长；对于同一水深同一孔前气压，空气流量和羽流直径随孔径的变化趋势也是比较明显的。

各个水深的空气流量随孔前气压的变化曲线如图 3-2-26 所示。

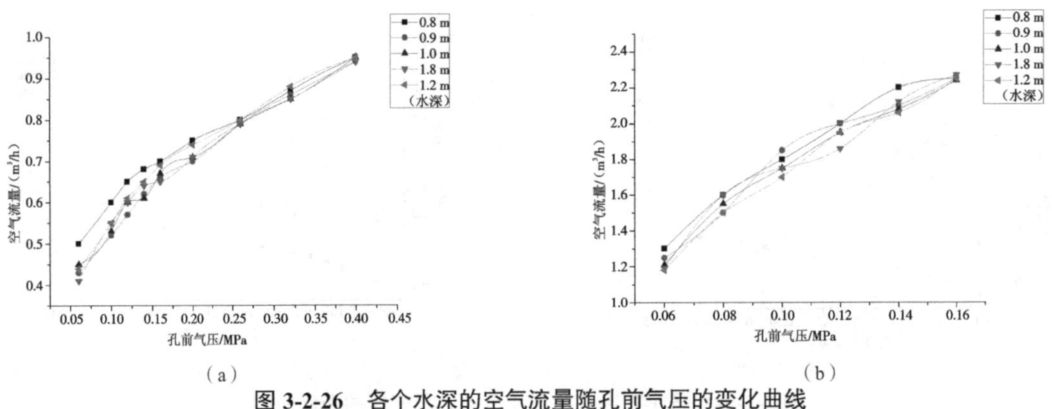

图 3-2-26　各个水深的空气流量随孔前气压的变化曲线

（a）1.0 mm 孔径的空气流量随孔前气压的变化曲线　（b）2.0 mm 孔径的空气流量随孔前气压的变化曲线

各个水深的空气流量随孔前气压的变化曲线如图 3-2-27 所示。

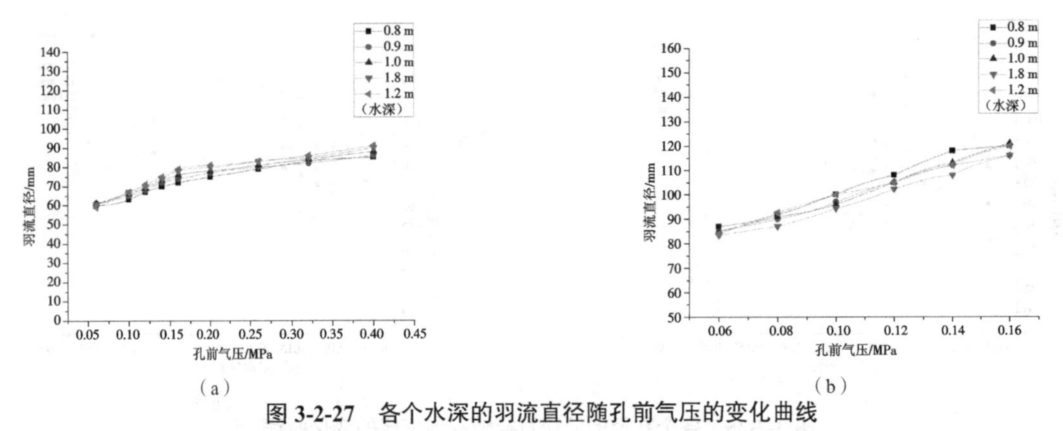

图 3-2-27　各个水深的羽流直径随孔前气压的变化曲线

（a）1.0 mm 孔径的羽流直径随孔前气压的变化曲线　（b）2.0 mm 孔径的羽流直径随孔前气压的变化曲线

通过分析以上空气流量和羽流直径随孔前气压的变化曲线可以得出：对于同一孔径（如 1.0 mm 或 2.0 mm），各个水深的空气流量和羽流直径随孔前气压的变化趋势是比较明显的；对于同一孔径同一水深，空气流量和羽流直径随孔前气压的增大而增大，呈近似线性增长；但是对于同一孔径同一孔前气压，空气流量和羽流直径随水深的变化趋势并不明显。

3.2.2.2　空气流量和羽流直径随孔径条件的变化趋势分析

各个孔前气压的空气流量随孔径的变化曲线如图 3-2-28 所示。

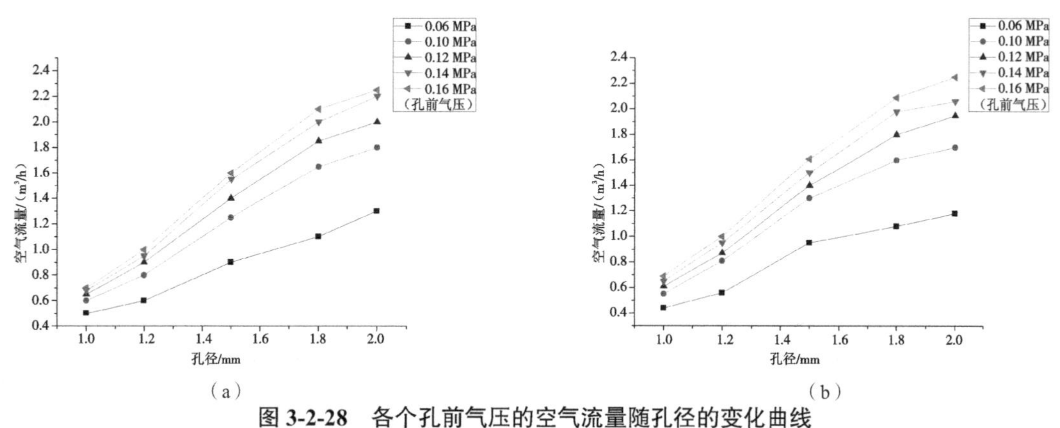

(a)　　(b)

图 3-2-28　各个孔前气压的空气流量随孔径的变化曲线

(a)0.8 m 水深的空气流量随孔前气压的变化曲线　(b)1.2 m 水深的空气流量随孔前气压的变化曲线

各个孔前气压的羽流直径随孔径的变化曲线如图 3-2-29 所示。

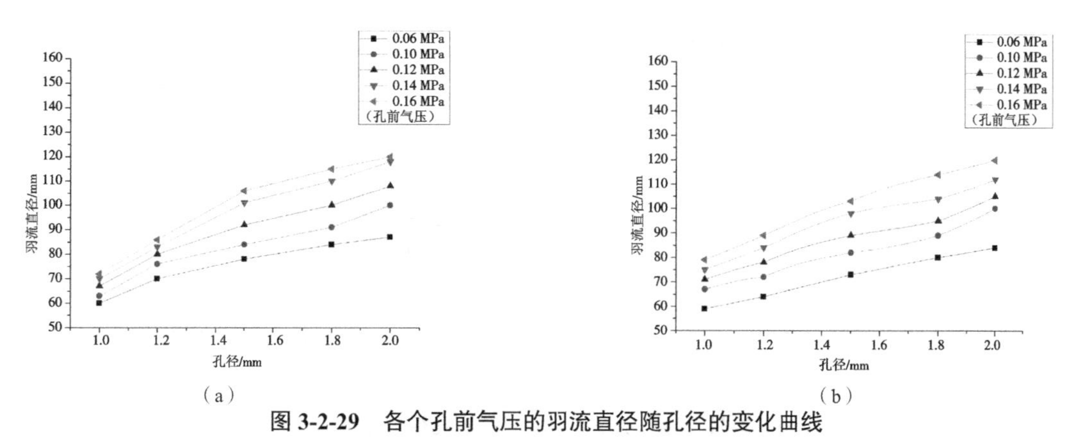

(a)　　(b)

图 3-2-29　各个孔前气压的羽流直径随孔径的变化曲线

(a)0.8 m 水深的羽流直径随孔前气压的变化曲线　(b)1.2 m 水深的羽流直径随孔前气压的变化曲线

通过分析以上空气流量和羽流直径随孔径的变化曲线可以得出：对于同一水深(如 0.8 m 或 1.2 m)，各个孔前气压的空气流量和羽流直径随孔径的变化趋势是比较明显的；对于同一水深同一孔前气压，空气流量和羽流直径随孔径的增大而增大，呈近似线性增长；对于同一水深同一孔径，空气流量和羽流直径随孔前气压的变化趋势也是比较明显的。

各个水深的空气流量随孔径的变化曲线如图 3-2-30 所示。

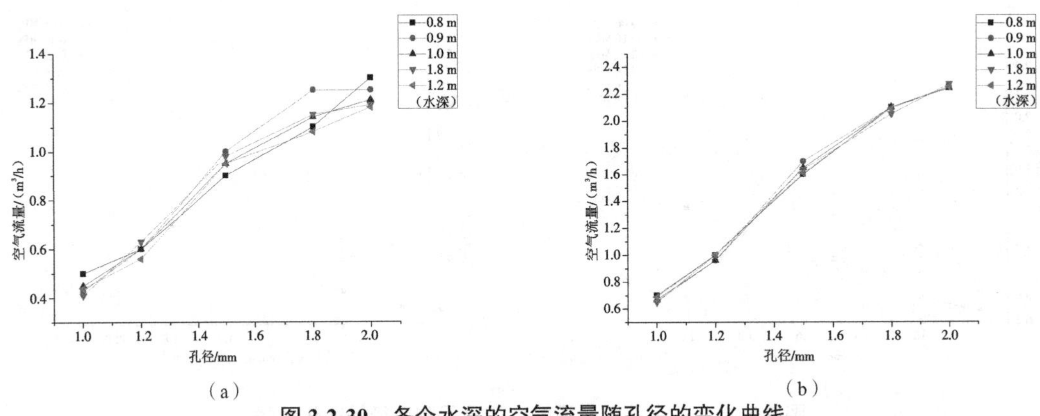

图 3-2-30 各个水深的空气流量随孔径的变化曲线

(a)0.06 MPa 孔前气压的空气流量随孔前气压的变化曲线 (b)0.16 MPa 孔前气压的空气流量随孔前气压的变化曲线

各个水深的羽流直径随孔径的变化曲线如图 3-2-31 所示。

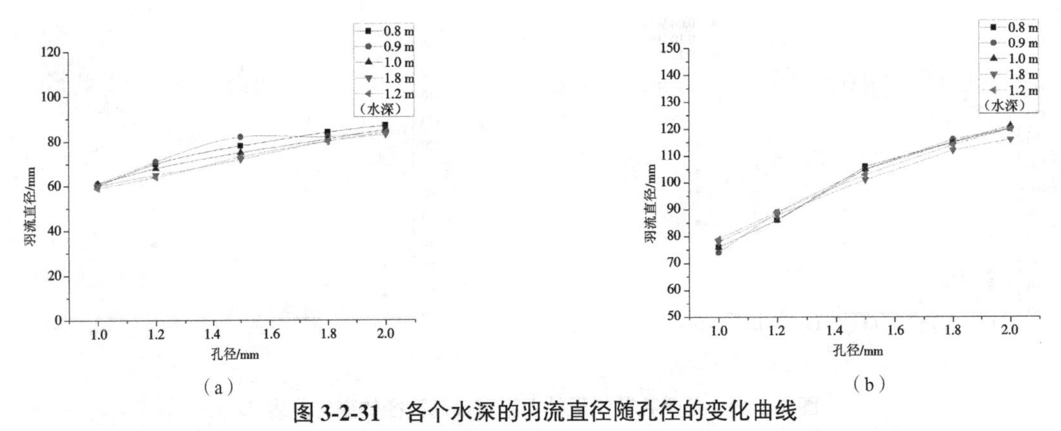

图 3-2-31 各个水深的羽流直径随孔径的变化曲线

(a)0.06 MPa 孔前气压的羽流直径随孔前气压的变化曲线 (b)0.16 MPa 孔前气压的羽流直径随孔前气压的变化曲线

通过分析以上空气流量和羽流直径随孔径的变化曲线可以得出:对于同一孔前气压(如 0.06 MPa 或 0.16 MPa),各个水深的空气流量和羽流直径随孔径的变化趋势是比较明显的;对于同一孔前气压同一水深,空气流量和羽流直径随孔径的增大而增大,并不是明显的线性增长;但是对于同一孔前气压同一孔径,空气流量和羽流直径随水深的变化趋势并不明显。

3.2.2.3 空气流量和羽流直径随水深条件的变化趋势分析

各个孔前气压的空气流量随水深的变化曲线如图 3-2-32 所示。

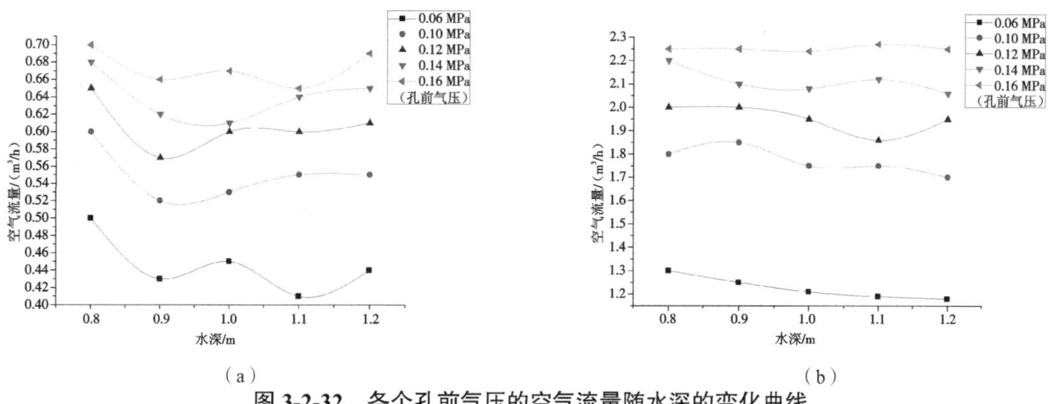

(a)　(b)

图 3-2-32　各个孔前气压的空气流量随水深的变化曲线

(a)1.0 mm 孔径的空气流量随水深的变化曲线　(b)2.0 mm 孔径的空气流量随水深的变化曲线

各个孔前气压的羽流直径随水深的变化曲线如图 3-2-33 所示。

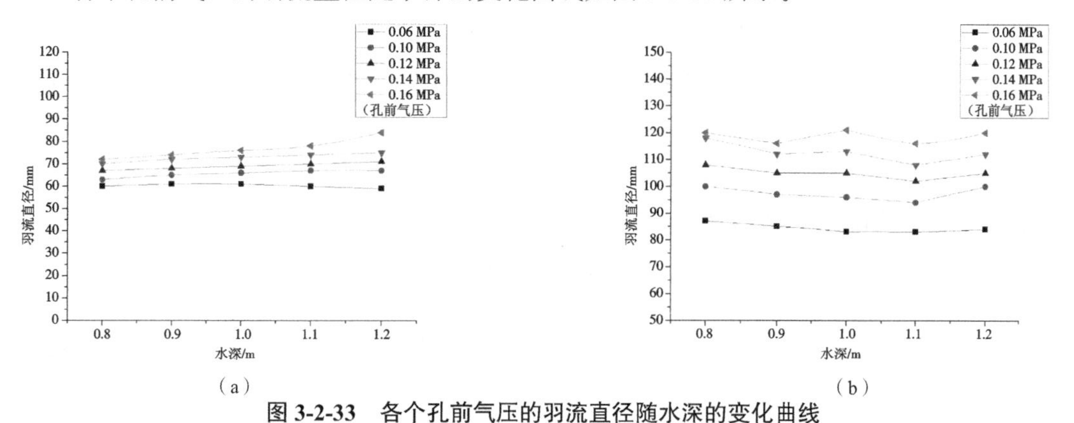

(a)　(b)

图 3-2-33　各个孔前气压的羽流直径随水深的变化曲线

(a)1.0 mm 孔径的羽流直径随水深的变化曲线　(b)2.0 mm 孔径的羽流直径随水深的变化曲线

通过分析以上空气流量和羽流直径随水深的变化曲线可以得出：对于同一孔径(如 1.0 mm 或 2.0 mm)，在水深变化幅度较小的情况下，各个孔前气压的空气流量和羽流直径随水深的变化趋势并不明显；对于同一孔径同一水深，空气流量和羽流直径随孔前气压的变化趋势是比较明显的。

不同孔径的空气流量随水深的变化曲线如图 3-2-34 所示。

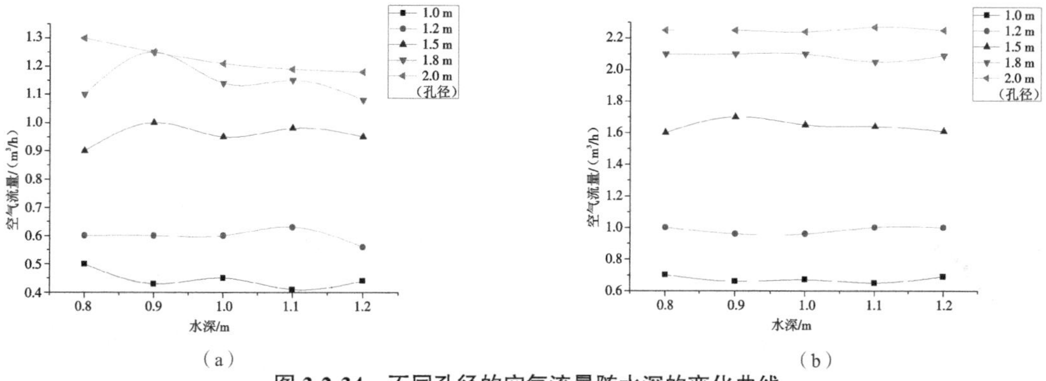

(a)　(b)

图 3-2-34　不同孔径的空气流量随水深的变化曲线

(a)0.06 MPa 孔前气压的空气流量随水深的变化曲线　(b)0.16 MPa 孔前气压的空气流量随水深的变化曲线

不同孔径的羽流直径随水深的变化曲线如图 3-2-35 所示。

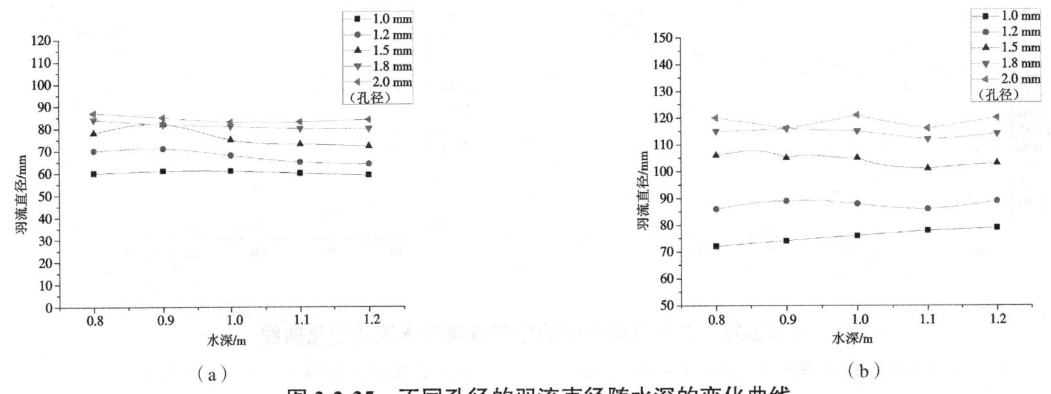

图 3-2-35　不同孔径的羽流直径随水深的变化曲线

（a）0.06 MPa 孔前气压的羽流直径随水深的变化曲线　（b）0.16 MPa 孔前气压的羽流直径随水深的变化曲线

通过分析以上空气流量和羽流直径随水深的变化曲线可以得出：对于同一孔前气压（如 0.06 MPa 或 0.16 MPa），在水深变化幅度较小的情况下，各个孔径的空气流量和羽流直径随水深的变化趋势并不明显；对于同一孔前气压同一水深，空气流量和羽流直径随孔径的变化趋势是比较明显的。

3.2.2.4　空气流量和羽流直径之间的变化关系

不同孔径的羽流直径随空气流量的变化曲线如图 3-2-36 所示。

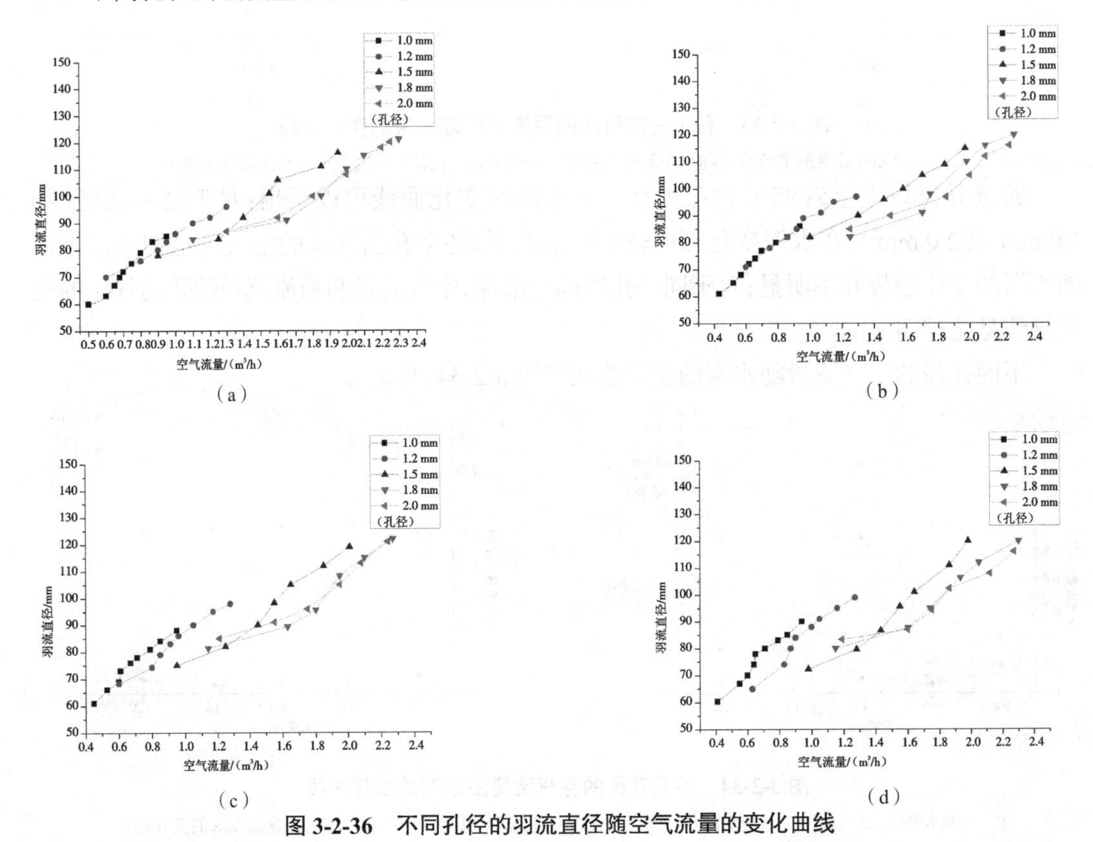

图 3-2-36　不同孔径的羽流直径随空气流量的变化曲线

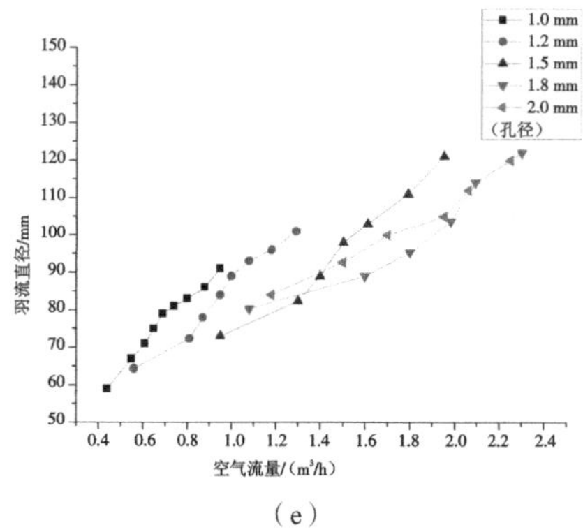

(e)

图 3-2-36　不同孔径的羽流直径随空气流量的变化曲线(续)

(a)0.8 m 水深　(b)0.9 m 水深　(c)1.0 m 水深　(d)1.1 m 水深　(e)1.2 m 水深

通过分析以上羽流直径随空气流量的变化曲线可以得出:对于同一水深(如 0.8 m、0.9 m、1.0 m、1.1 m 或 1.2 m),各个孔径的羽流直径随空气流量的变化趋势是比较明显的;对于同一水深同一孔径,羽流直径随空气流量的增大而增大,呈近似线性增长。

3.2.2.5　U 型管路实验方案与 L 型管路实验方案对比

以上已经分析了 U 型管路实验方案中空气流量和羽流直径随不同孔前气压、不同孔径、不同水深的变化趋势,以及羽流直径随空气流量的变化趋势,而且从刻度尺读数的分析中可以得知,U 型管路中气泡羽流的扩散范围是以管路开口位置为中心向四周均匀扩散的。以下对 L 型管路实验方案进行分析与后处理。

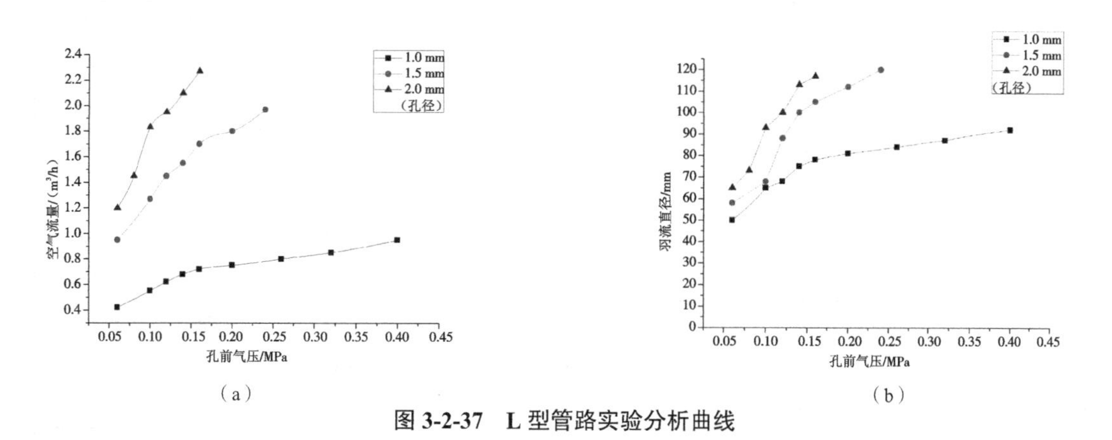

(a)　(b)

图 3-2-37　L 型管路实验分析曲线

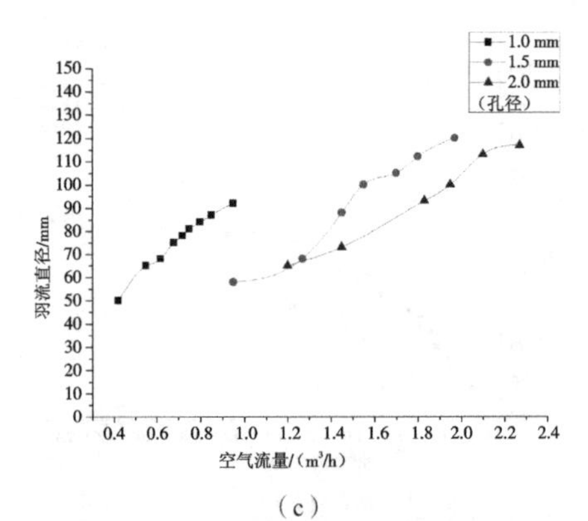

（c）

图 3-2-37 L 型管路实验分析曲线（续）

（a）不同孔径的空气流量随孔前气压的变化曲线（1.2 m 水深）（b）不同孔径的羽流直径随孔前气压的变化曲线（1.2 m 水深）
（c）不同孔径的羽流直径随空气流量的变化曲线（1.2 m 水深）

L 型管路试验数据见表 3-2-2。

表 3-2-2 L 型管路试验数据

水深 /m	孔径 / mm	孔前气压 /MPa	空气流量 /（m^3/h）	中心位置 /mm	羽流直径 /mm		
					前读数	后读数	差值
1.2	2.0	0.06	1.2	520	480	545	65
		0.08	1.45		477	550	73
		0.10	1.83		467	560	93
		0.12	1.95		460	560	100
		0.14	2.10		457	570	113
		0.16	2.27		450	567	117
1.2	1.5	0.06	0.95	510	470	528	58
		0.10	1.27		465	533	68
		0.12	1.45		460	548	88
		0.14	1.55		454	554	100
		0.16	1.70		446	551	105
		0.20	1.80		445	557	112
		0.24	1.97		444	564	120
	1.0	0.06	0.42	470	440	490	50
		0.10	0.55		430	495	65
		0.12	0.62		430	498	68
		0.14	0.68		424	499	75
		0.16	0.72		422	500	78
		0.20	0.75		420	501	81

续表

水深（m）	孔径（mm）	孔前气压（MPa）	空气流量（m³/h）	中心位置（mm）	羽流直径（mm）刻度尺（照片）		
					前读数	后读数	差值
1.2	1.0	0.26	0.80	470	419	503	84
		0.32	0.85		418	505	87
		0.40	0.95		416	508	92

通过分析以上 L 型管路实验方案中空气流量和羽流直径随不同孔前气压的变化曲线，以及羽流直径随空气流量的变化趋势可以得出：L 型管路实验中，空气流量和羽流直径随不同孔前气压的变化趋势以及羽流直径随空气流量的变化趋势与 U 型管路实验中大体一致；对于同一水深（如 1.2 m），各个孔径的空气流量和羽流直径随孔前气压的变化趋势是比较明显的；对于同一水深同一孔径，空气流量和羽流直径随孔前气压增大而增大，呈近似线性增长；对于同一水深，各个孔径的羽流直径随空气流量的变化趋势也是比较明显的；对于同一水深同一孔径，羽流直径随空气流量的增大而增大，呈近似线性增长。

通过分析以上 L 型管路实验数据可以得出：L 型管路中气泡羽流的扩散范围以管路开口位置为中心向四周不均匀扩散，且沿管路中气体流向扩散范围较大。

3.3　深水水下气体泄漏扩散研究

3.3.1　深水气体泄漏数学模型

3.3.1.1　单元控制体模型

（1）质量控制方程：

$$\Delta m = \Delta m_1 + \Delta m_b \tag{3-3-1}$$

$$\Delta m_1 = \rho_a Q_e \Delta t - N n_h \Delta n M_w \tag{3-3-2}$$

$$\Delta m_b = N n_h \Delta n M_w - N\left(\Delta n_s + \Delta n_x + \Delta n_h\right) M_g \tag{3-3-3}$$

（2）体积控制方程：

$$V_m^{\ 3} - \left[\frac{RT}{\rho_a g(H-z)} + G_b\right] V_m^{\ 2} + \frac{G_a}{\rho_a g(H-z)} V_m - \frac{G_a G_b}{\rho_a g(H-z)} = 0 \tag{3-3-4}$$

（3）动量控制方程：

$$\begin{cases} \Delta m\boldsymbol{u} = \boldsymbol{u}_a \rho_a (Q_e - Q_g)\Delta t \\ \Delta m\boldsymbol{v} = \boldsymbol{v}_a \rho_a (Q_e - Q_g)\Delta t \\ \Delta m\boldsymbol{w} = \boldsymbol{w}_a \rho_a (Q_e - Q_g)\Delta t + (\rho_g - \rho_a) V_g g \Delta t - F_D \Delta t \end{cases} \tag{3-3-5}$$

(4)状态控制方程:

$$\frac{\mathrm{d}(mI)}{\mathrm{d}t}=I_{\mathrm{a}}\frac{\mathrm{d}m}{\mathrm{d}t}-\rho_{\mathrm{a}}KA\frac{I-I_{\mathrm{a}}}{b} \tag{3-3-6}$$

(5)其他控制方程如下。

厚度和半径离散控制方程:

$$\begin{cases} h_{k+1}=\dfrac{|w_{k+1}|}{|w_k|}h_k \\ b_{k+1}=\sqrt{\dfrac{m_{k+1}}{\rho_{k+1}\pi h_{k+1}}} \end{cases} \tag{3-3-7}$$

位移离散控制方程:

$$\begin{cases} \Delta \boldsymbol{s}_{k+1}=|\boldsymbol{V}_{k+1}|\Delta t \\ x_{k+1}=x_k+u_k\Delta t \\ y_{k+1}=y_k+v_k\Delta t \\ z_{k+1}=z_k+w_k\Delta t \end{cases} \tag{3-3-8}$$

方向离散控制方程:

$$\begin{cases} \phi_{k+1}=\arctan^{-1}\dfrac{w_{k+1}}{\sqrt{u_{k+1}^2+v_{k+1}^2}} \\ \theta_{k+1}=\arctan^{-1}\dfrac{v_{k+1}}{\sqrt{u_{k+1}^2+v_{k+1}^2}} \end{cases} \tag{3-3-9}$$

3.3.1.2 数值模拟计算

使用 MATLAB 语言进行数学建模,通过迭代方法计算单元控制体的各项参数,其数值模拟的计算流程如图 3-3-1 所示。

3.3.1.3 气体泄漏计算结果分析

综合上述分析,改进了单元控制体法,并使用改进后的方法对天然气在深水环境下泄漏扩散的轨迹进行了 110 组数值模拟。设定的基本工况见表 3-3-1。在模拟结果中选取海流速度 v_{a}为0.5 m/s、0.6 m/s、0.7 m/s、0.8 m/s 以及天然气泄漏流量 Q为0.392 7 m³/s、0.785 4 m³/s、1.178 1 m³/s、1.570 8 m³/s 的 16 组数据,主要讨论 Q 和 V_{a} 对运动轨迹、海面扩散面积以及泄漏时间的影响。

表 3-3-1 模拟中使用的参数

参数	数值
水深 H / m	1500
泄漏孔径 D / m	0.5
海水密度 ρ_{a} /(kg/m³)	998.2
海水温度 T_{a} / K	273.15
海流速度 v_{a} /(m/s)	0.5～1.5

续表

水深 H / m	1500
天然气泄漏流量 /(m^3/s)	0.196 3 ~ 1.963
天然气喷射角度 ϕ	$\frac{\pi}{2}$

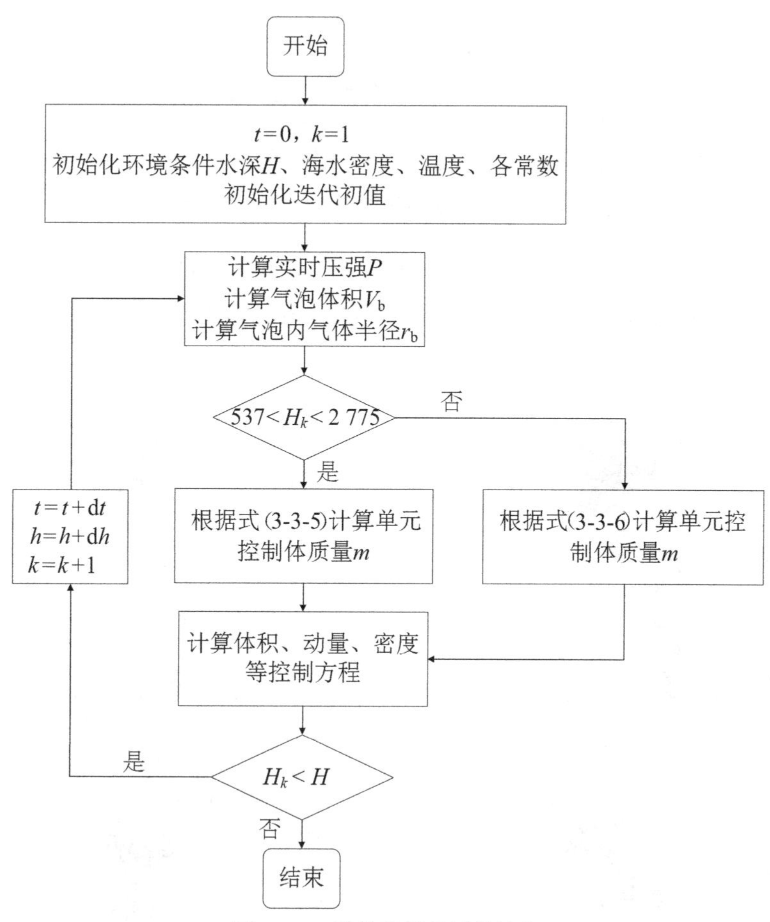

图 3-3-1　数值迭代的计算流程

如图 3-3-2 所示是 16 种工况下天然气泄漏持续总时间图。可知当海流速度一定时，喷射流量越大，泄露总时间越短；而喷射流量一定时，海流速度越大，泄漏总时间越长。

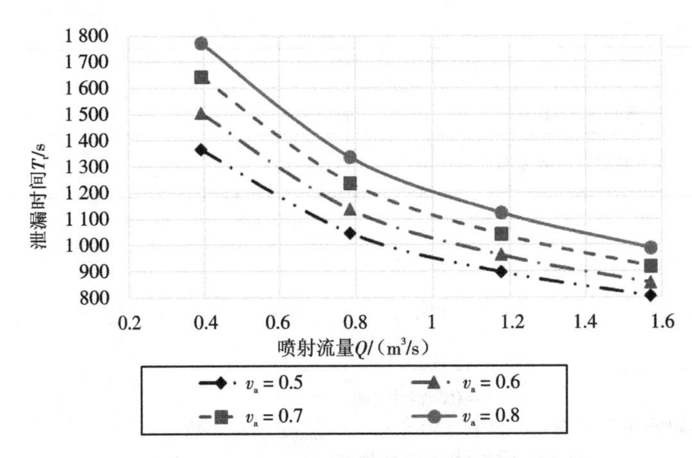

图 3-3-2 16 种工况下天然气泄漏持续总时间图

当海流速度 v_a 分别为 0.5 m/s、0.6 m/s、0.7 m/s、0.8 m/s 时，四种泄漏流量 Q为0.392 7 m³/s、0.785 4 m³/s、1.178 1 m³/s、1.570 8 m³/s 的对应的天然气泄漏轨迹轮廓正视图如图 3-3-3 所示。

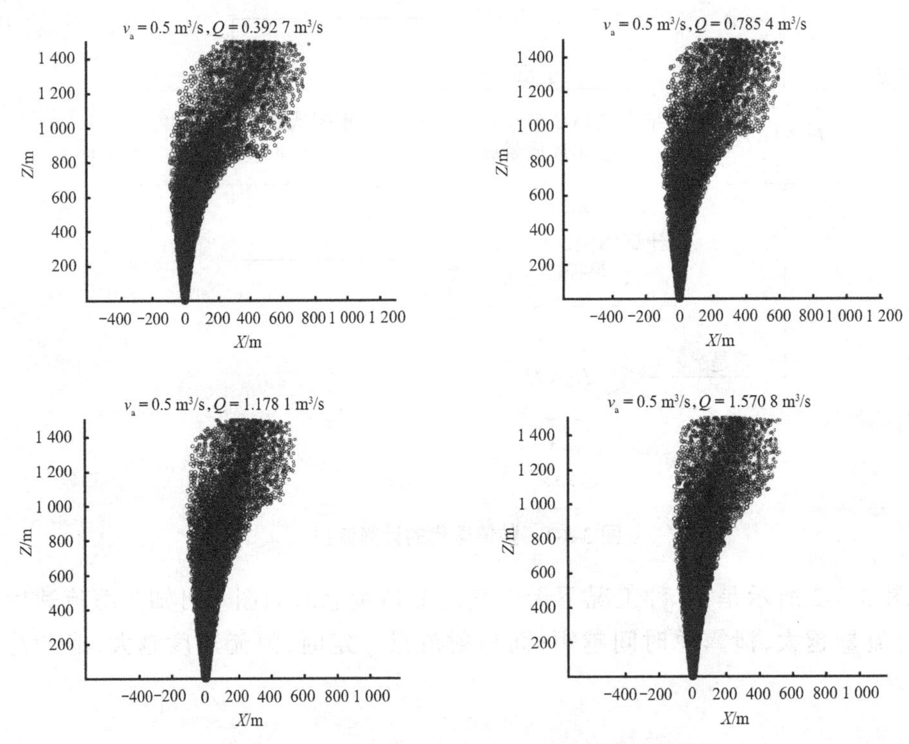

图 3-3-3 16 种工况下天然气泄漏扩散轨迹正视图

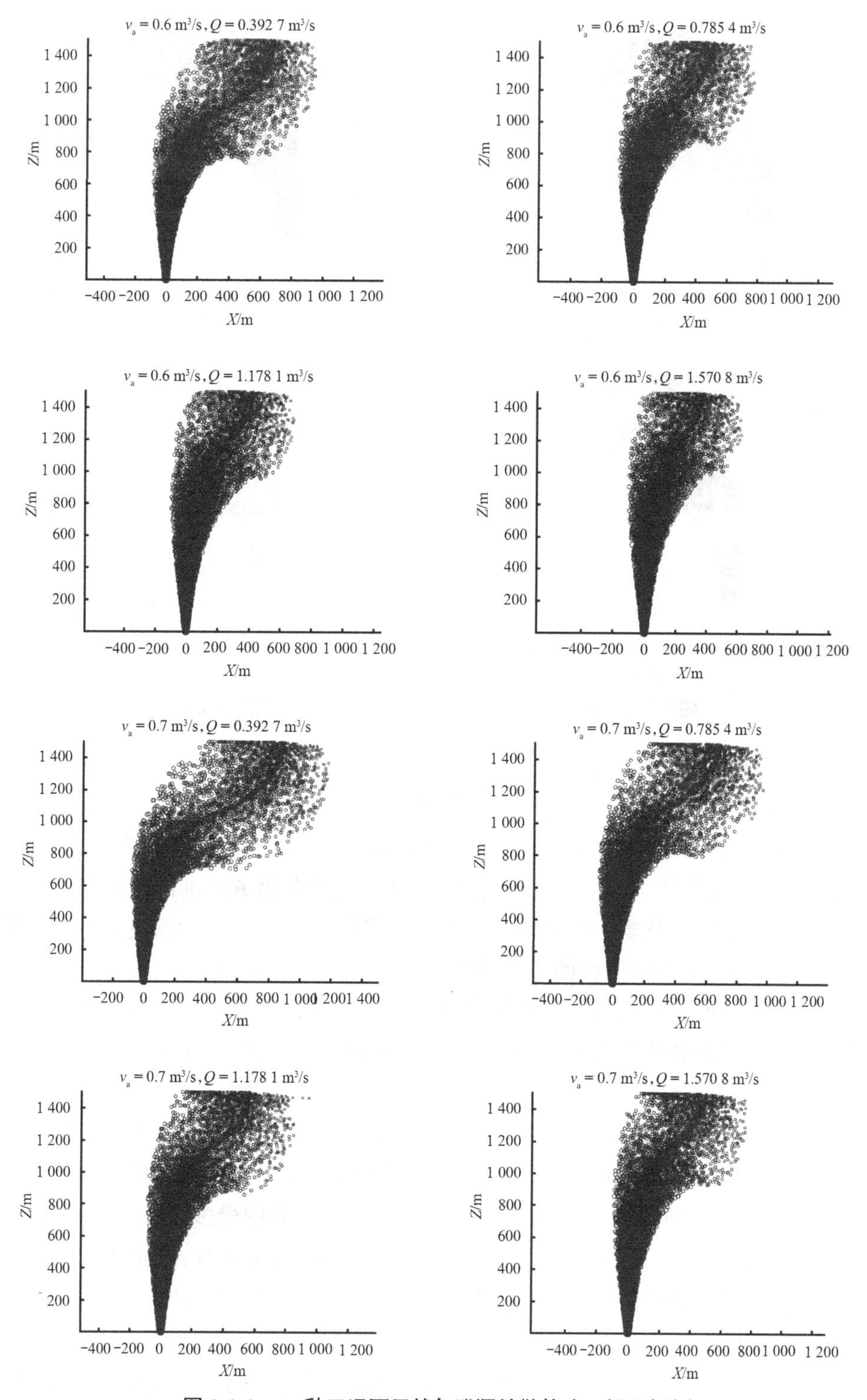

图 3-3-3　16 种工况下天然气泄漏扩散轨迹正视图(续)

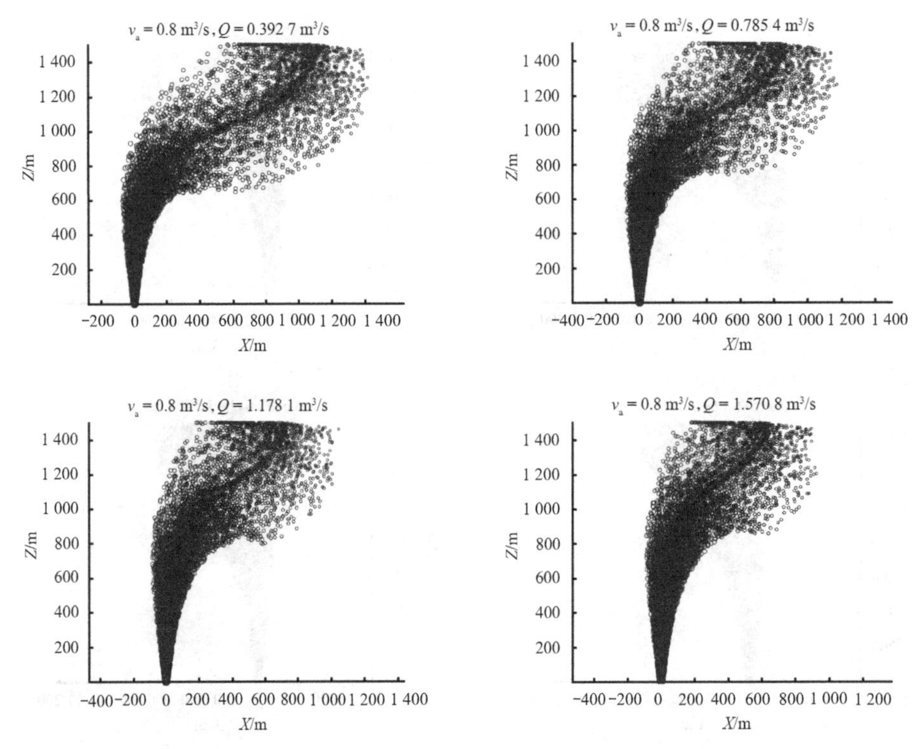

图 3-3-3 16 种工况下天然气泄漏扩散轨迹正视图(续)

为便于定性与定量分析,绘制出图 3-3-3 所示 16 种工况下天然气泄漏扩散轨迹正视图的轮廓,并将海流速度不变情况下的四组图合并为一组,如图 3-3-4 所示。

由图 3-3-4 可知,深水天然气泄漏过程是在泄漏位置处以锥射流的形式,在喷射动量的作用下迅速进入环境流体中。天然气锥射流逐渐向上运动扩散并与泄漏位置的距离逐渐变远,且其喷射动量也随之慢慢降低;在喷射动量逐渐降到最低以后,锥射流向上运动和横向扩散的主要动力是浮力和环境流体的作用,最后扩散到海平面,释放到空气中。从甲烷自泄漏位置释放开始,直到抵达海平面的过程中,因为天然气气泡受到喷射动量、浮力以及海水的共同作用,其泄漏扩散的轨迹会有多种情况。但经过总结归纳,其轨迹主要可以分为以下两个阶段。

第一个阶段开始于甲烷从泄漏位置喷射而出后。此时,在喷射动量的作用下,甲烷迅速泄漏进入环境流体中,并向上喷涌,其运动轨迹呈锥射流形状。这一阶段甲烷流体的初始喷射动量非常大,且在不断减小;喷射动量在锥射流的动量之和中最多,其次是浮力作用下的动量。如图 3-3-4 各虚线下方区域所示,在泄漏水深 H、泄漏孔径 D、海流速度 v_a 保持不变的情况下,随着初始泄漏流量增大,射流高度逐渐增大,同高度处射流半径差逐渐增大。

第二个阶段开始于甲烷从泄漏位置喷射而出的一段时间以后。此时,在环境流体对锥射流的不停掺混下,锥射流的喷射动量逐渐减小,开始较为凝聚的气泡流在海水的作用下慢慢变为直径分布与间距分布都不均匀的气泡,它们和海水相互混杂在一起,共同在浮力的作用下向上运动,此过程以对流扩散作用为主。由于海水的卷吸作用,气泡与海水不断掺混形成气泡团,二者之间的密度差所产生的浮力会进一步驱使溢油向上运动;在此过程中,甲烷气泡与环境流体的混合物的总体积慢慢增大，由于甲烷的密度远低于海水密度，因此混合物的总密度也逐渐接近环境流体的密度。在环境流体的掺混作用下，甲烷的喷射动量仍在慢慢减小，而因浮力和环境流体产生的动量在逐渐变大，最后直至气泡团完全失去其初始动量，在天然气的总动量中浮力和海水夹带作用产生的动量占主导地位，如图 3-3-4 各虚线上方区域所示。

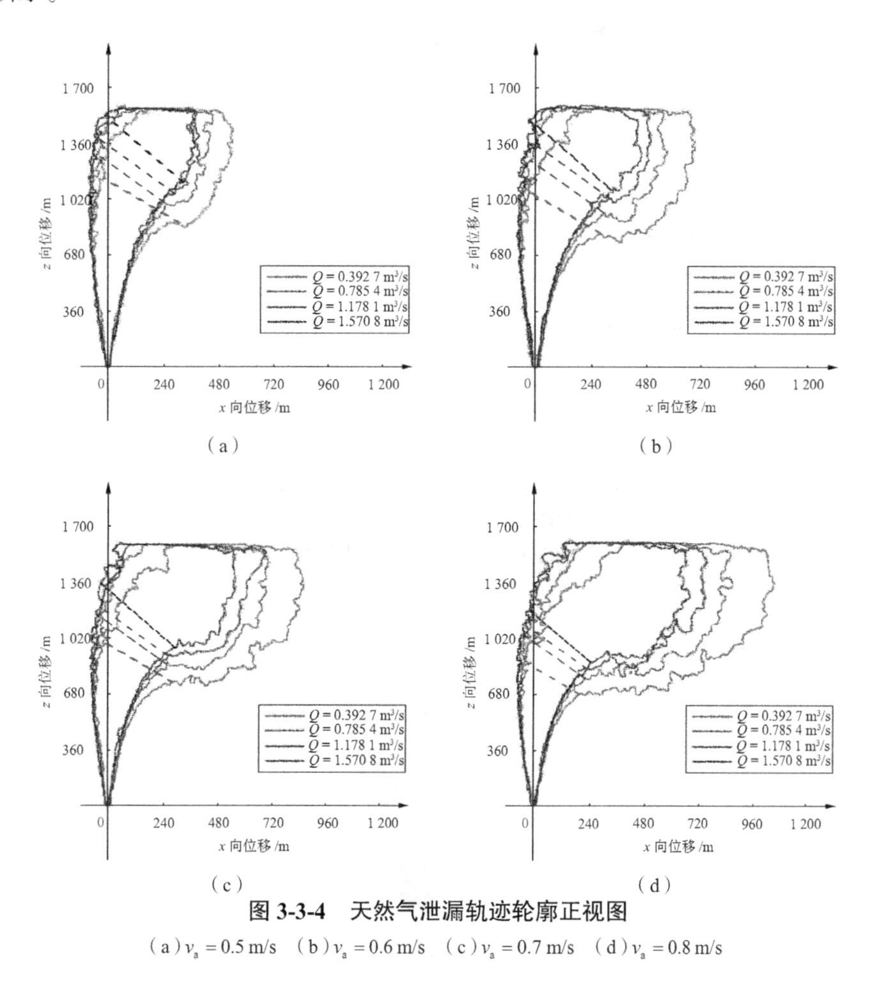

图 3-3-4　天然气泄漏轨迹轮廓正视图

(a) $v_a = 0.5$ m/s　(b) $v_a = 0.6$ m/s　(c) $v_a = 0.7$ m/s　(d) $v_a = 0.8$ m/s

1. 射流阶段

由图 3-3-5 可知，当海流速度不变时，随着天然气喷射流量的逐渐增大，射流阶段的高度也在增大，但其射流时间却在减少。

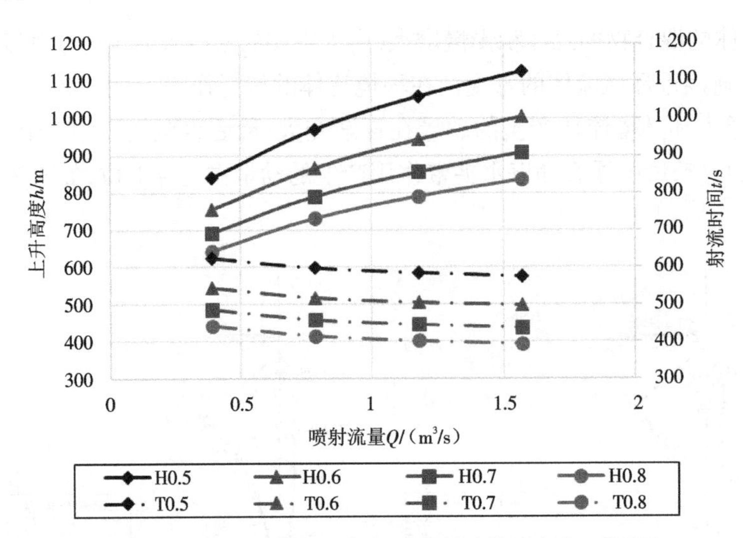

图 3-3-5 16 种工况下天然气泄漏射流持续高度、时间图

由此可知海流速度一定时，初始泄漏流量越大，运动轨迹的射流阶段越长，射流时间越短，海流对运动轨迹的影响越小。由此可合理推得，设初始泄漏流量足够大，天然气运动轨迹没有对流部分，即不存在 $\arctan\dfrac{w}{\sqrt{u^2+v^2}}>1.2$ 的情况，一直以锥射流形态直达海面。如图 3-3-6 所示为 $v_a=0.5$ m/s、$Q=1.963\,5$ m^3/s 时天然气泄漏粒子分布图。

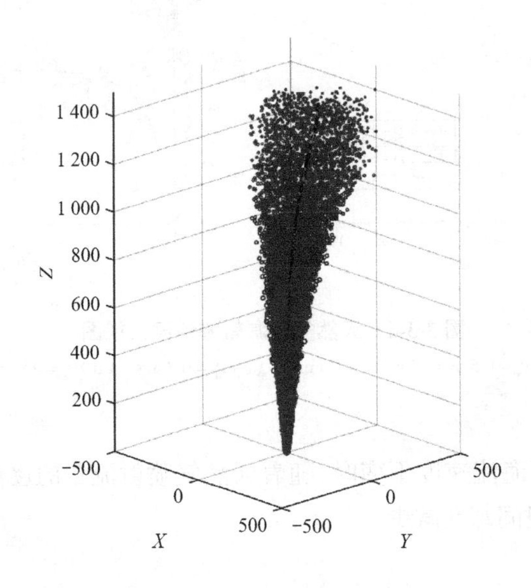

图 3-3-6 $v_a=0.5$ m/s、$Q=1.963\,5$ m^3/s 时天然气泄漏粒子分布图

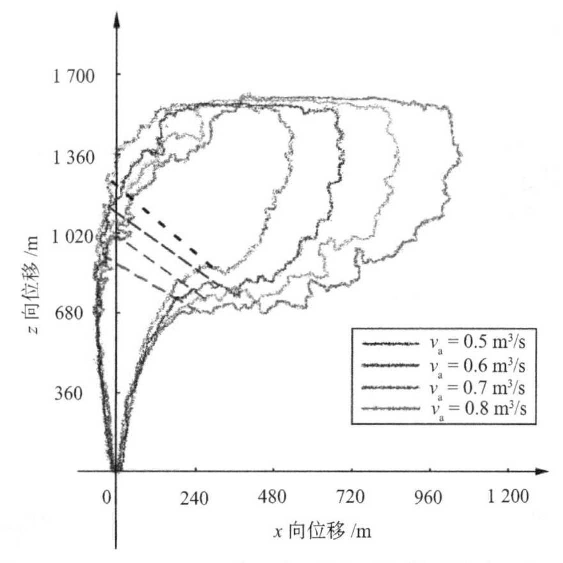

图 3-3-7 $Q = 0.392\ 7\ m^3/s$ 时天然气泄漏轨迹轮廓正视图

如图 3-3-5 所示为当初始泄漏流量 $Q = 0.392\ 7\ m^3/s$ 时，海流速度 v_a 分别取 0.5 m/s、0.6 m/s、0.7 m/s、0.8 m/s 的天然气泄漏轨迹轮廓正视图。由图可知，海流速度越大，运动轨迹的射流部分越短。而由图 3-3-5 可知，当天然气喷射流量不变时，海流速度越大，射流时间越短。

2. 对流阶段

当海流速度 v_a 分别为 0.5 m/s、0.6 m/s、0.7 m/s、0.8 m/s 时，四种泄漏流量 Q 为 $0.392\ 7\ m^3/s$、$0.785\ 4\ m^3/s$、$1.178\ 1\ m^3/s$、$1.570\ 8\ m^3/s$ 对应的天然气泄漏轨迹轮廓俯视图如图 3-3-8 所示。

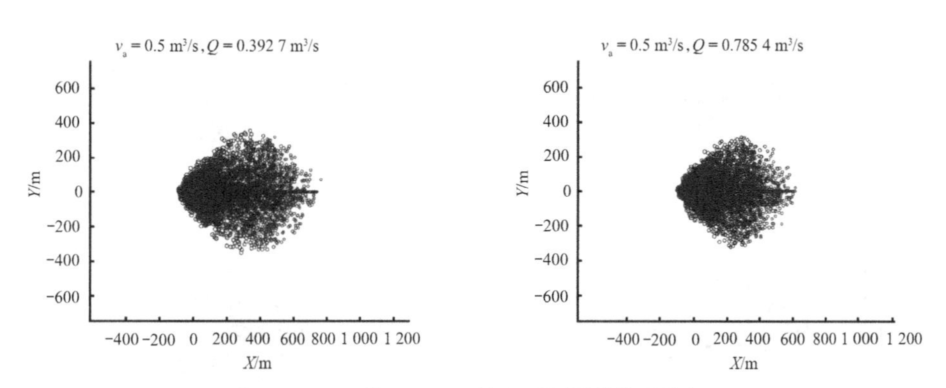

图 3-3-8 16 种工况下天然气泄漏扩散轨迹俯视图

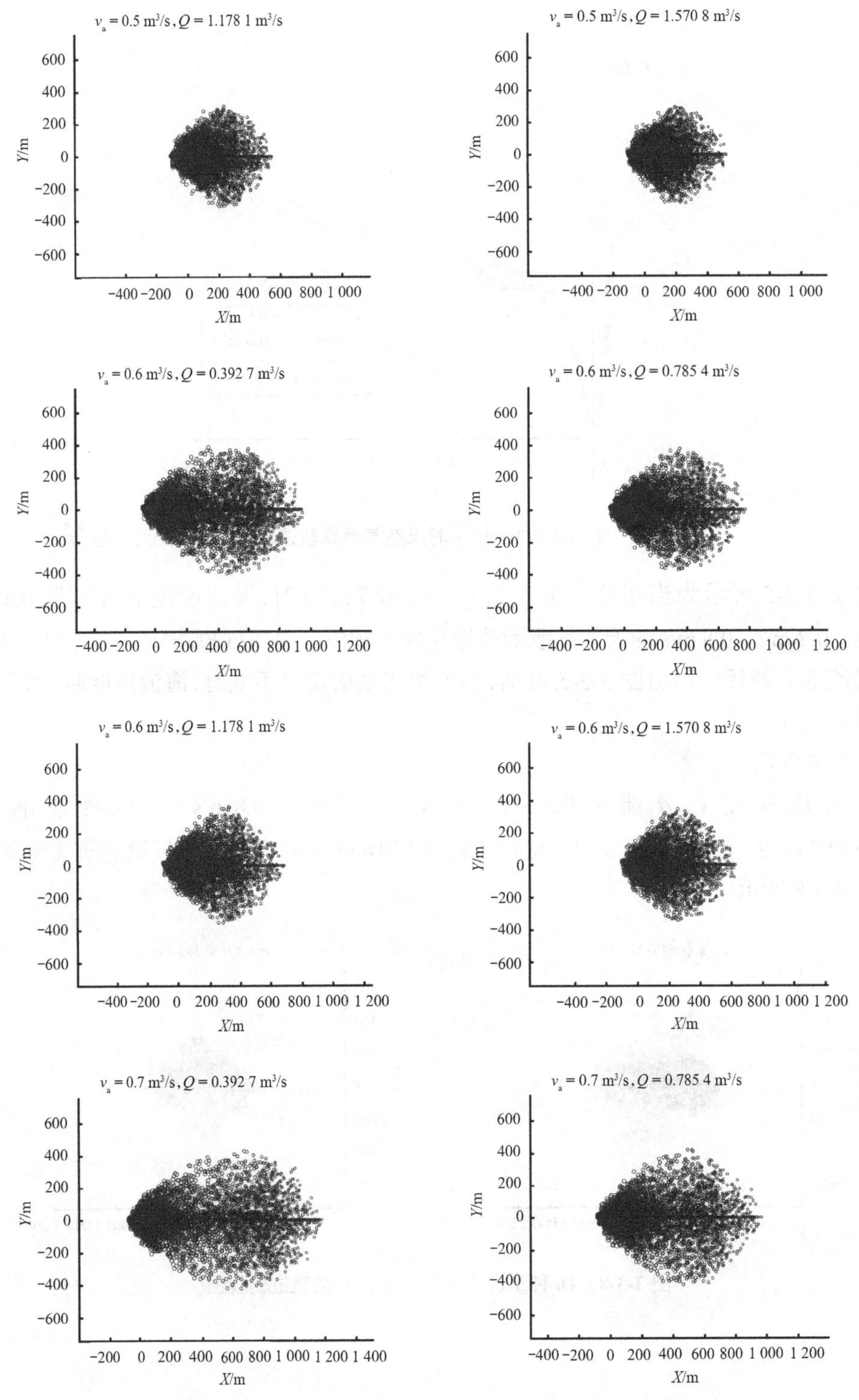

图 3-3-8 16 种工况下天然气泄漏扩散轨迹俯视图(续)

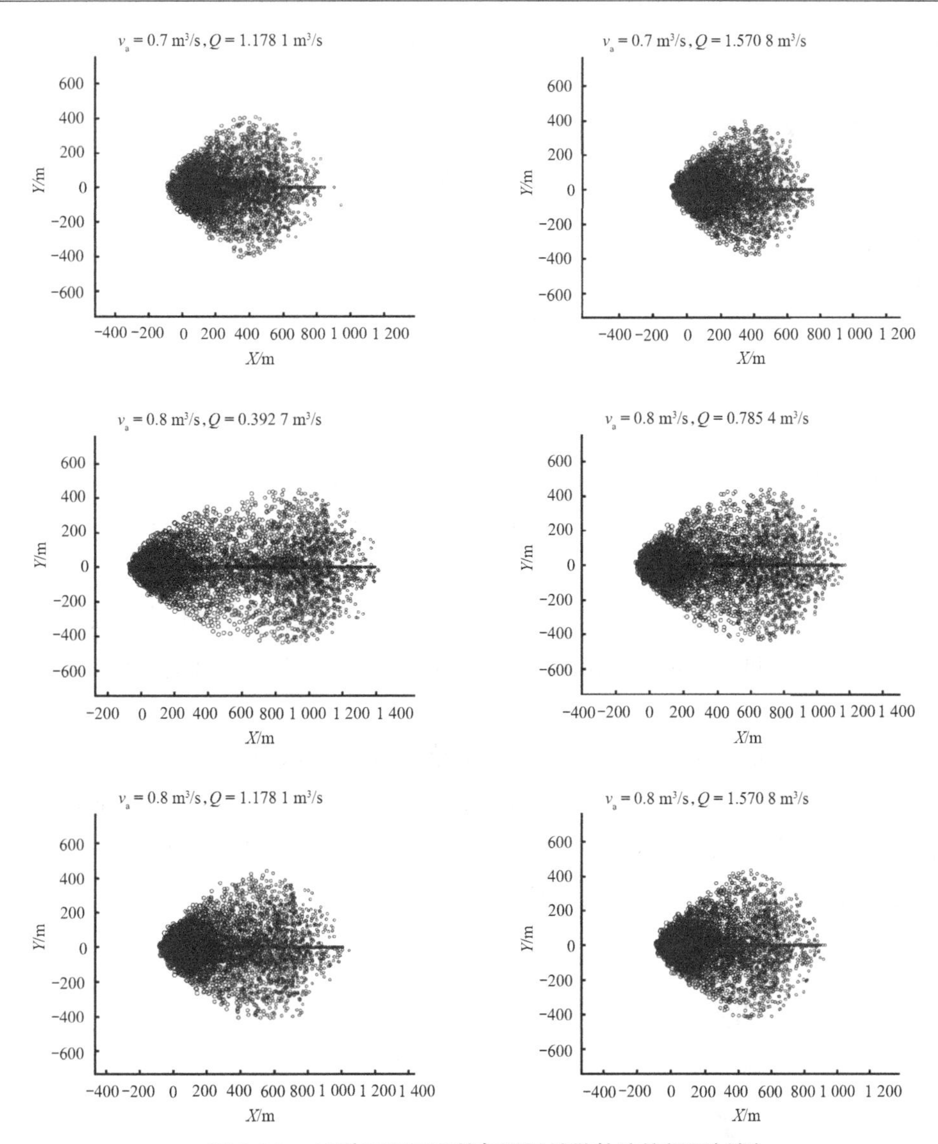

图 3-3-8　16 种工况下天然气泄漏扩散轨迹俯视图(续)

为便于定性与定量分析,绘制出如图 3-3-9 所示的 16 种工况下天然气泄漏扩散轨迹正视图的轮廓,并将海流速度不变情况下的四组图合并为一组。

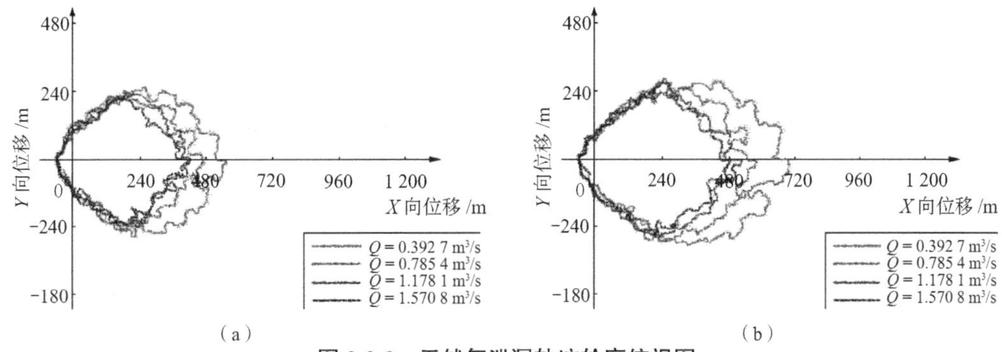

图 3-3-9　天然气泄漏轨迹轮廓俯视图

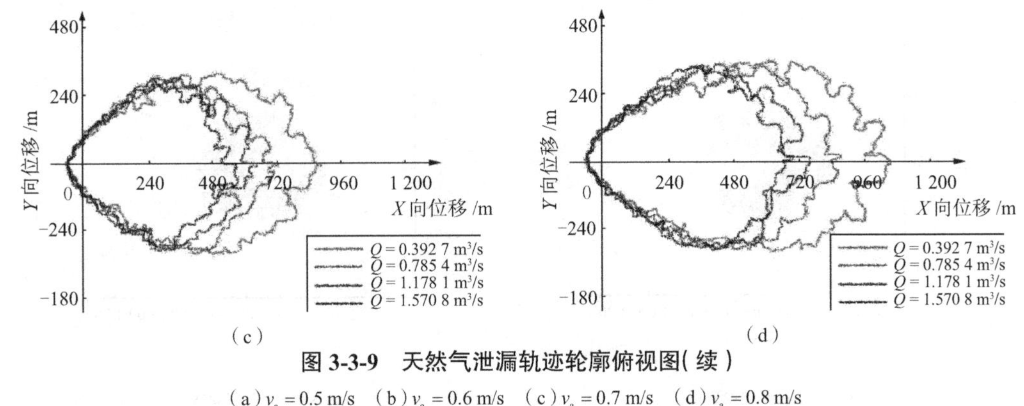

图 3-3-9　天然气泄漏轨迹轮廓俯视图(续)

（a）$v_a = 0.5$ m/s　（b）$v_a = 0.6$ m/s　（c）$v_a = 0.7$ m/s　（d）$v_a = 0.8$ m/s

由图 3-3-4 可知，在泄漏水深 H、泄漏孔径 D、海流速度 v_a 保持不变的情况下，初始泄漏流量 Q 按 0.392 7 m^3/s、0.785 4 m^3/s、1.178 1 m^3/s、1.570 8 m^3/s 变化，对流阶段翼展面积随之减小。从图 3-3-9（a）中可以看出，初始泄漏流量的增大导致天然气在海面的沿海流方向扩散距离依次增大；由于 Y 向扩散距离变化不大，因此天然气在海面的扩散面积同样依次增大。由此可知海流速度一定时，初始泄漏流量越大，天然气扩散至海面时的漂移距离越远，影响面积越大。

当天然气喷射流量 Q 保持不变时，海流速度越大，对流阶段翼展面积则越大。如图 3-3-10 所示为当初始泄漏流量 $Q = 0.392\ 7\ m^3/s$ 时，海流速度 v_a 分别取 0.5 m/s、0.6 m/s、0.7 m/s、0.8 m/s 的天然气泄漏轨迹轮廓俯视图。由图可知，当初始泄漏流量一定时，海流速度越大，天然气扩散至海面时的漂移距离越远，影响面积越大。

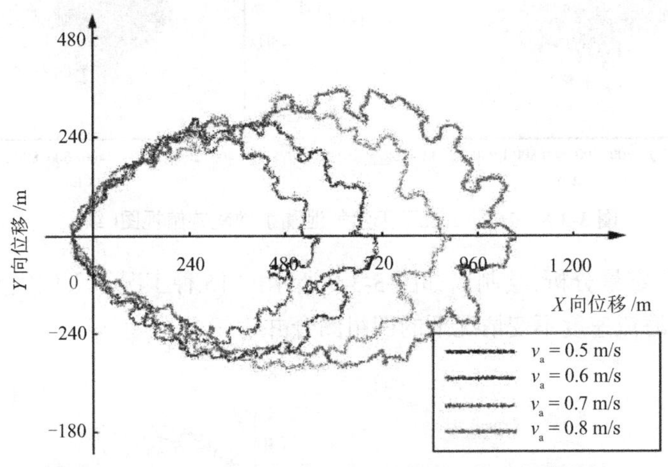

图 3-3-10　$Q = 0.392\ 7\ m^3/s$ 时天然气泄漏轨迹轮廓俯视图

3.3.2 气体泄漏扩散规律研究

3.3.2.1 定性分析——三维曲面图

根据由改进方法得到的 110 组数值模拟结果,可以得到三个自变量:泄漏速度 v、泄漏孔径 D、海流速度 v_a 与泄漏时间 t 之间的对应关系。将数据以曲面的形式表达出来,如图 3-3-11 所示。由于三维曲面图难以表达,因此将其以海流速度 v_a 逐渐增大为顺序,拆分为若干个二维图。每张图中,每条曲线表示的是泄漏速度 v 与泄漏时间 t 之间的关系,不同曲线表示的是泄漏孔径 D 与泄漏时间 t 之间的关系(反应在图 3-3-11 中均为由下至上泄漏孔径 D 依次增大)。泄漏速度 v、泄漏孔径 D、海流速度 v_a 与泄漏时间 t 之间的对应关系分别是负相关、正相关、正相关。

3.3.2.2 定量分析——多项式拟合

根据由改进方法得到的 110 组数值模拟结果,得到每种泄漏流量 Q 和海流速度 v_a 工况对应的射流时间 t_s、总时间 t_t、射流高度 h_s 和漂移距离 L_f。为了找到泄漏流量 Q 和海流速度 v_a 与射流时间 t_s、总时间 t_t、射流高度 h_s 和漂移距离 L_f 之间的关系和规律,我们需要对得到的 110 组数值模拟结果进行曲线拟合。

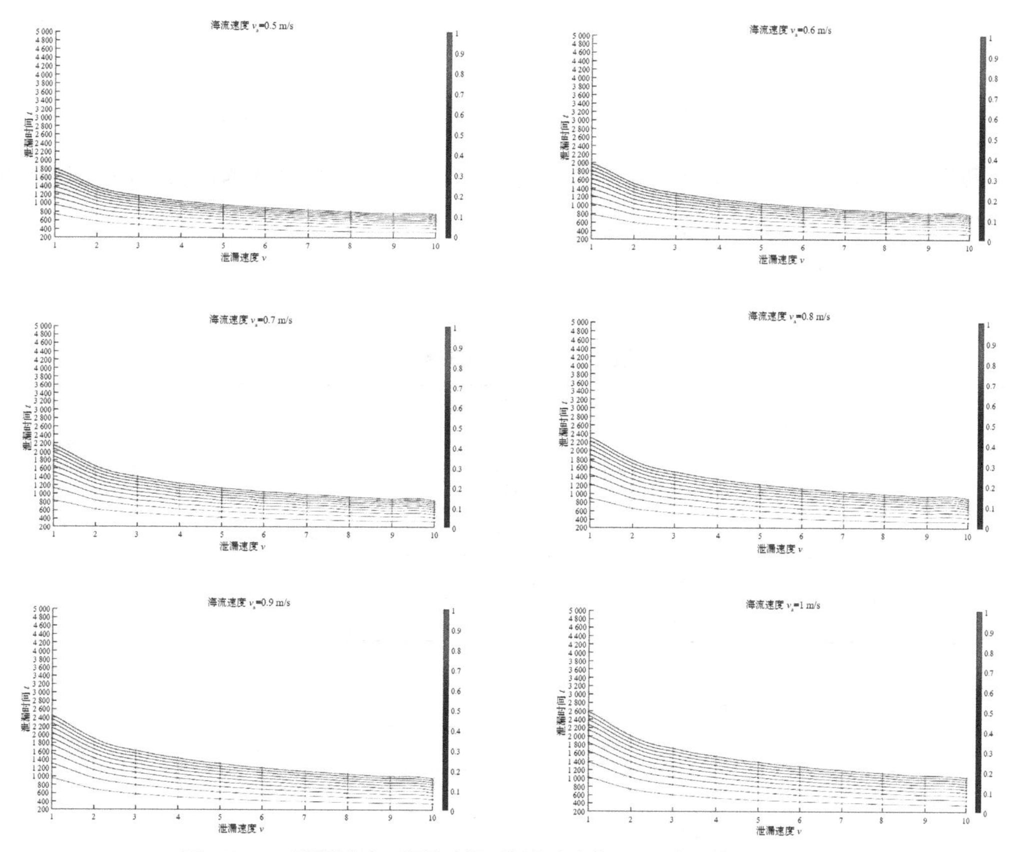

图 3-3-11 泄漏速度、泄漏孔径、海流速度与泄漏时间的三维关系图

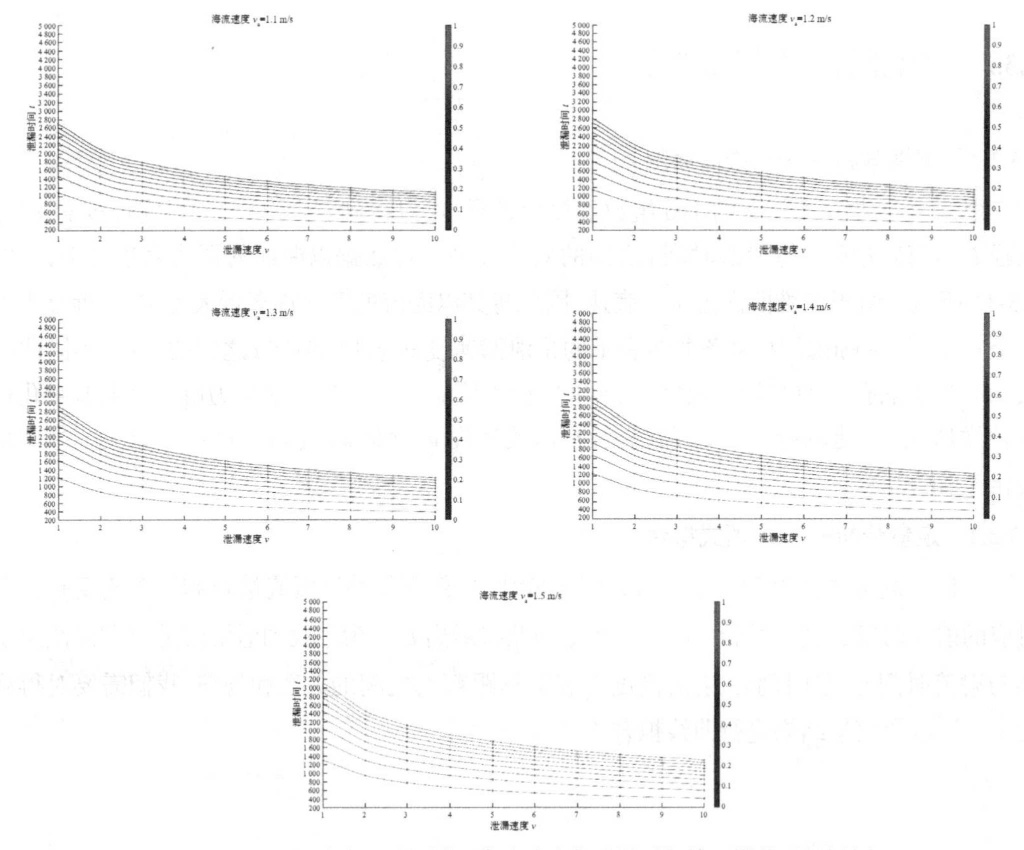

图 3-3-11 泄漏速度、泄漏孔径、海流速度与泄漏时间的三维关系图(续)

我们以 Q 和 v_a 为自变量，t_s、t_t、h_s 和 L_f 分别为因变量，对结果数据进行多项式拟合，拟合结果如下式所示，其系数及拟合效果见表 3-3-2。

$$f(Q,v_a)=\left(p_{00}+p_{10}Q+p_{01}v_a\right)+\left(p_{20}Q^2+p_{11}Qv_a+p_{02}{v_a}^2\right)+\left(p_{30}Q^3+p_{21}Q^2v_a+p_{12}Q{v_a}^2+p_{03}{v_a}^3\right)$$

表 3-3-2 拟合公式系数

	射流时间 t_s/s	总时间 t_t/s	射流高度 h_s/m	漂移距离 L_f/m
p_{00}	1 585	1 137	1 298	−209.6
p_{10}	964.8	−1 840	−175.1	−260.4
p_{01}	−2 588	1 220	−1 870	1 363
p_{20}	−280.8	1 665	116.2	796
p_{11}	−744.2	−1 331	−3.782	−1 977
p_{02}	2 104	297.3	1 314	1 064
p_{30}	63.24	−438	−20.05	−272.5
p_{21}	8.676	235.6	−22.65	431.3
p_{12}	269.4	235.5	25.25	202.9
p_{03}	−614.1	−195.6	−339.6	−240.9

续表

	射流时间 t_s/s	总时间 t_t/s	射流高度 h_s/m	漂移距离 L_f/m
R-square	0.994 6	0.995 1	0.997 6	0.997 6
Adjusted R-square	0.994 1	0.994 7	0.997 4	0.997 4

在水深 $H = 1\,500$ m、泄漏孔径 $D = 0.5$ m 的基本工况下，针对不同的泄漏流量 Q 和海流速度 v_a，我们可以迅速解得天然气泄漏轨迹的射流时间 t_s、泄漏总时间 t_t、射流高度 h_s 和海面漂移距离 L_f。这可以为政府和石油企业在发生天然气泄漏事件时采取快速反应提供一些有用的信息。

3.3.3　温度对水下气体泄漏扩散影响分析

在对天然气的泄漏扩散进行数值模拟过程中，环境区域温度取为 4 ℃。为了分析温度对天然气泄漏扩散的影响，即温度对天然气溶解的影响，针对 1 500 m 水深管道，泄漏孔径为 500 mm 的情况，现分别对环境区域温度为 2 ℃及 6 ℃时的情况进行数值模拟。取相同的扩散时间，得到如图 3-3-12 所示的离散相密度分布云图。

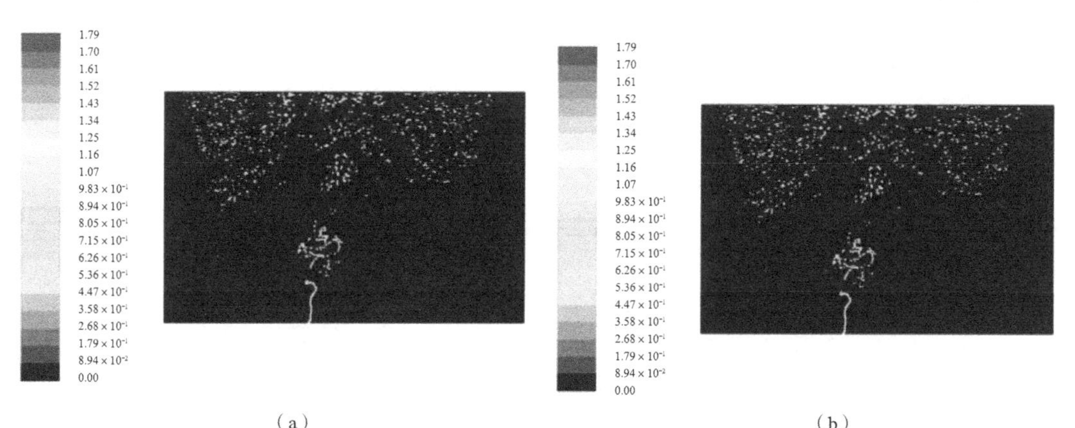

(a)　(b)

图 3-3-12　500 m 水深泄漏孔径为 500 mm 时的离散相密度分布云图

(a)2 ℃　(b)6 ℃

同样，测出其扩散半径及偏移距离，见表 3-3-3。

表 3-3-3　500 m 水深泄漏孔径为 500 mm 时不同温度下的扩散半径及偏移距离

温度 /℃	4	2	6
扩散半径 /m	858.849	858.846	856.861
偏移距离 /m	150.301	154.274	152.289

扩散半径误差：

$$\frac{858.846-858.849}{858.849}=-0.000\,3\%<5\%$$

$$\frac{856.861-858.849}{858.849}=-2.3\%<5\%$$

偏移距离误差：

$$\frac{154.274-150.301}{150.301}=2.6\%<5\%$$

$$\frac{152.289-150.301}{150.301}=1.3\%<5\%$$

从以上结果可以看出，扩散半径及偏移距离误差都小于5%，在误差范围之内，说明温度对水下气体泄漏扩散结果影响很小，即温度对天然气溶解的影响可以忽略不计，因此海水温度取为常数4 ℃是合理的。

第 4 章　海上气体爆炸安全分析与影响评估

4.1　可燃性气体爆炸理论与计算方法研究

4.1.1　可燃性气体爆炸理论研究

4.1.1.1　可燃性气体爆炸原理

可燃性气体爆炸是一个气体在瞬间膨胀，并伴随着非常迅速能量释放的过程，爆炸时，具有高密度、高压、高速的爆炸生成气体迅速膨胀，爆源周围的空气介质受到强烈的压缩作用会形成突变的界面——爆炸冲击波阵面，受压缩的空气在爆炸气体前方传播和发展形成爆炸波。

可燃性气体扩散到空气中需要达到一定的条件才可能发生爆炸，可燃性气体爆炸的基本条件如下。

（1）在一定的压力和温度条件下。可燃性气体扩散到空气中达到合适的浓度才能被点燃并发生爆炸，这个浓度范围就是爆炸极限范围，超出和低于爆炸极限范围都不会产生爆炸，一般用可燃性气体在混合燃 - 空混合物中的体积分数来表示。

（2）要有能量足够的点火源。可燃性气体要求的点火能量比较低，一般在零点几毫焦耳数量级。可燃性气体泄漏在爆炸极限内极容易被点燃。

由于周围环境条件差异导致气体传播情况的不同，可燃性气体燃烧爆炸模式可以分为四种，即定压燃烧、爆燃、定容爆炸、爆轰。

可燃性气体的四种爆炸模式并不离散各自独立，各模式间的界线模糊，并可以定向转化。可燃性气体由局部点火源点火后，产生带有化学反应的波。燃烧迅速扩散，形成压力波，形成具有破坏性的空气冲击波。爆燃冲击波由化学反应支持，火焰传播速度为亚音速，爆燃的压力波传播速度为音速，压力波阵面和火焰阵面由于速度差距导致压力波在前，前驱冲击波将未燃烧的气体先扰动起来，当火焰阵面到达时未燃烧气体已经发生扰动，因此形成了爆燃的两波三区结构，如图 4-1-1 所示。

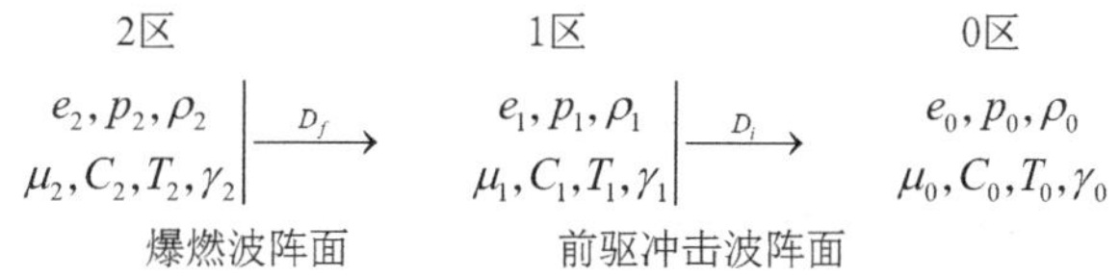

2区		1区		0区
e_2, p_2, ρ_2 $\mu_2, C_2, T_2, \gamma_2$	$\xrightarrow{D_f}$	e_1, p_1, ρ_1 $\mu_1, C_1, T_1, \gamma_1$	$\xrightarrow{D_i}$	e_0, p_0, ρ_0 $\mu_0, C_0, T_0, \gamma_0$
	爆燃波阵面		前驱冲击波阵面	

图 4-1-1　爆燃波的两波三区结构

4.1.1.2 可燃性气体爆炸特点

可燃性气体爆炸是一种非理想型爆源爆炸，其爆炸源尺寸很大，不能像凝聚相爆炸物那样可以近似看作尺寸无限小的点源。可燃性气体爆炸还受到很多因素影响，包括：气云的大小、可燃气体种类和密度、预混可燃性气体的浓度、气云的均匀程度、初始温度和压力、点火能量和条件、气云所受的外界约束及障碍物、外界大气、燃烧爆炸环境等。

4.1.1.3 爆炸特征参数

蒸气云爆炸的主要表征参数有火焰速度 S、燃烧速度 U、火焰温度 T、爆炸超压 ΔP、超压上升速率 $\Delta P'$，最大爆炸超压值 ΔP_{φ}，正压作用时间 t_{+}，爆炸超压时间历程曲线 $\Delta P_{\varphi}(t)$等。

1. 火焰速度

火焰速度 S 被定义为火焰相对于地面的速度。燃烧速度 U 是火焰正前方相对于未燃烧气体的速度。设未燃烧气体的速度为 μ，因此，火焰速度 S 和燃烧速度 U 之间的关系可以表示为

$$S = U + \mu \tag{4-1-1}$$

2. 爆炸超压

爆炸超压是爆炸具有破坏性的重要因素，一般指的就是静态超压 ΔP_{φ}。在空气流体中，总压力是静态压力和动态压力之和。静态压力是各向同性的，而由流体的相对运动引起的动态压力是各向异性的。

3. 超压时间历程曲线

爆炸超压时间历程曲线描述的是爆炸冲击波超压随时间变化的函数关系 $\Delta P_{\varphi}(t)$，既可以体现正负超压作用时间、超压峰值，又可以体现爆炸超压随时间变化的规律。曲线基本呈指数上升和衰减趋势。

4.1.2 可燃性气体爆炸计算方法研究

4.1.2.1 经验方法

空气介质中的爆炸相似规律，以几何相似原理为基础。装药量为 W_1 的炸药爆炸在距离爆炸源 R_1 处产生的爆炸超压要与装药量为 W_2 的炸药爆炸在距离爆炸源 R_2 处产生的爆炸超压相同，则必须满足以下条件：

$$\frac{R_1}{R_2} = \sqrt[3]{\frac{W_1}{W_2}} \tag{4-1-2}$$

由上式可以定义一个爆炸相似参考量——比距离 $\overline{R}$，比距离相等则爆炸作用相似，可把比距离 $\overline{R}$ 作为未知量来近似计算最大爆炸超压、超压作用时间、超压随时间历程变化曲线、爆炸冲量等爆炸参数。

$$\bar{R}=\frac{R}{\sqrt[3]{W}} \tag{4-1-3}$$

使用三硝基甲苯（Trinitrotoluene，TNT）当量法，首先要换算出可燃性蒸气云的等效 TNT 装药量，换算公式如下：

$$W_{\mathrm{TNT}}=\eta\times\frac{\Delta H_{\mathrm{C}}\times W_{\mathrm{C}}}{Q_{\mathrm{TNT}}} \tag{4-1-4}$$

确定爆炸载荷对障碍物的破坏作用程度的直接爆炸波参数有：爆炸冲击波阵面上的最大爆炸超压值 ΔP_{φ}，正压作用时间 t_{+}，爆炸超压时间历程曲线 $P(t)$。爆炸比冲量 I 可以作为衡量爆炸破坏等级的标准。TNT 当量法的各个参数计算方法如下。

（1）对于 TNT 炸药爆炸冲击波阵面上的最大爆炸超压值 ΔP_{φ}，目前已经有许多学者根据爆炸相似理论建立公式，公式的系数是通过大量实验数据拟合确定的。

约瑟夫·亨热（Josef Henrgeh）最大爆炸超压值公式：

当 $0.05\leqslant\bar{R}\leqslant0.3$ 时，

$$\Delta P_{\varphi}=\frac{1.407\,17}{\bar{R}}+\frac{0.553\,97}{\bar{R}^{2}}-\frac{0.035\,72}{\bar{R}^{3}}+\frac{0.000\,625}{\bar{R}^{4}} \tag{4-1-5}$$

当 $0.3\leqslant\bar{R}\leqslant1.0$ 时，

$$\Delta P_{\varphi}=\frac{0.619\,38}{\bar{R}}-\frac{0.032\,62}{\bar{R}^{2}}+\frac{0.213\,24}{\bar{R}^{3}} \tag{4-1-6}$$

当 $1.0\leqslant\bar{R}\leqslant10.0$ 时，

$$\Delta P_{\varphi}=\frac{0.066\,2}{\bar{R}}+\frac{0.405}{\bar{R}^{2}}+\frac{0.328\,8}{\bar{R}^{3}} \tag{4-1-7}$$

萨多夫斯基（Sadofskyi）最大爆炸超压值公式：

当 $0.3\leqslant\bar{R}\leqslant1.0$ 时，

$$\Delta P_{\varphi}=\frac{1.07}{\bar{R}^{3}}-0.1 \tag{4-1-8}$$

当 $1.0\leqslant\bar{R}\leqslant15$ 时，

$$\Delta P_{\varphi}=\frac{0.007\,6}{\bar{R}}+\frac{0.255}{\bar{R}^{2}}+\frac{0.65}{\bar{R}^{3}} \tag{4-1-9}$$

（2）对于 TNT 炸药爆炸冲击波超压作用时间 t_{+}，也是基于爆炸相似率，结合大量实验数据总结出来许多经验公式。

Josef Henrgeh 超压作用时间公式：

$$t_{+}=10^{-3}(0.107+0.444\bar{R}+0.264\bar{R}^{2}-0.129\bar{R}^{3}+0.0335\bar{R}^{4})W^{\frac{1}{3}} \tag{4-1-10}$$

Sadofskyi 超压作用时间公式：

$$t_{+}=B\times W^{\frac{1}{6}}\div10^{3} \tag{4-1-11}$$

根据不同爆炸情况，系数 B 一般取值为 1.0~1.5。

（3）对于 TNT 炸药爆炸冲击波超压时间历程变化曲线 $P(t)$，基本上是呈指数上升又呈指数衰减趋势的，经验公式较复杂，以下是常用的相对简单的经验公式。

$$P(t)=\Delta P_{\varphi}\left(1-t/t_{+}\right)\mathrm{e}^{-at/t_{+}} \tag{4-1-12}$$

其中，a 为超压衰减系数，其计算方法如下：

当 $\Delta P_{\varphi}\leqslant 0.1\,\mathrm{MPa}$ 时，

$$a=\frac{1}{2}+\Delta P_{\varphi} \tag{4-1-13}$$

当 $1.0\,\mathrm{MPa}\leqslant\Delta P_{\varphi}\leqslant 3.0\,\mathrm{MPa}$ 时，

$$a=\frac{1}{2}+\Delta P_{\varphi}\left[1.1-(0.13+0.20\Delta P_{\varphi})(t/t_{+})\right] \tag{4-1-14}$$

综上，使用 TNT 当量法预测可燃性蒸气云爆炸强度的一般步骤如下。

（1）根据可燃性气体泄漏情况、体积、浓度、均匀程度等物理性质以及受约束情况，选取适当的能量释放率系数 η，使用式（4-1-4）计算可燃性蒸气云的 TNT 当量 W_{TNT}。

（2）根据可燃性蒸气云 TNT 当量与监测点的爆源中心距离，使用式（4-1-3）计算比距离 $\overline{R}$。

（3）计算最大爆炸超压值 ΔP_{φ}，正压作用时间 t_{+}，爆炸超压时间历程函数 $P(t)$，使用式（4-1-5）至式（4-1-14）。

4.1.2.2 经验与模拟结合方法

1. 荷兰组织（The Netherlands Organization，TNO）多能法

TNO 多能法忽略了不受约束那部分蒸气云的体积，只计算受约束那部分蒸气云对爆炸强度的贡献，因此决定爆炸强度的可燃性气体爆炸燃烧总能量 E_0 只需通过受约束部分蒸气云体积 V 与燃烧能量密度 ρ_0 计算，一般 ρ_0 取烃类在化学计量比条件下的平均燃烧能量密度 3.5 $\mathrm{MJ/m^3}$。

$$E_0=\rho_0 V \tag{4-1-15}$$

TNO 多能法描述可燃性蒸气云爆炸产生的爆炸波强度及其衰减过程与爆源中心距离的函数关系也是通过查阅已知曲线图得到的。曲线的绘制采用数值模拟计算方法，如图 4-1-2 与图 4-1-3 所示，其中对爆源中心距离、侧向超压峰值以及正压作用时间均进行了如下无量纲化处理。

$$\Delta\overline{P_{\varphi}}=\frac{\Delta P_{\varphi}}{P_0} \tag{4-1-16}$$

$$\overline{R_0}=\frac{R}{\left(E_0/P_0\right)^{1/3}} \tag{4-1-17}$$

从图 4-1-2 与图 4-1-3 中可见，TNO 曲线族给出了 10 个爆源强度等级下的可燃性蒸气云爆炸产生的爆炸波强度及其衰减过程与爆源中心距离的函数关系曲线，不同的曲线表示爆源强度的差异，其中 1 级最弱，依次递增到 10 级最强。爆源强度的等级与燃烧速度关系密切，因此蒸气云在空间上的受限程度越高，爆源强度等级就越高。一般来说等级 6 表示发生强烈爆燃，等级 10 表示发生爆轰，等级 6、7 属于中等爆源强度，适用于一般可燃性蒸气云

爆炸远场问题的处理。

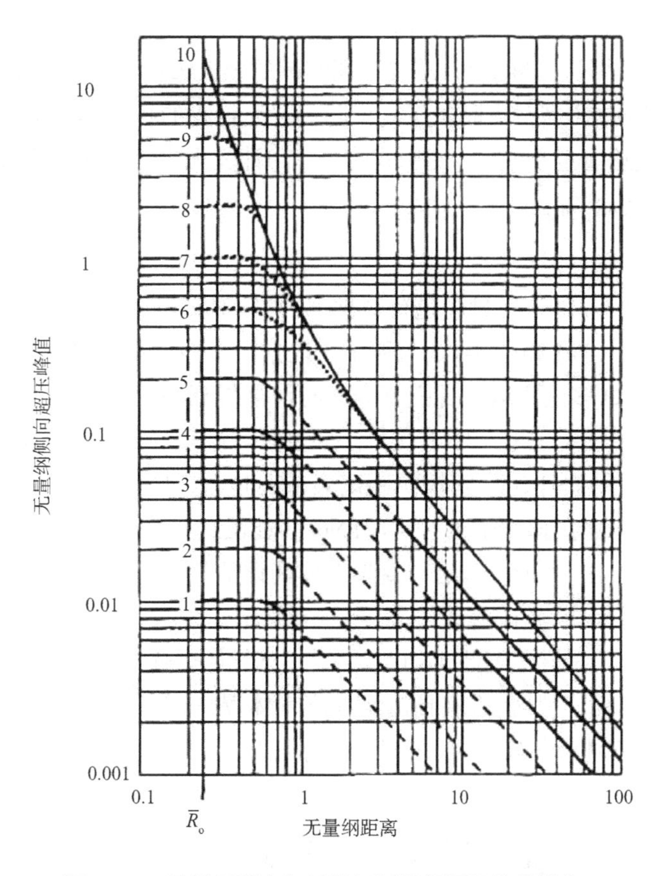

图 4-1-2　无量纲距离与无量纲侧向超压峰值曲线族

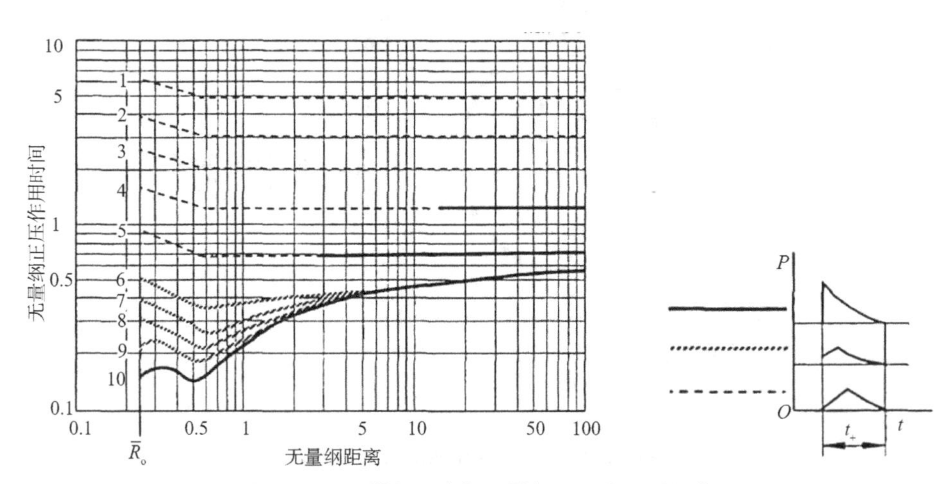

图 4-1-3　无量纲距离与无量纲正压作用时间曲线族

使用 TNO 多能法研究可燃性蒸气云爆炸的一般步骤如下。

(1)使用气体扩散模型确定蒸气云燃－空混合物的扩散体积 V,需要假设在常温常压下蒸气云燃－空混合物是均匀混合的,且浓度为化学计量浓度,即可燃性气体在空气中完全

燃烧的理论混合比，计算公式为

$$V = W_c / (\rho \times c_0) \tag{4-1-18}$$

（2）选取适当的爆源强度等级，需要依据实际的蒸气云所处位置的空间约束程度。

（3）计算无量纲的比距离，根据蒸气云燃－空混合物的扩散体积 V，使用式（4-1-15）计算蒸气云爆炸燃烧总能量 E_0，然后使用式（4-1-17）计算无量纲的比距离 $\overline{R_0}$。

（4）查图获得对应的无量纲比超压峰值 $\Delta\overline{P_\varphi}$，计算实际超压值 ΔP_φ。

2. 与 TNT 当量法对比

对 TNO 多能法与 TNT 当量法进行对比，分别针对近场与中远场绘制超压峰值与爆源距离的雷达图，如图 4-1-4 和图 4-1-5 与所示。根据对比图可见，TNT 当量法能量释放率系数 $\eta = 0.03$ 时与 TNO 多能法取爆源强度为 7 时计算得到的蒸气云爆炸强度相近，在近场范围内当爆源距离小于 1.4 m 时，TNT 当量法计算爆炸超压峰值大于 TNO 多能法计算结果，而且 TNT 当量法所得爆炸超压随爆源距离衰减迅速，而 TNO 当量法则衰减缓慢；在中远场，TNT 当量法得到的超压峰值始终小于 TNO 多能法的计算结果。

这些差距也显示出 TNT 当量法以凝聚态炸药评估气体爆炸的短板，凝聚态炸药爆炸能量释放迅速，升压时间短，超压峰值较高，超压衰减迅速，而气体爆炸升压时间较长，超压峰值比较低，超压衰减较缓慢。因此 TNT 当量法计算气体爆炸结果一般在近场高估了爆炸强度，在中远场低估了爆炸强度，仅在预测高强度气体爆炸远场行为时误差稍低。而 TNO 多能法因其源于大量气体爆炸实验数据，对气体爆炸行为的描述比较准确。

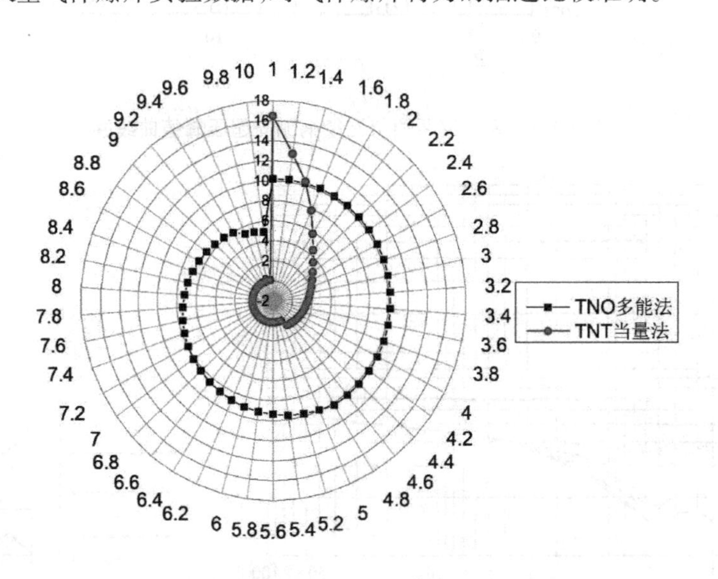

图 4-1-4 TNT 当量法与 TNO 多能法在近场的计算结果

4.1.2.3 计算流体的力学（Computation Fluid Dynamics，CFD）数值模拟方法

1.FLACS 数值模拟计算控制方程

FLACS 使用有限体积方法和对流项的加权迎风 / 中心差分方案使方程离散化，在交错网格上计算速度。湍流模型采用经典的两方程模型——$k-\varepsilon$模型，并解湍流动能 k 和衰变

率 ε，考虑涡流黏度的影响。燃烧模型是一个由燃烧速度的子模型组成的小火焰模型，是气体混合物、反应物中的温度、压力和湍流的函数。

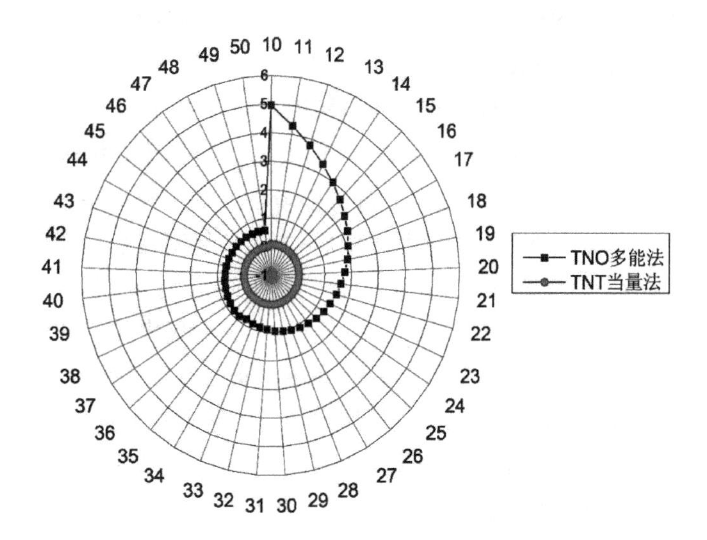

图 4-1-5　TNT 当量法与 TNO 多能法在中远场的计算结果

基本控制方程的质量守恒方程、动量守恒方程、能量守恒方程、组分质量守恒方程，均反映了单位时间单位体积内某物理量的守恒性质，可以用通用守恒方程来表示：

$$\frac{\partial}{\partial t}(\rho\phi)+\operatorname{div}(\rho\boldsymbol{u}\phi)=\operatorname{div}(\Gamma\operatorname{grad}\phi)+S_{\phi} \tag{4-1-19}$$

FLACS 的湍流模型采用经典的两方程模型——$k-\varepsilon$ 模型，包括湍流动能 k 方程和湍流动能的耗散率 ε 方程。

$$\frac{\partial}{\partial t}\rho k+\frac{\partial}{\partial x_i}\rho u_i k=\frac{\partial}{\partial x_i}\left(\frac{\mu_{\text{eff}}}{\sigma_k}\cdot\frac{\partial k}{\partial x_i}\right)+G_k-\rho\varepsilon \tag{4-1-20}$$

$$\frac{\partial}{\partial t}\rho\varepsilon+\frac{\partial}{\partial x_i}\rho u_i\varepsilon=\frac{\partial}{\partial x_i}\left(\frac{\mu_{\text{eff}}}{\sigma_\varepsilon}\frac{\partial\varepsilon}{\partial x_i}\right)+\frac{C_{\varepsilon1}\varepsilon}{k}G_k-C_{\varepsilon2}\rho\frac{\varepsilon^2}{k} \tag{4-1-21}$$

湍动黏度 μ_{t} 由布辛尼斯克（Boussinesq）涡流黏度模型模拟得到，μ_{t} 和 k、ε 的关系通过一个经验常数 C_μ 由下式表达：

$$\mu_{\text{t}}=C_\mu\rho\frac{k^2}{\varepsilon} \tag{4-1-22}$$

有效黏度则设定为层流黏度 μ 和湍动黏度 μ_{t} 之和：

$$\mu_{\text{eff}}=\mu+\mu_t \tag{4-1-23}$$

2. 方法的比较分析

本节对上述三种蒸气云爆炸计算方法在前处理、影响因素考虑、计算结果三方面进行对比分析。

首先在前处理上，TNT 当量法和 TNO 多能法都需要根据一定的经验确定可燃性蒸气云的爆炸能量。TNT 当量法需要可燃性气体能量释放率系数 η 以计算 TNT 当量，但是大量相关事故统计显示，在各种气体爆炸事故中使用 TNT 当量法的能量释放率系数 η 在 0.02%~15.9%，而且只有 3% 的事故中能量释放率系数 $\eta > 10\%$，60% 的事故中 $\eta \approx 4\%$，取值变化范围较大，难以准确取到真实值，这是产生误差的关键因素。TNO 多能法需要对障碍物情况进行判断以确定受阻部分蒸气云体积，在此过程中也难以避免主观因素的干扰。而以 FLACS 为代表的 CFD 数值模拟方法在前处理上通过建立精确的气体模型，可以真实地反映气体与阻塞情况，基本上消除了对爆炸能量估计的主观误差。

在影响因素考虑上，TNT 当量法和 TNO 多能法能够对可燃性蒸气云的燃料质量、燃料类型进行考量，仅能根据经验部分地考量气体阻塞等级，对于对爆炸强度有影响的其他因素均未考量，不具备改变爆炸情景的能力。而以 FLACS 为代表的 CFD 数值模拟方法通过建立精确的障碍物模型，反映了气体受阻情况，在更真实的场景下研究气体爆炸过程。对气体的浓度、气云尺寸、着火点位置、点火能量、风向风速等影响爆炸强度的因素都进行考量。尤其在评估海洋平台蒸气云爆炸时，不同海洋平台的计算环境差别较大，各个影响因素呈现贝叶斯网络关系，使用 TNT 当量法和 TNO 多能法都不能确切显示多个因素的耦合影响。

在计算结果上，TNT 当量法和 TNO 多能法可计算得到的爆炸强度参数仅有超压峰值与正压作用时间两个参数以及由二者积分计算得出的超压冲量，而以 FLACS 为代表的 CFD 数值模拟方法可得到的爆炸强度参数还有：超压时间历程曲线、火焰速度、超压冲量、可燃性蒸气云燃料浓度变化等。对于爆炸超压，TNT 当量法和 TNO 多能法都存在爆炸强度各向同性的问题，在某一爆源距离下只能计算出确切的一个超压峰值，具有各向同性，对于非中心对称模拟情景，不能体现方向效应，存在一定误差，而 FLACS 计算结果呈现出了各向异性特征。在计算结果的可信度方面，TNT 当量法得到的最大超压峰值为 16.471 9 MPa，TNO 多能法得到的最大超压峰值为 10.201 MPa，造成计算结果过大的原因可能是选择的爆炸等级过高，认为蒸气云发生了爆燃转爆轰。

综上所述，在预测计算海洋平台蒸气云爆炸时，TNT 当量法仅适用于高强度气体爆炸远场强度预测，TNO 多能法较 TNT 当量法更符合气体爆炸特征，但是由于爆源强度等级确定的主观因素误差、影响因素考量有限以及爆炸强度各向同性的短板，TNO 多能法也仅适用于初期保守定性预测。以 FLACS 为代表的 CFD 数值模拟方法通过建立精确的蒸气云和障碍物模型，充分考量气体的浓度、气云尺寸、着火点位置、点火能量、风向风速等影响因素，可以在更真实的场景下研究气体爆炸过程，得到超压时间历程曲线、火焰速度、超压冲量、气体燃料浓度变化等结果。而且通过建立海洋平台蒸气云爆炸数值模型，可确定平台上爆炸强度最大位置，即平台薄弱位置，以供设计修正、爆炸防护措施等工程参考，并且可以作为风险分析的一部分，将风险分析方法与数值模拟相结合，有助于确定各风险源耦合的影响，可以对海洋平台爆炸灾害进行准确的风险分析。

4.2 海洋平台结构内部爆炸影响规律研究

4.2.1 数值模拟方法的实验验证

4.2.1.1 MERGE 实验

MERGE 项目是由欧洲共同体委员会资助的气体爆炸的模型与实验研究项目，该项目开展了一系列研究计划，以改进蒸气云爆炸效应预测的方法。MERGE 对蒸气云爆炸进行了大量的模型实验，尤其是在障碍物对初始静止状态的燃料空气混合物火焰传播的影响研究方面，提供了一系列数据。

MERGE 实验的几何尺度规模由障碍物阵列的外部尺寸表征，大、中、小规模障碍物阵列的尺寸(长 × 宽 × 高)分别约为 9 m×9 m×4.5 m、4.5 m×4.5 m×2.25 m、2 m×2 m×1 m。MERGE 项目实验具体装置如图 4-2-1 所示，障碍物阵列由沿三个垂直方向的多个相同圆管组成。

图 4-2-1 MERGE 项目实验装置

MERGE 实验障碍物阵列的特征取决于圆管的直径 D 、相邻管间中心距 L 、某一方向圆管的数量 N 以及障碍物体积和空间整体体积的比——体积阻塞率 VB 。MERGE 项目中等几何尺度规模实验的障碍物阵列特征设置见表 4-2-1。

表 4-2-1 MERGE 项目中等几何尺度规模实验障碍物阵列特征

类型	直径 D /cm	相邻管间中心距 L /cm	直径距离比 D/L	数量 N	体积阻塞率 VB /%
A	4.3	20	4.65	20	10

续表

类型	直径 D /cm	相邻管间中心距 L /cm	直径距离比 D/L	数量 N	体积阻塞率 VB /%
B	4.1	13.3	3.25	30	20
C	8.6	40	4.65	10	10
D	8.2	26.7	3.25	15	20

4.2.1.2 数值计算实验重现

本章将海洋平台上部模块简化为纵横交错的三维网状空间结构进行研究，对比分析MERGE项目实验结果与FLACS模型计算结果的一致性。使用FLACS软件进行爆炸数值模拟时，计算场景与实验场景保持高度一致。障碍物由直径为8.6 cm的圆管排列组成，其布置规格为10 cm(X)×10 cm(Y)×5 cm(Z)，在X、Y、Z方向上的间距均为40 cm，障碍物阵列模型如图4-2-2所示。

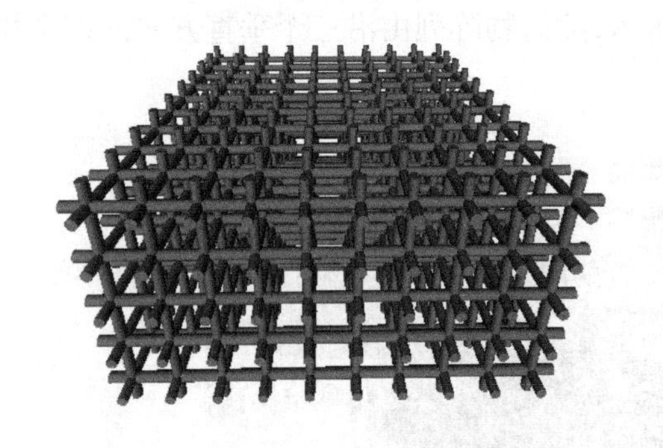
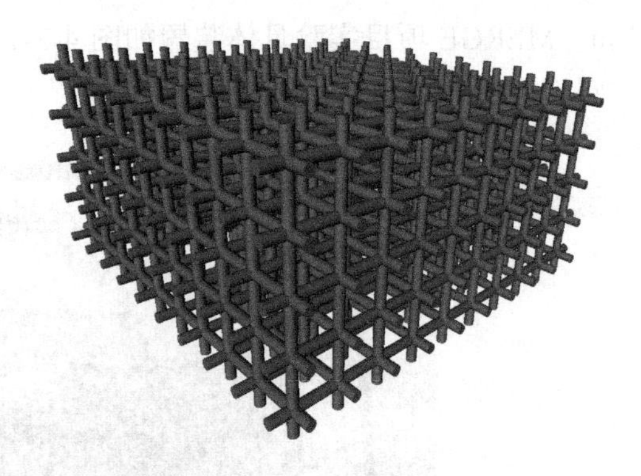

图4-2-2 数值模拟内部障碍物排列

在计算空间内填充甲烷空气混合物，设置蒸气云的位置与尺寸，在4.5 m×4.5 m×2.25 m的空间内充满甲烷与化学计量比的空气预混合气体，气体初始为静止状态，蒸气云燃－空混合气体模型如图4-2-3所示。

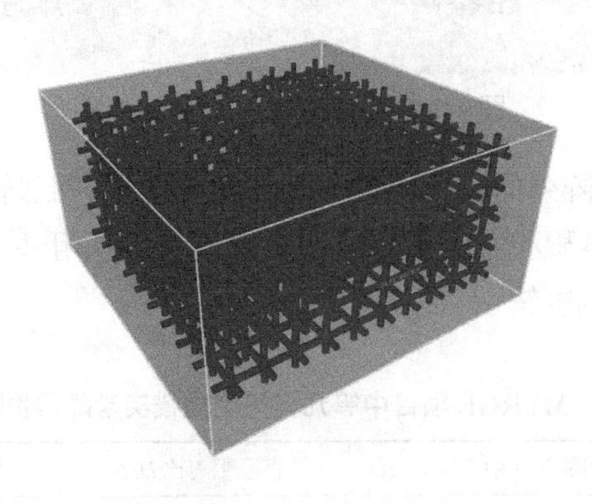

图4-2-3 数值模拟填充蒸气云燃－空混合气体

着火点设置在拥挤区域中心的地平面上，甲烷－空气混合物被单一的低能量火花点燃。在沿 X 轴方向的地平面上，按照到点火源的距离分别为 1.0 m、1.2 m、1.6 m、2.0 m、4.0 m 设置五个监测点 M1、M2、M3、M4、M5，监测点设置如图 4-2-4 所示。

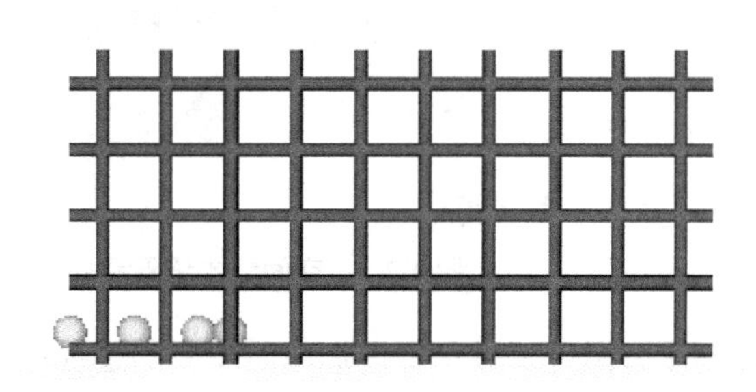

图 4-2-4　数值模拟监测点布置

FLACS 求解器进行数值模拟计算，提取各监测点和空间整体的超压（P）、超压上升速度（DPDT）、超压冲量（PIMP）、速度（VVEC）等时间历程数据，为更直观地了解空间整体超压随时间的变化情况，进而理解爆炸超压的发展规律，绘制了不同时刻的空间超压云图，如图 4-2-5 所示。

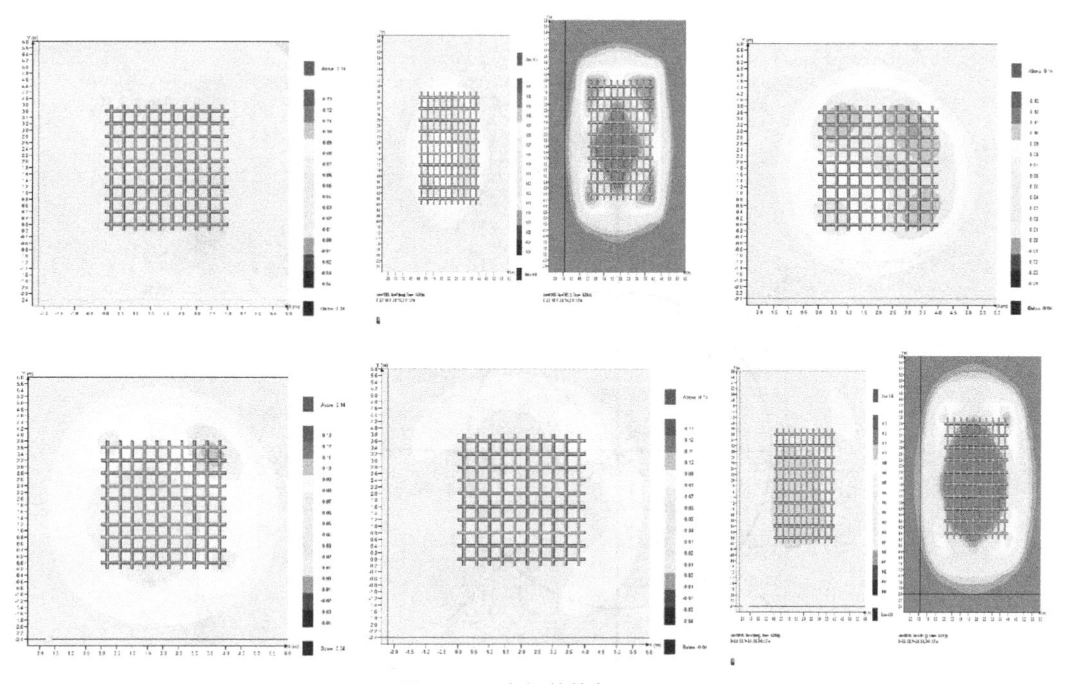

图 4-2-5　空间整体超压云图

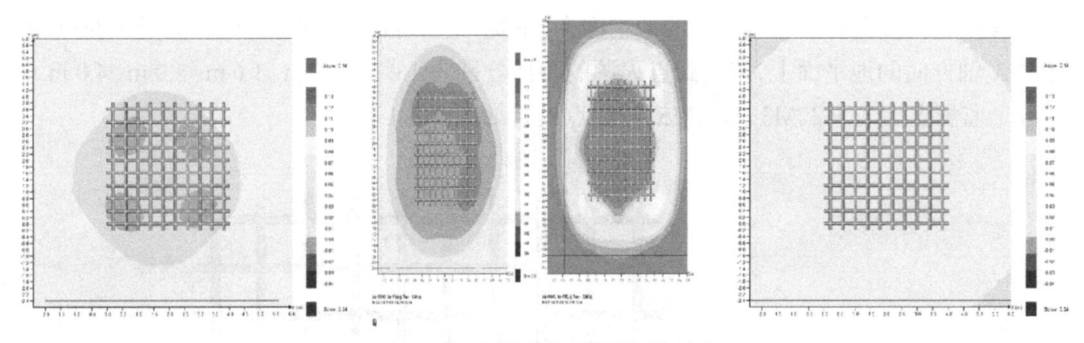

图 4-2-5 空间整体超压云图(续)

空间整体超压云图可以显示出爆炸超压发展的过程:点燃后压力上升,到达正压峰值,之后超压衰减至负压峰值,最后趋于稳定,超压为零。从图 4-2-5 中可以看出,距爆源中心距离相同的同心圆上,不同方位处的爆炸超压是不同的。如图 4-2-6 所示,以 X 轴正向为 0° 方向,沿逆时针方向角度增大,则在对角线方位上,即 45° 方向、135° 方向、225° 方向和 315° 方向上超压明显大于 0° 方向、90° 方向、180° 方向和 270° 方向。这是由于球形燃烧爆炸波在向各个方向上传播的过程中,障碍物存在各向异性,由障碍物导致的湍流也不相同,对角线方向上阻碍物越多,湍流发展越充分,爆炸超压就越高。

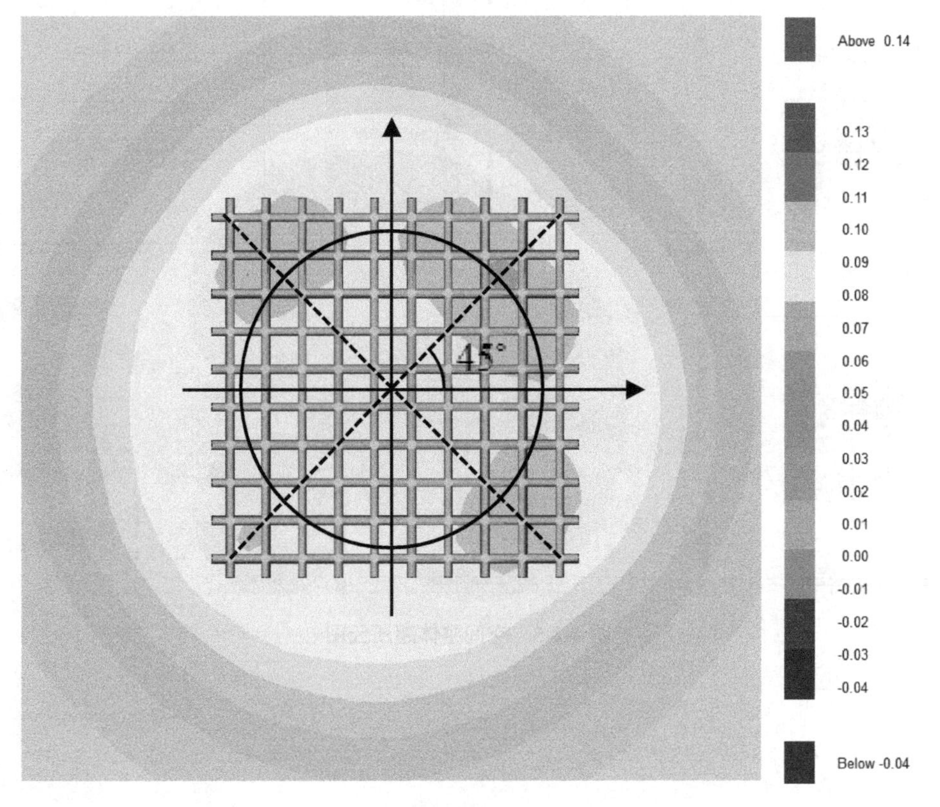

图 4-2-6 同爆源距离同心圆上超压差异

对 FLACS 爆炸数值模拟的计算数据进行分析，从爆源点燃开始计时，监测点 M1、M2、M3 在 0.231 s 时达到超压峰值，分别为 10.372 4 kPa、10.437 6 kPa、10.693 kPa；M4 在 0.232 s 时达到超压峰值 10.500 6 kPa；M5 在 0.237 s 时达到超压峰值 6.087 2 kPa；空间整体在 0.232 6 s 时达到超压峰值 13.87 kPa。

各监测点的超压随时间变化关系如图 4-2-7 所示，可见超压随时间的变化关系呈现出以下一般趋势：超压迅速上升到第一波峰，然后迅速衰减到波谷，之后又上升到第二个波峰，而且第二波峰峰值明显低于第一波峰，第二波峰过后衰减到大气压附近波动，无明显的第二波谷。各监测点的超压上升速度随时间变化关系如图 4-2-8 所示，曲线出现四个拐点，可见最初阶段超压上升速度低于超压下降速度，第二阶段的超压上升速度高于超压下降速度。

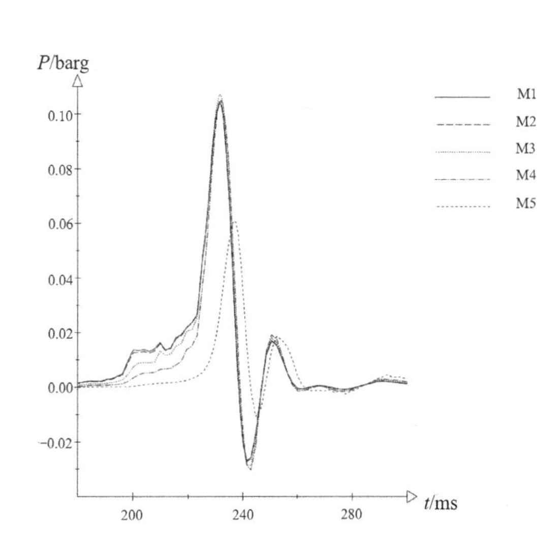

图 4-2-7　监测点超压时间历程曲线

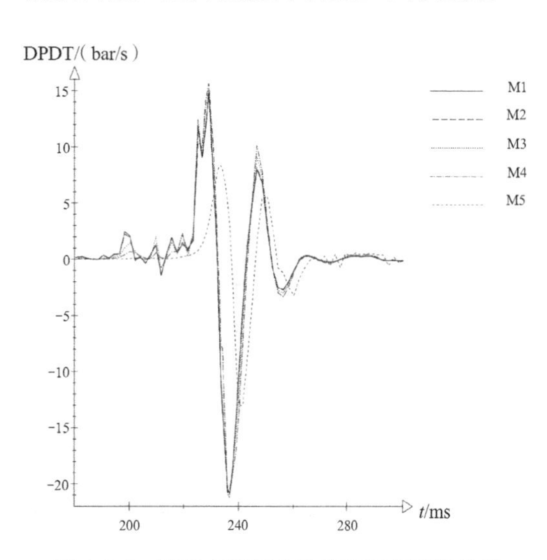

图 4-2-8　监测点超压上升速度时间历程曲线

4.2.1.3　结果对比验证

为验证 FLACS 数值模拟的准确性，将 MERGE 实验结果与 FLACS 重现该实验所得的数值模拟结果进行对比，对比标准采用爆炸超压这一最关键的参数，见表 4-2-2。

表 4-2-2　数值模拟结果与实验结果对比

X 轴距离 /m	模拟值 / kPa	实验值 / kPa	相对误差 /%
1	10.372 4	10.888	−4.735 49
1.2	10.437 6	10.794	−3.301 83
1.6	10.693	10.389	2.926 172
2	10.500 6	9.805	7.094 34
4	6.087 2	5.814	4.699 002

上表对数值模拟与实验得到的不同爆源距离的超压峰值进行了定量比较，比较显示数值模拟结果与实验结果相对误差在 −4.735 49%~7.094 34%，考虑到 MERGE 实验在实际测

量时可能存在误差,还有可能受到温度、风速等环境因素的干扰,同时数值模拟网格划分的精度也有可能影响计算结果,因此,该对比验证结果基本在可接受误差范围内。

在图 4-2-9 的定性分析中,横轴距离是监测点沿 *X* 轴方向到着火点的距离。MERGE 实验中的爆炸超压峰值在 1.0~2.0 m 呈微下降趋势,但变化不明显,而且障碍区域内明显高于障碍区域外,最大超压约为 10.888 kPa,最小超压为 5.814 kPa。FLACS 数值模拟的超压峰值分布与 MERGE 实验结果的相近程度很高,最大爆炸压力约为 10.357 kPa,最小超压为 6.087 2 kPa。

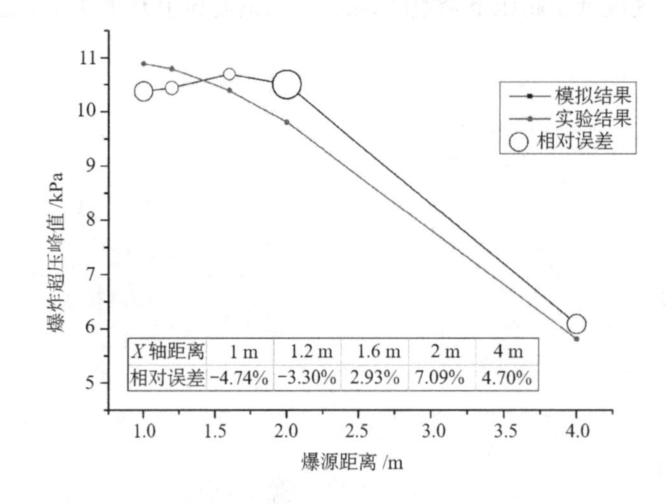

图 4-2-9 数值模拟结果与实验结果对比

4.2.2 燃料浓度对可燃性气体爆炸的影响

4.2.2.1 模拟情景

采用上文建立的结构障碍物模型,填充混合均匀的初静止状态甲烷 - 空气混合物蒸气云,如图 4-2-10 所示,蒸气云中的甲烷浓度分别设置为 7%、8%、9%、9.48%、10%、11%、12%,其中 9.48% 为甲烷的化学当量浓度。

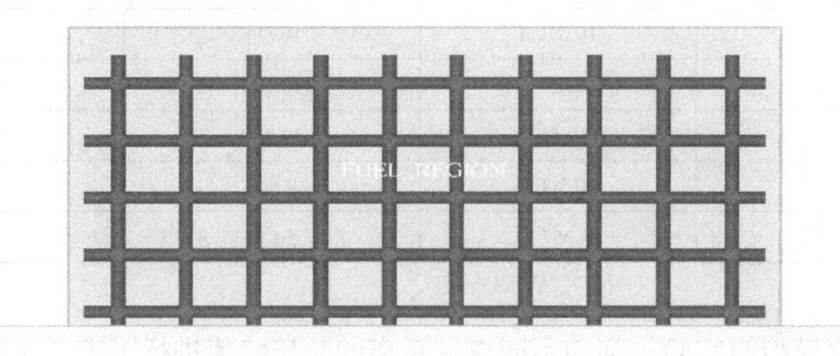

图 4-2-10 障碍物与填充蒸气云模型

同时按照控制变量原则，保证各模拟情景中的甲烷燃料总质量一致，相应调整蒸气云体积，并根据障碍物体积调整蒸气云覆盖的规模，模拟情景设置见表 4-2-3。

表 4-2-3 燃料浓度与蒸气云体积设置

情景	燃料浓度 /%	蒸气云体积 /m^3	蒸气云覆盖规模 /(m×m×m)	化学当量比 ER
情景 1	7	58.10	2.477×4.953×4.953	0.738
情景 2	8	50.85	2.374×4.748×4.748	0.844
情景 3	9	45.2	2.287×4.574×4.574	0.949
情景 4	9.48	42.9	2.25×4.5×4.5	1.000
情景 5	10	40.68	2.213×4.426×4.426	1.055
情景 6	11	36.98	2.148×4.296×4.296	1.160
情景 7	12	33.89	2.09×4.18×4.18	1.266

为达到完全控制变量，各计算情景的蒸气云体积需要考虑到障碍物占用的部分空间，传统方法不考虑障碍物的重叠导致的总体积削减，得到的障碍物总体积 $V=3.485\ \mathrm{m}^3$，本章在计算障碍物总体积时将该因素考虑进去，首先求出三个相同圆管相交的公共体积，再通过集合运算法则叠加计算。

$$V=16\left(\int_0^{\frac{\sqrt{2}}{2}}\mathrm{d}x\int_0^{x}\mathrm{d}y\int_0^{\sqrt{1-x^2}}\mathrm{d}z+\int_{\frac{\sqrt{2}}{2}}^{1}\mathrm{d}x\int_0^{\sqrt{1-x^2}}\mathrm{d}y\int_0^{\sqrt{1-x^2}}\mathrm{d}z\right)=(16-8\sqrt{2})\ r^3 \tag{4-2-1}$$

其中，r 为圆管直径。

再根据集合运算法则：

$$A\cup B\cup C=A+B+C-A\cap B-A\cap C-B\cap C+A\cap B\cap C \tag{4-2-2}$$

$$\begin{cases} A\cap B=A\cap C=B\cap C=\dfrac{16}{3}r^3 \\ A\cap B\cap C=(16-8\sqrt{2})\ r^3 \\ A\cup B\cup C=A+B+C-(32-8\sqrt{2})\ r^3 \end{cases} \tag{4-2-3}$$

得到障碍物整体实际体积 $V=2.663\ \mathrm{m}^3$，相较于不考虑重合部分体积的算法减小了 30.9%，因此有必要按照实际体积进行计算。在各模拟情景中设置相同的监测点，由于障碍物模型在 X、Y 方向都是对称排布，因此仅沿着 X 方向以爆源距离分别为 1.0 m、1.2 m、1.6 m、2.0 m、4.0 m 设置五个监测点。

4.2.2.2 结果分析

使用 FLACS 数值模拟软件对七个情景模型进行计算，提取空间超压峰值与监测点超压峰值，见表 4-2-4。

表 4-2-4 不同浓度下的超压峰值 单位:kPa

情景	爆源距离					
	空间整体	1.0 m	1.2 m	1.6 m	2.0 m	4.0 m
情景 1	0.813 3	0.458 5	0.465 8	0.508 4	0.568 5	0.251
情景 2	3.216 8	2.268 3	2.296 2	2.426 4	2.460 8	1.202 8
情景 3	10.548 8	7.858	7.924 2	8.194 1	8.009 7	4.352 7
情景 4	13.869 5	10.372 4	10.437 6	10.693	10.500 6	6.087 2
情景 5	15.753 3	11.797 6	11.871 3	12.174 5	11.990 9	7.221 7
情景 6	15.020 2	11.111 3	11.184 5	11.485 1	11.283 5	6.418 6
情景 7	7.416 9	5.387 1	5.431 3	5.630 5	5.603 2	3.106 8

分别绘制空间超压峰值与燃料浓度的关系以及监测点超压峰值与燃料浓度的关系,如图 4-2-11 和图 4-2-12 所示。从两图中可以看出,五个监测点超压峰值与空间内超压峰值呈现出的燃料浓度与蒸气云爆炸超压之间的关系大致趋势一致。最大超压峰值出现在燃料浓度为 10% 时,而不是化学当量浓度为 9.48% 时。

在燃料浓度从 7% 增加到 12% 的过程中,爆炸强度随着浓度的变化呈现出两个阶段特征:在燃料浓度小于 10% 时,随燃料浓度增加,爆炸超压不断增加;在燃料浓度大于 10% 时,爆炸超压不断减小;同时还可以看到以 10% 为基准,同时增加与减少相同的浓度,增加浓度的比减少浓度的爆炸强度要大,详细关系根据不同燃料浓度下的空间超压峰值,通过对数据进行处理,得到超压峰值对浓度的增长率,如图 4-2-13 所示,当燃料浓度从 10% 降至 7% 时,爆炸强度可以削弱近 95%。

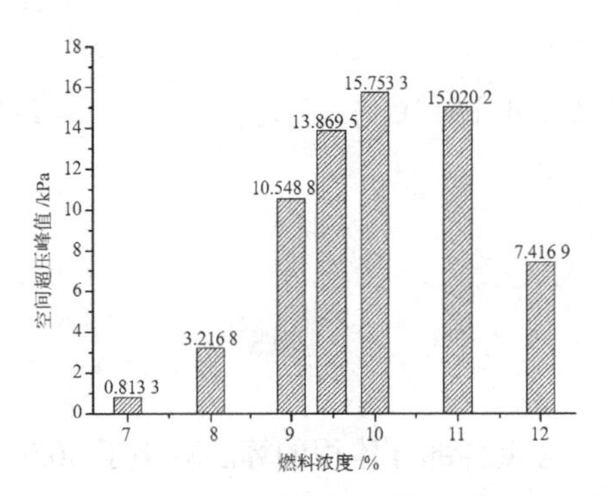

图 4-2-11 不同燃料浓度空间超压峰值

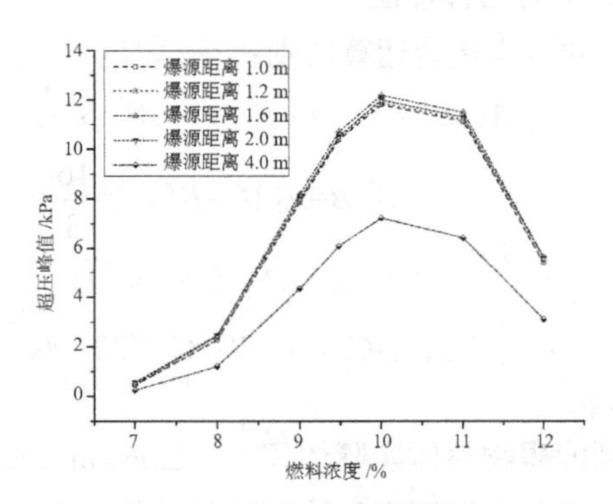

图 4-2-12 不同燃料浓度监测点超压峰值

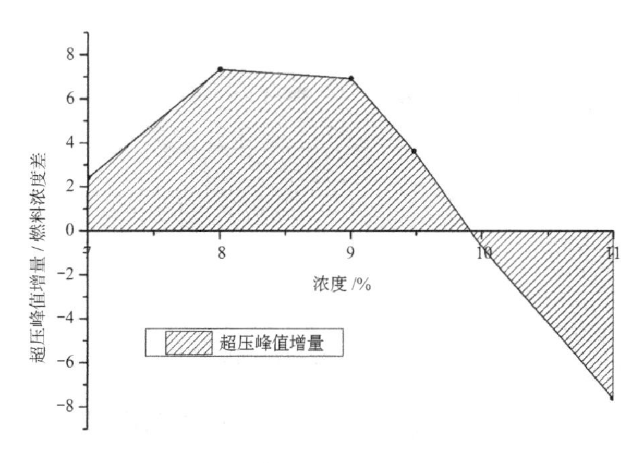

图 4-2-13　超压峰值随燃料浓度变化

由此可得，降低蒸气云中的燃料浓度对于降低爆炸强度是有效性较高的措施，在海洋平台发现天然气泄漏时，最佳防控措施就是迅速稀释燃料浓度。

4.2.3　障碍物排列对可燃性气体爆炸的影响

4.2.3.1　模拟情景

探究障碍物排列对爆炸参数的影响，首先遵循控制变量的原则，保证体积阻塞率与障碍物密度不变，同时保持每一方向上的障碍物在同一平面上，使用 FLACS 软件进行模拟时延续数值模拟验证的计算场景。障碍物由直径为 8.6 cm 的圆管排列组成，障碍物所占空间为 400 cm(X) × 400 cm(Y) × 200 cm(Z)，其布置规格为 X 方向 10 根，Y 方向 10 根，Z 方向 5 根，在 X、Y、Z 方向上的圆管的间距根据排列不均匀度而设定。由于 X、Y、Z 三个方向排列规律相同的假定，仅对 X 方向障碍物的排列进行研究即可。

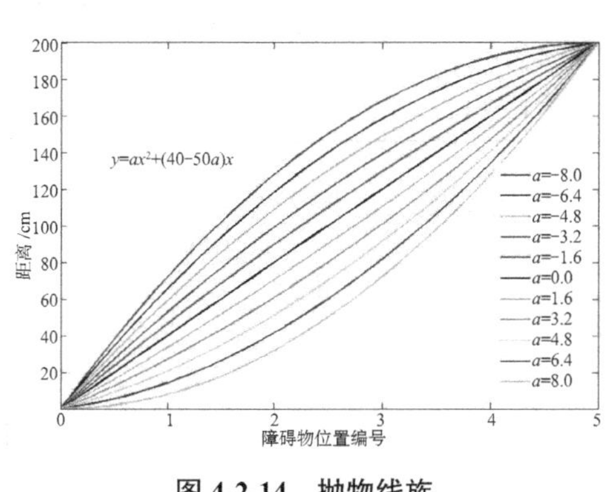

图 4-2-14　抛物线族

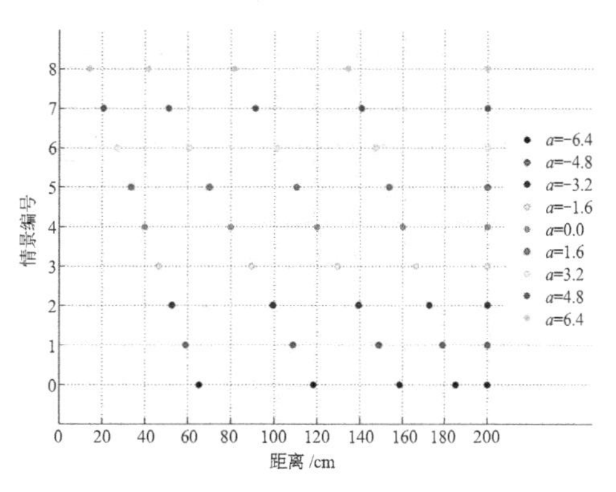

图 4-2-15　抛物线型排列障碍物位置

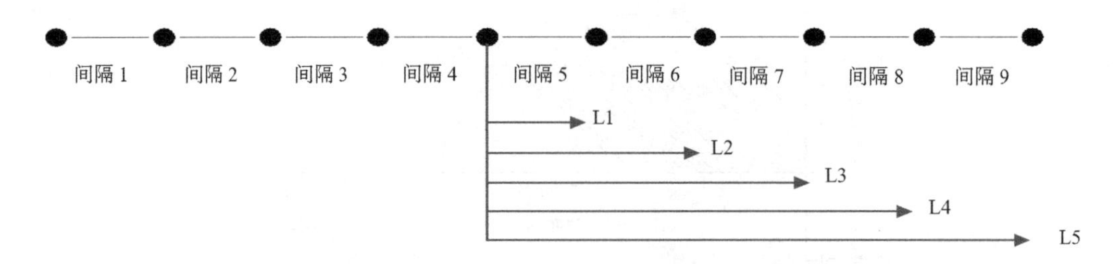

图 4-2-16 障碍物间隔

利用 FLACS 模拟九个情景，各情景的障碍物排列间隔和排列不均匀度见表 4-2-5，其中情景 0、1、2、3 是中间稀疏逐渐向两端密集的布置方式，这种情景下排列不均匀度（Confusion Degree of Obstacles，CDO）取为各个间隔标准差的相反数，为负值，障碍物排列如图 4-2-17（a）所示；情景 4 是均匀排列布置方式，这种情景下排列不均匀度取为各个间隔标准差，即为 0，障碍物排列如图 4-2-17（b）所示；情景 5、6、7、8 是中间密集，逐渐向两端稀疏的布置方式，这种情景下排列不均匀度取为各个间隔标准差，为正值，障碍物排列如图 4-2-17（c）所示。

表 4-2-5 模拟情景设置

情景	间隔 1、9	间隔 2、8	间隔 3、7	间隔 4、6	间隔 5	CDO
情景 0	14.4	27.2	40	52.8	65.6	−16.827 96
情景 1	20.8	30.4	40	49.6	59.2	−12.620 97
情景 2	27.2	33.6	40	46.4	52.8	−8.413 98
情景 3	33.6	36.8	40	43.2	46.4	−4.206 99
情景 4	40	40	40	40	40	0
情景 5	46.4	43.2	40	36.8	33.6	4.206 99
情景 6	52.8	46.4	40	33.6	27.2	8.413 98
情景 7	59.2	49.6	40	30.4	20.8	12.620 97
情景 8	65.6	52.8	40	27.2	14.4	16.827 96

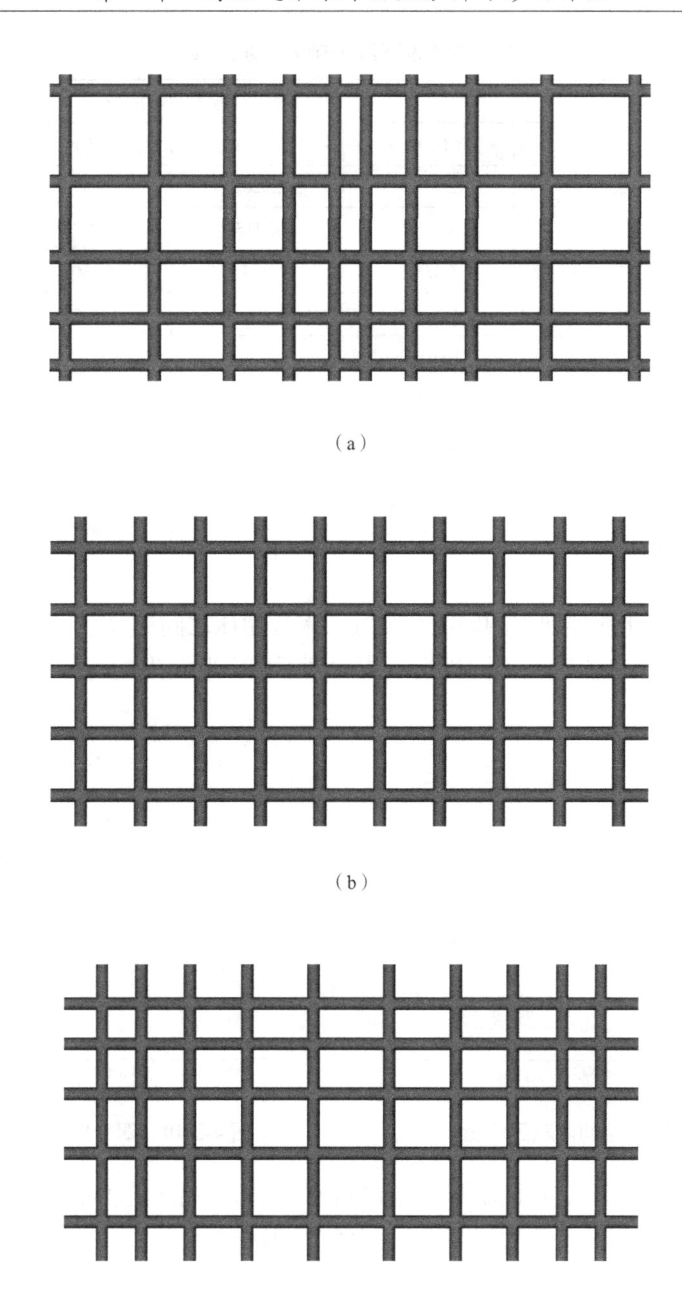

（a）

（b）

（c）

图 4-2-17　障碍物排列方式

（a）中间密集，逐渐向两端稀疏的布置方式　（b）均匀排列布置方式　（c）中间稀疏，逐渐向两端密集的布置方式

4.2.3.2　结果分析

各模拟情景下沿 X 轴方向超压峰值见表 4-2-6。

表 4-2-6 各模拟情景下沿 *X* 轴方向超压峰值 单位:kPa

情景	爆源距离				
	1.0 m	1.2 m	1.6 m	2.0 m	4.0 m
情景 0	2.565 3	2.575 6	2.626 3	2.697 2	1.883 8
情景 1	4.550 7	4.608 2	4.715	4.777 2	3.062 6
情景 2	5.876 5	5.938 5	5.923 7	5.960 6	3.680 8
情景 3	8.761 3	8.679 9	9.099 2	9.122 8	5.490 5
情景 4	10.454 9	10.621 5	10.531 5	10.076 1	6.534 7
情景 5	6.663 3	6.796 1	6.911 7	6.588 8	4.142 3
情景 6	7.151 8	7.249 9	7.339 4	7.070 3	5.219 1
情景 7	8.896 9	8.996 3	9.064 7	8.567 4	6.509 3
情景 8	5.817 8	5.952 5	6.095 1	5.899 9	4.503 5

根据计算结果,建立排列不均匀度与蒸气云爆炸超压之间的关系,提取不同排列不均匀度下整体空间内超压峰值以及不同排列不均匀度下四个监测点的超压峰值,如图 4-2-18 和图 4-2-19 所示。

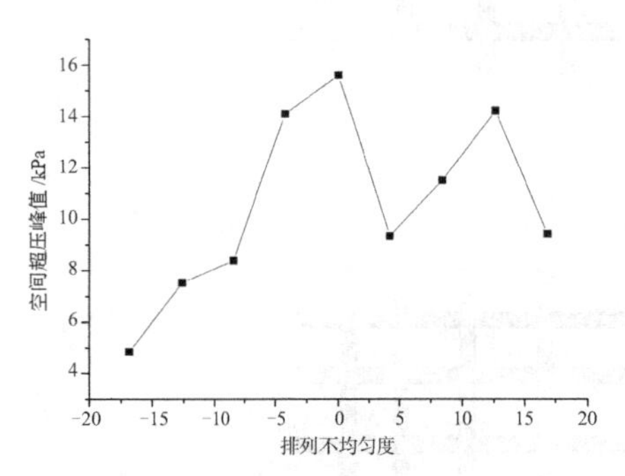

图 4-2-18 整体空间内超压峰值

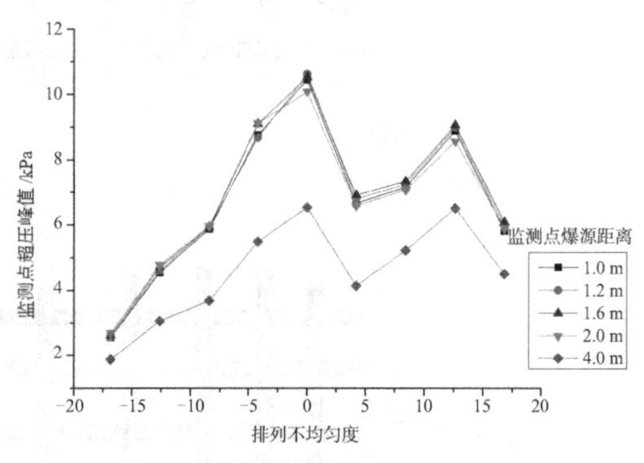

图 4-2-19 四个监测点的超压峰值

从以上两图可以看出,四个监测点超压峰值与空间内超压峰值显示出的排列不均匀度与蒸气云爆炸超压之间的关系大体相近,有六个明显的规律。

(1)排列不均匀度为 0 时,无论整体空间内还是监测点上的超压峰值都达到最大,可见均匀排布的圆管障碍物导致的蒸气云爆炸作用最大。

(2)相同排列不均匀度下,障碍物范围内的各监测点的爆炸超压峰值趋于相同,并大于障碍物范围外的监测点的爆炸超压峰值。

(3)障碍物范围内的各监测点的超压峰值对于排列不均匀度的敏感度大于障碍物范围外的监测点。

(4)比较排列不均匀度互为相反数的四组数据,得出相同的间距在不通的排列顺序下对爆炸超压的影响不相同。

(5)排列不均匀度为负时,随着排列不均匀度的增加,超压峰值近似呈线性增加。

（6）排列不均匀度为正时，随着排列不均匀度的增加，超压峰值呈现波动情况。

将排列不均匀度分为两类进行讨论，其中一类是排列不均匀度为负值，情景 0、1、2、3、4 是中间稀疏逐渐向两端密集的布置方式，其中情景 4 障碍物均匀排列，排列不均匀度为 0，是极端情景；另一类是排列不均匀度为正值，情景 4、5、6、7、8 是中间密集逐渐向两端稀疏的布置方式，其中情景 4 是极端情景。分别得出以上两类情景的爆炸超压峰值与爆源距离的关系，如图 4-2-20 所示。

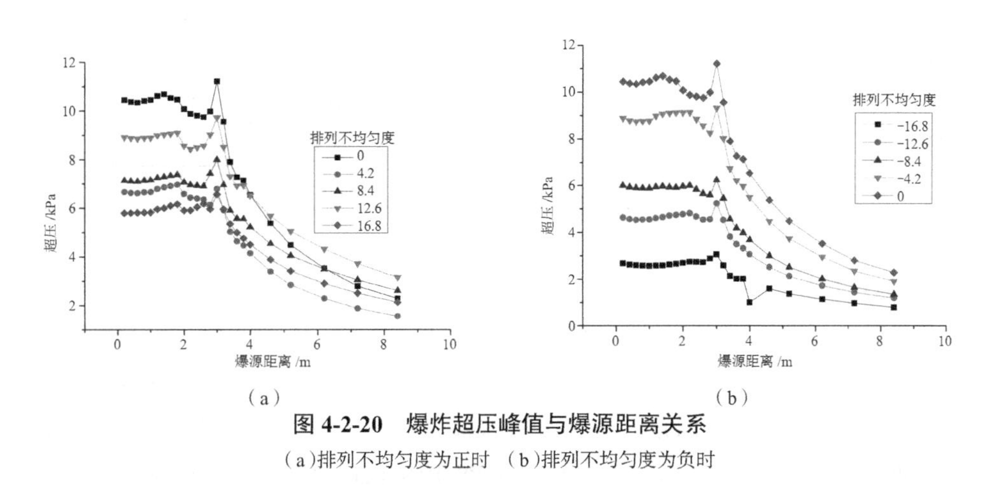

图 4-2-20　爆炸超压峰值与爆源距离关系

（a）排列不均匀度为正时　（b）排列不均匀度为负时

由此可得出，在相同可燃性蒸气云以及体积阻塞率与障碍物密度不变的条件下，障碍物排列为中间稀疏逐渐向两端密集布置方式的，随着障碍物间隔方差的减小，气体爆炸超压峰值近似呈线性增加，均匀分布的障碍物造成了最大的超压峰值，说明对超压产生和发展影响更大的是爆炸发展初期的障碍物阻塞程度，火焰前方的未燃烧气体受到障碍物阻塞越大则产生的湍流越强烈，从而导致了火焰阵面的扰动增大了热量与物质传递速率，使得火焰加速从而超压快速发展。对于障碍物排列为中间密集逐渐向两端稀疏布置方式的，整体的超压水平大于障碍物排列为中间稀疏逐渐向两端密集布置方式的，但随着障碍物间隔方差的变化，气体爆炸超压峰值出现波动，但均匀分布的障碍物依然造成了最大的超压峰值。同时还可以得出相同的障碍物间隔，不同的排列顺序产生的爆炸超压也不同，说明了可燃性气体爆炸对于障碍物排列方式比较敏感。

阻塞率是障碍物对气体爆炸强度影响的重要指标。在阻塞率相同的情况下，障碍物的结构不同，排列分布方式也会对爆炸传播过程产生重要影响。

分别设定不同排列分布方式，包括均匀排列、中间密集两端稀疏、中间稀疏两端密集三类共九种工况，各工况设置见表 4-2-7。

表 4-2-7 不同情景的排列间隔

情景	间隔 1、9	间隔 2、8	间隔 3、7	间隔 4、6	间隔 5	CDO
情景 0	14.4	27.2	40	52.8	65.6	-16.8
情景 1	20.8	30.4	40	49.6	59.2	-12.6
情景 2	27.2	33.6	40	46.4	52.8	-8.4
情景 3	33.6	36.8	40	43.2	46.4	-4.2
情景 4	40	40	40	40	40	0
情景 5	46.4	43.2	40	36.8	33.6	4.2
情景 6	52.8	46.4	40	33.6	27.2	8.4
情景 7	59.2	49.6	40	30.4	20.8	12.6
情景 8	65.6	52.8	40	27.2	14.4	16.8

4.2.3.3 CDO 各向相同

首先讨论 X、Y、Z 三个方向排列规律相同的情况。使用 FLACS 软件模拟 MERGE 项目中的实验场景，障碍物均匀排列，按照公式所定义，计算得到各监测点超压时间历程曲线。

分别选取不均匀度为 -16.8 与 16.8 两组情景，绘制不均匀度分别为负和正时各测点超压 - 时间曲线，如图 4-2-21 所示。图中 P5、P6、P8、P10、P20 代表了五个监测点。

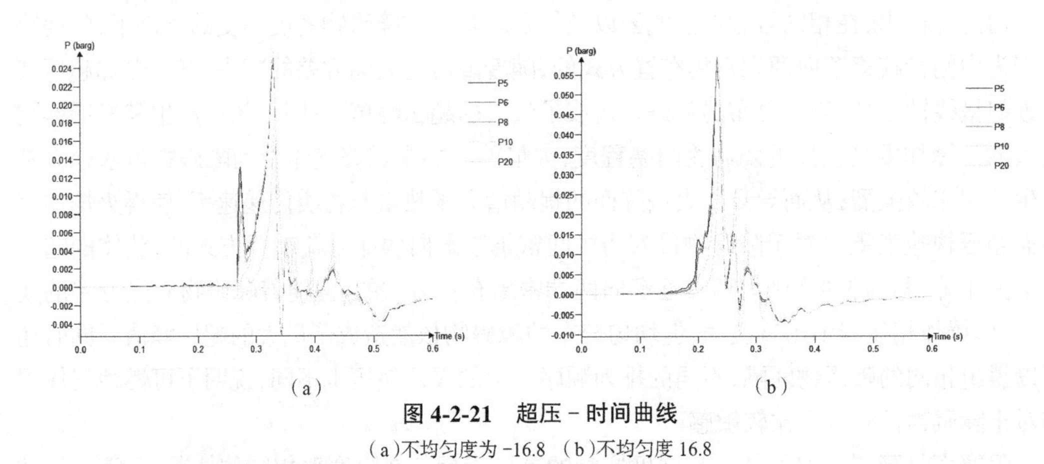

图 4-2-21 超压 - 时间曲线

(a)不均匀度为 -16.8 (b)不均匀度 16.8

从上图可以看出，爆炸产生的冲击波传播至监测点处时，开始正压作用阶段，之后超压快速增长到达峰值，跨越峰值拐点后，呈指数衰减到大气压力，爆炸产物由于惯性继续向外膨胀造成冲击波后方产生负压，开始负压作用阶段，负压阶段压力相对较小。同时可以看出不均匀度为 0 时，爆炸超压在五个监测点处各时刻均处于最大。而监测点 P20 由于在障碍物范围之外，距离爆源位置最远，超压峰值最低。

分别对表 4-2-7 中所述九种不同情形下的障碍物排列方式进行爆炸冲击模拟计算，提取不同排列不均匀度下五个监测点的超压峰值，得到其与不均匀度的关系如图 4-2-22 所示。

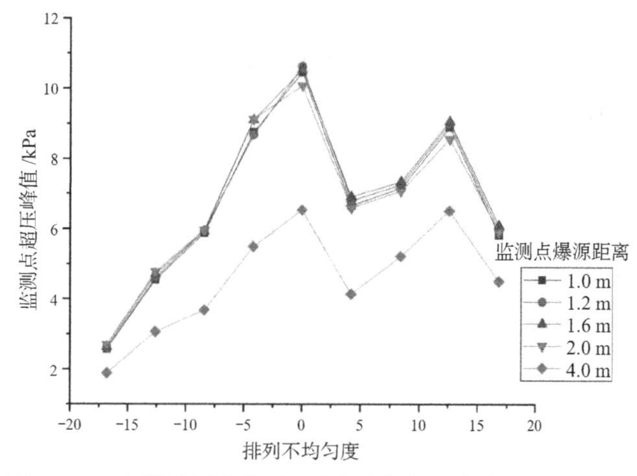

图 4-2-22 不同监测点排列不均匀度与超压峰值的关系

由图 4-2-22 可知,排列不均匀度正负区域的超压峰值关系体现出不同的特征,在排列不均匀度为负的区域内,障碍物排列中间稀疏两端密集,爆源位置附近空间相对较大,随着障碍物间隔方差的减小,障碍物趋于均匀排列,气体爆炸超压峰值近似呈线性增加。在排列不均匀度为正的区域内,障碍物排列中间密集两端稀疏,爆源位置附近空间相对较小,随着排列不均匀度数值的变化,气体爆炸超压峰值出现波动,说明在爆源位置较密时,爆炸冲击波情况变得更为复杂。

在相同可燃性蒸气云以及体积阻塞率不变的条件下,排列不均匀度为 0 时,即障碍物均匀排列时造成了最大的爆炸超压。对于相同的障碍物间隔,不同的排列顺序引发了不同的爆炸超压,说明可燃性气体爆炸对于障碍物排列方式比较敏感。障碍物排列中间密集两端稀稀时,整体的超压水平大于障碍物排列中间稀疏两端密集的布置方式,说明对超压产生和发展影响更大的是爆炸发展初期的障碍物阻塞程度,火焰前方的未燃烧气体受到障碍物阻塞越大则产生的湍流越强烈,增大了火焰阵面的扰动,提高了热量与物质传递速率,使得火焰加速从而导致更大的峰值压力。

将不同管径下排列不均匀度分别为 -16.8、0 和 16.8 的三种排列方式的爆炸超压峰值绘制成图,如图 4-2-23 所示。

可以发现,管径的大小影响了障碍物的阻塞率,同等条件下障碍物的阻塞率更高,将会导致更小的通过面积,并且会增大空气的流速,增大障碍物后的湍流,从而导致更大的超压。在相同的管径条件下,体积阻塞率一致,障碍物均匀排列通常会导致最大的爆炸超压。

4.2.3.4 排列不均匀度各向不同

对于海洋平台实际结构,障碍物的排列方式在各个方向上不总是相同的,讨论各方向上不同的排列方式,采用三维参数描述管系空间布局,结合平台甲板垂向布置,更有实际意义。定义排列不均匀度组 K,公式如下

$$K=(x',y',z') \tag{4-2-4}$$

选取排列不均匀度组分别为 $K_1=(16.8,-16.8,0)$(X 方向中间密集, Y 方向中间稀疏, Z

方向均匀排布）和K_2＝(−16.8,16.8,0)（X方向中间稀疏，Y方向中间密集，Z方向均匀排布）两种，采用MERGE项目中的实验场景进行爆炸模拟，检测在X轴上的最大超压，具体数据见表4-2-8和图4-2-24。

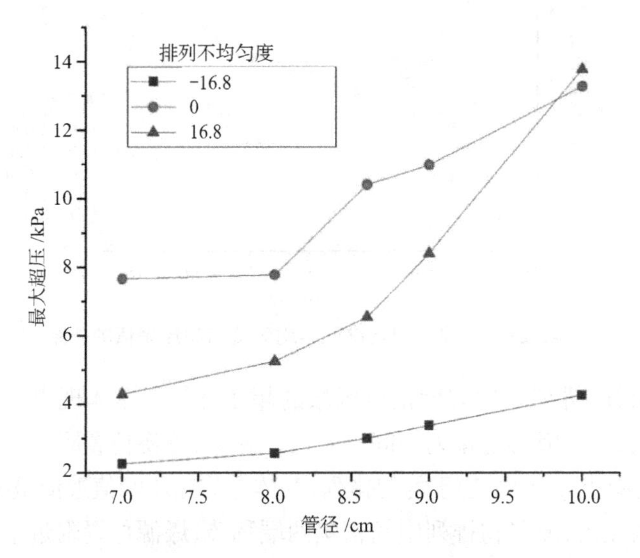

图 4-2-23 管径与最大超压的关系

表 4-2-8 两种排列方式下各测点最大超压

X轴距离 /m	1.0	1.2	1.6	2.0	4
K_1最大超压 / kPa	3.569 9	3.643 1	3.749 7	3.844 9	2.618 2
K_2最大超压 / kPa	3.277 6	3.257 4	3.330 3	3.448 7	2.419 3

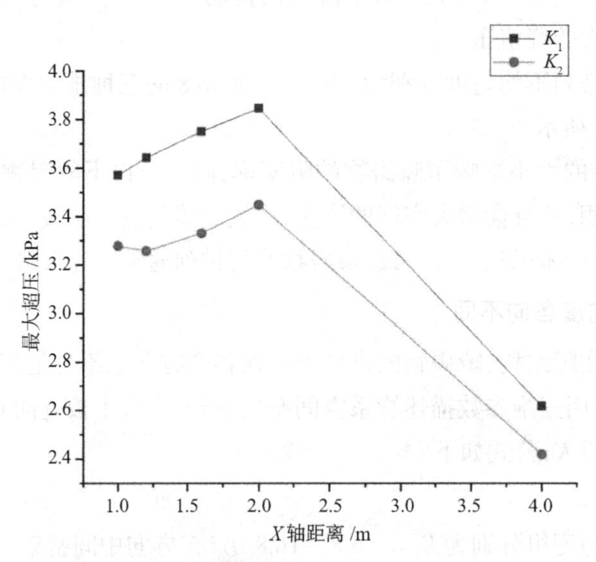

图 4-2-24 两种排列方式下各测点最大超压

可以看出，对于总体排列不均匀度相同的两种排列方式，在 X 轴方向上的最大超压不同，X 方向排列中间密集的 K_1 产生的超压大于 X 方向排列中间稀疏的 K_2。这说明了对于特定方向上的超压影响更为显著的是特定方向上的障碍物排列方式，该方向上障碍物排列在爆炸初期越密集，造成的最大超压越大。

对垂直于甲板的 Z 方向进行验证，设置两组排列方式，分别为 $K_3=(0,0,16.8)$（X、Y 方向均匀排布，Z 方向中间密集）和 $K_4=(0,0,-16.8)$（X、Y 方向均匀排布，Z 方向中间稀疏），设置 Z 轴上的监测点，分别距离甲板 1.0 m、1.2 m、1.4 m、1.6 m、1.8 m 和 2.0 m，采用 MERGE 项目中的实验场景进行模拟，监测测点的最大超压，并与各方向障碍物均匀排列时的最大超压对比，三组数据见表 4-2-9 和图 4-2-25。

表 4-2-9　三种排列方式下各测点最大超压

距甲板距离 /m	1	1.2	1.4	1.6	1.8	2
K_3 最大超压 /kPa	8.477 7	8.206 5	6.438 9	5.983 1	5.976 5	3.758 4
均匀排列最大超压 /kPa	8.049 3	7.394 8	5.061 2	3.923 1	1.397 5	0.249 6
K_4 最大超压 /kPa	5.993 6	5.326 4	3.540 1	2.703 5	0.876 1	0.111 5

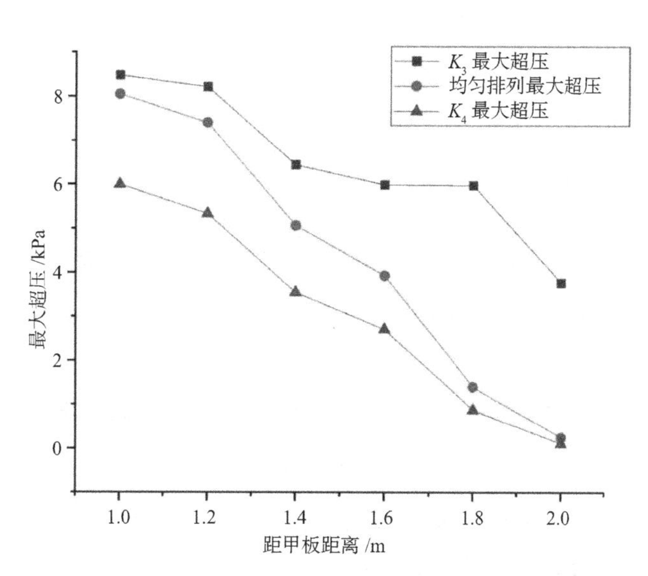

图 4-2-25　三种排列方式下各测点最大超压

由图 4-2-25 可以看出，三种排列方式在 Z 轴方向各个位置最大超压的大小都满足 $K_3>$ 均匀排列 $>K_4$，而三种排列方式只有在 Z 轴方向排列不同，印证了对于特定方向上的超压影响更为显著的是特定方向上的障碍物排列方式，该方向上障碍物排列在爆炸初期越密集，造成的最大超压越大这一结论。

4.2.4 等效气体云体积对爆炸超压的影响

在海洋平台实际气体泄漏事故中,形成的蒸气云受多方条件影响,往往呈不规则形式出现,为了对模拟爆炸进行气体成分设计,需要采取合适的方法对蒸气云进行等效处理,使得等效处理的蒸气云与真实蒸气云在引燃后得到相似的爆炸超压,等效处理得到的蒸气云体积称为等效气体云体积。FLACS 中对开敞空间等效气体云体积采用下式表示:

$$Q_9 = \sum V \times BV \times E / (BV \times E)_{\text{stoich}} \tag{4-2-5}$$

采用选取的 MERGE 项目实验,原等效气体云为 4.5 m × 4.5 m × 2.25 m 的甲烷与化学计量比的空气预混合气体,在本节中设置其为标准气体云,同时设置一组小气体云,体积为 3 m × 3 m × 1.5 m,是甲烷与化学计量比的空气预混合气体。监测两组不同体积气体云发生爆炸时的空间最大超压,如图 4-2-26 所示。

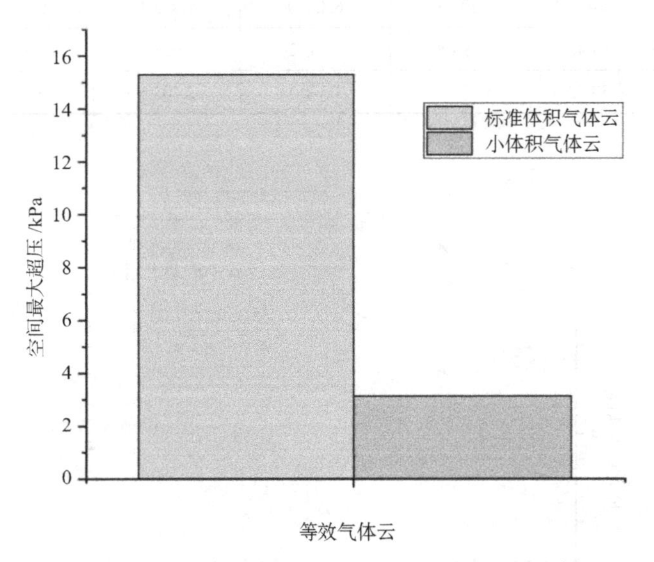

图 4-2-26 不同体积气体云发生爆炸时的空间最大超压

由图 4-2-26 可以看出,等效气体云体积是影响蒸气云爆炸敏感度的重要指标,等效气体云体积增大,增加了蒸气云的总能量,在蒸气云得到充分燃烧并发生爆轰后,可以释放更大的能量,使空间范围内的爆炸最大超压增大。

4.3　FPSO 气体泄漏扩散模拟

4.3.1　FPSO 天然气泄漏扩散 CFD 建模

4.3.1.1　基本假设及控制方程

FPSO 天然气泄漏扩散过程十分复杂,因此作出如下假设。

(1)天然气泄漏过程中泄漏的速率和泄漏孔径保持不变。

(2)天然气和空气均看作理想气体,不可压缩,符合理想气体的方程。

(3)天然气与外界的温度在扩散过程中相同,不发生热量的转换。

FPSO 天然气泄漏扩散过程遵循质量守恒、能量守恒和动量守恒三个基本方程。

FPSO 上部模块设备和装置布置复杂,可能发生油气泄漏的区域很多,天然气处理和储存的过程一般伴随着高压的环境,一旦发生泄漏,天然气会以较高的泄漏速率喷射,喷射泄漏的过程是一种复杂的非稳态湍流运动。湍流模型采用 Realizable $\kappa-\varepsilon$模型,其中包括湍流动能方程和湍流耗散率方程:

$$\frac{\partial(\rho k)}{\partial t}+\frac{\partial(\rho\mu_i k)}{\partial x_j}-\frac{\partial}{\partial x_j}\left[\frac{\rho\mu_{\mathrm{eff}}}{\sigma_k}\bullet\frac{\partial}{\partial x_j}(k)\right]=G-\rho\varepsilon \tag{4-3-1}$$

$$\frac{\partial(\rho\varepsilon)}{\partial t}+\frac{\partial(\rho\mu_i\varepsilon)}{\partial x_j}-\frac{\partial}{\partial x_j}\left[\frac{\rho\mu_{\mathrm{eff}}}{\sigma_\varepsilon}\bullet\frac{\partial}{\partial x_j}(\varepsilon)\right]=\frac{\varepsilon}{k}(C_1G-C_2\rho\varepsilon) \tag{4-3-2}$$

4.3.1.2　CFD 建模

1. 物理与网格建模

以我国自主设计建造的某 FPSO 为例进行 1∶1 建模分析,如图 4-3-1 所示。船总长 255.8 m,型宽 48.90 m,型深 26.60 m,排水量 1.952×10^5 t。以天然气泄漏扩散模拟为目标,对 FPSO 上部的工艺处理、热站模块和动力模块等进行了详细建模。

这里计算的空间为 312 m×108 m×108 m,船体在 X 和 Y 方向大概处于空间中间位置,船底部与空间 Z 方向相切。依据 FLACS 指导手册,在考虑计算精度和时间的条件下进行网格划分,如图 4-3-2 所示。

2. 边界条件

FLACS 中设置了四种边界条件,其中适用于气体泄漏的有两种,即 NOZZLE 边界条件和 WIND 边界条件,见表 4-3-1。

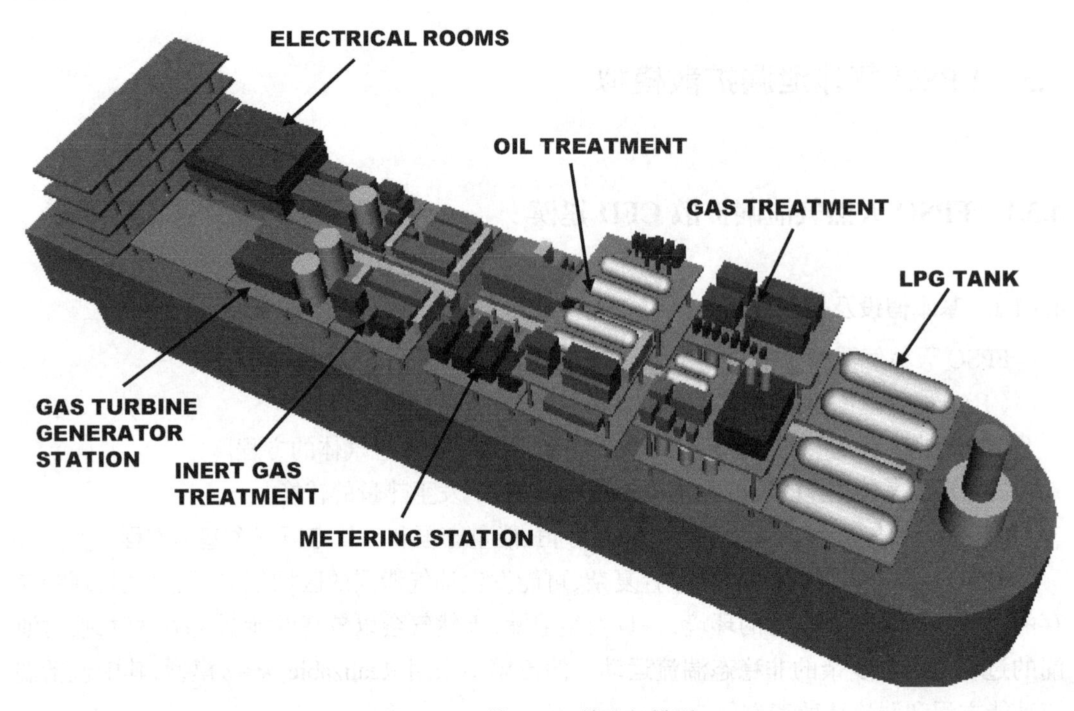

图 4-3-1 某 FPSO 的实船模型

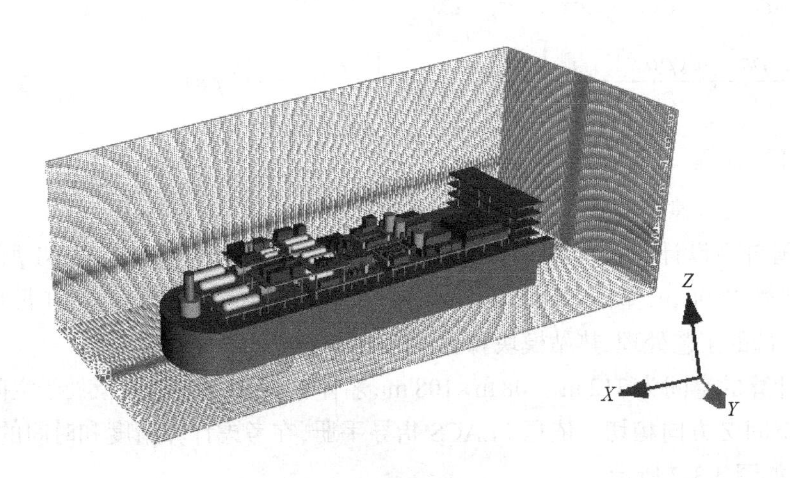

图 4-3-2 网格划分示意

表 4-3-1 FLACS 中边界条件特点及适用范围

名称	特点	适用范围
NOZZLE 边界条件	适用亚声速流入及流出	扩散、爆炸模拟
WIND 边界条件	模拟外部风场	泄漏

本章 FPSO 上部模块泄漏模拟过程中,在通风方向上采用 WIND 边界条件,在非通风

方向上采用 NOZZLE 边界条件。现实情况下不存在均匀风速，FLACS 模拟真实大气环境中的风速情况：

$$u(z)=\frac{u^{*}}{k}\ln\frac{z+z_0}{z_0}$$
$$u^{*}=\frac{u_0 k}{\ln\frac{z_{\mathrm{ref}}}{z_0}} \tag{4-3-3}$$

3. 泄漏初始条件

特征速度设置为 0.1 m/s，相对湍流强度设置为 0.1，湍流尺度设置为 0.01，温度设置为 20 ℃，环境压力设置为 100 000 Pa，地面粗糙度设置为 0.01，参考高度设置为 30 m，PASQUTIL_CLASS 设置为 F，泄漏孔面积设置为 0.02 m^2，天然气组成设置为 91% 的甲烷、7% 的乙烷和 2% 的丙烷，气体当量比 ER0 和 ER9 分别设置为 1E+30 和 0。

4.3.2　FPSO 上部模块天然气泄漏扩散模拟结果分析

本章选取工艺处理模块一区的 LPG TANK 作为泄漏装置进行研究。泄漏速率设置为 5 kg/s，泄漏方向为 $-Z$，泄漏开始时间设置为 10 s；风场设置为船艏来风，风速设置为 3 m/s，参考高度设置为 30 m，风场建立时间设置为 2 s。风场建立时间设置在泄漏开始之前是为了在泄漏时形成一个稳定的外部风场。

泄漏扩散过程如图 4-3-3 所示，在泄漏初期，天然气由于储罐内的高压作用迅速向下喷射而出，泄漏发生 0.03 s 后接触到甲板处然后反弹，进而迅速膨胀成圆柱形的气体云团聚集在泄漏点附近，纵向长度已经超过 LPG TANK 模块区域（$t=12.5$ s）；气体云团由于泄漏气体的增加继续膨胀，迅速扩散到船艏钻井处形成一个球形，在 Y 方向障碍物的作用扩散速度远小于 X 方向（$t=20.0$ s）；由于风力和浮力的作用气云在 X 方向上继续迅速扩散并向 Z 方向上飘散，此时气云已经扩散到右舷侧（$t=55.0$ s）；$t=82.5$ s 时，气云扩散到船尾处；$t=100.0$ s 时，气云在上部模块的覆盖区域趋于稳定；到模拟结束 $t=150.0$ s 时，上部模块气云覆盖区域的 X 方向最大传播距离约为 236.8 m，Y 方向最大传播距离约为 58.3 m，Z 方向最大传播距离约为 74.6 m。

假设风向为船艏来风，在不同风速、风向和泄漏方向下，泄漏后稳定的危险区域横剖面图如图 4-3-4 所示。

由上述过程可知，FPSO 上部模块天然气泄漏扩散可大致分为以下四个阶段。

（1）极速喷射阶段。在泄漏开始时，在高压的作用下天然气喷射而出，泄漏的速率接近音速。

（2）反弹膨胀阶段。泄漏的天然气接触工艺甲板后迅速反弹，由于外部环境压力较小，泄漏的气体开始急速膨胀，迅速形成聚集在泄漏点附近的气体云团，由于障碍物的作用，此阶段云团状态变化十分剧烈，其中包含多种复杂流态，如气体滞流、回流和湍流等。

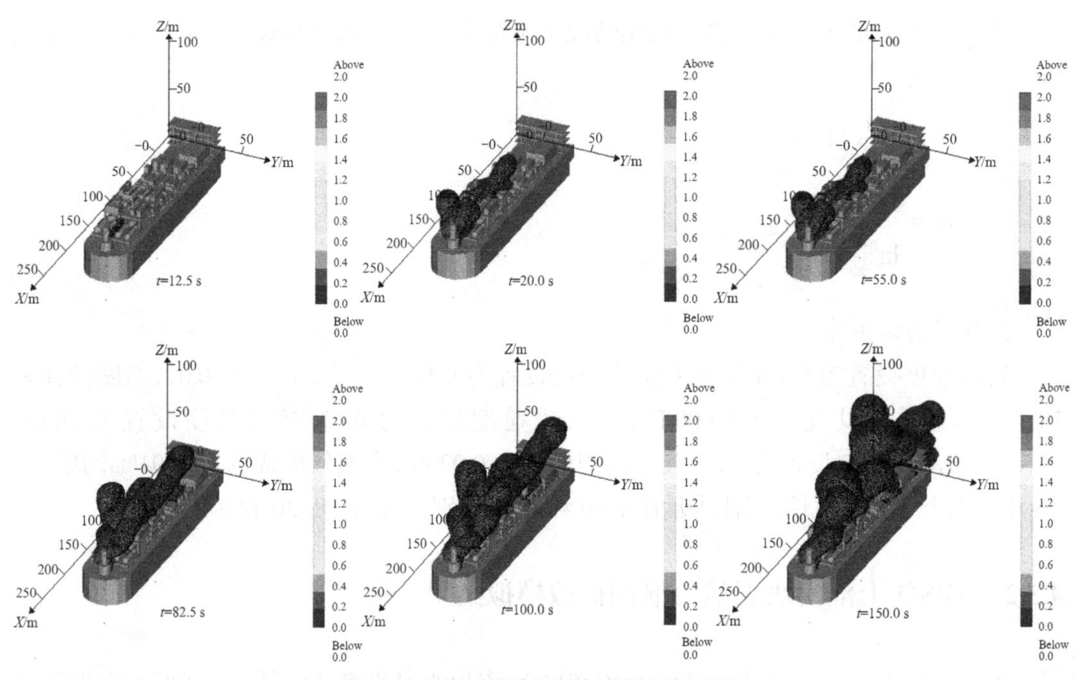

图 4-3-3　上部模块天然气泄漏扩散过程

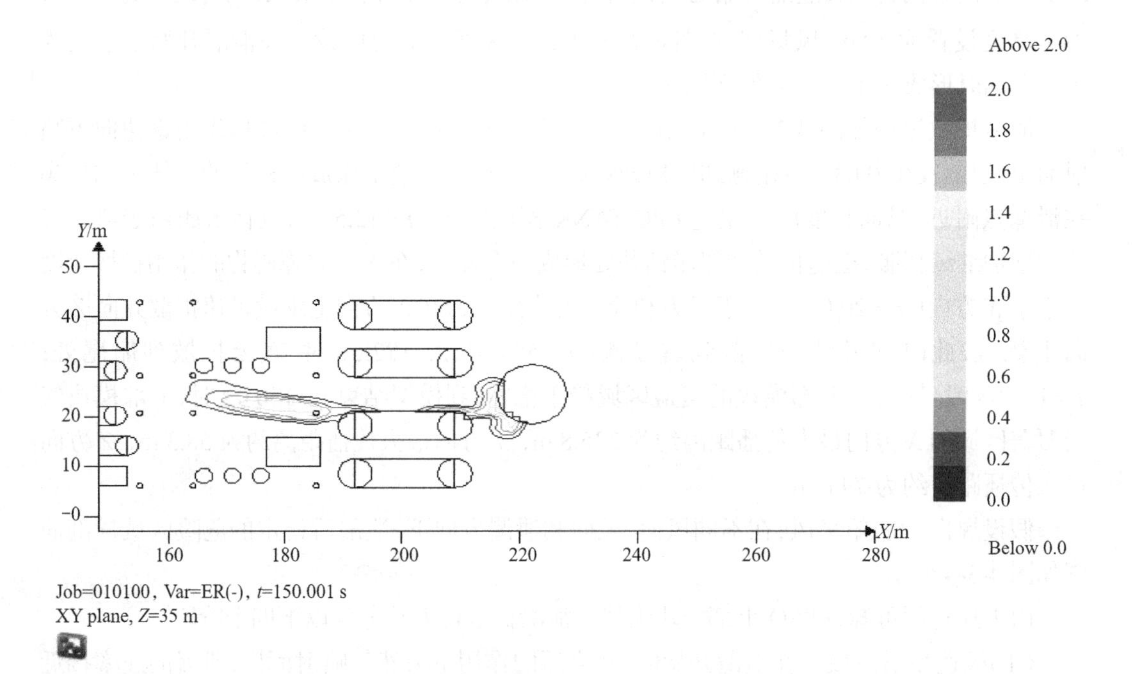

(a)

图 4-3-4　危险区域横剖面图

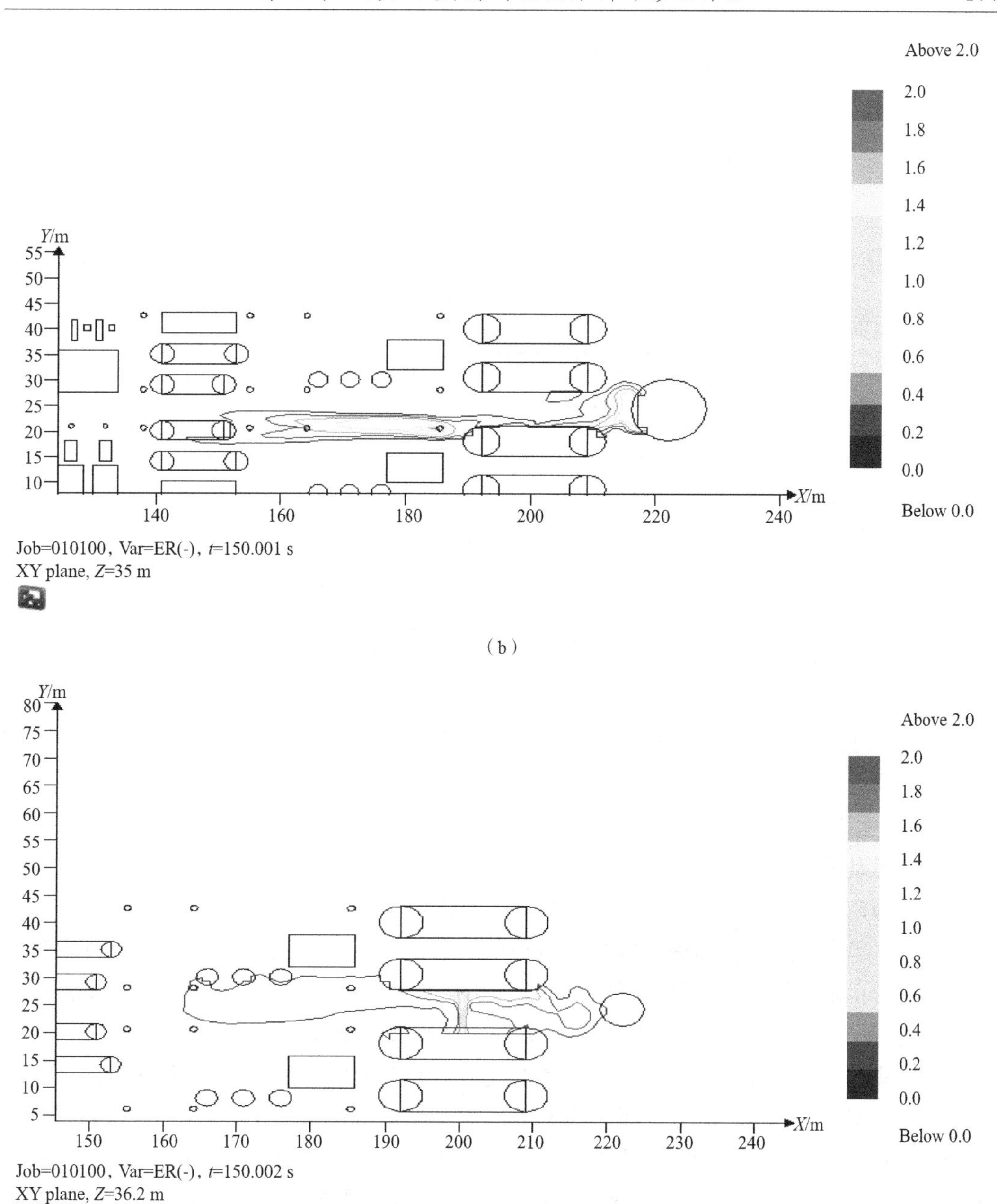

(b)

(c)

图 4-3-4 危险区域横剖面图(续)

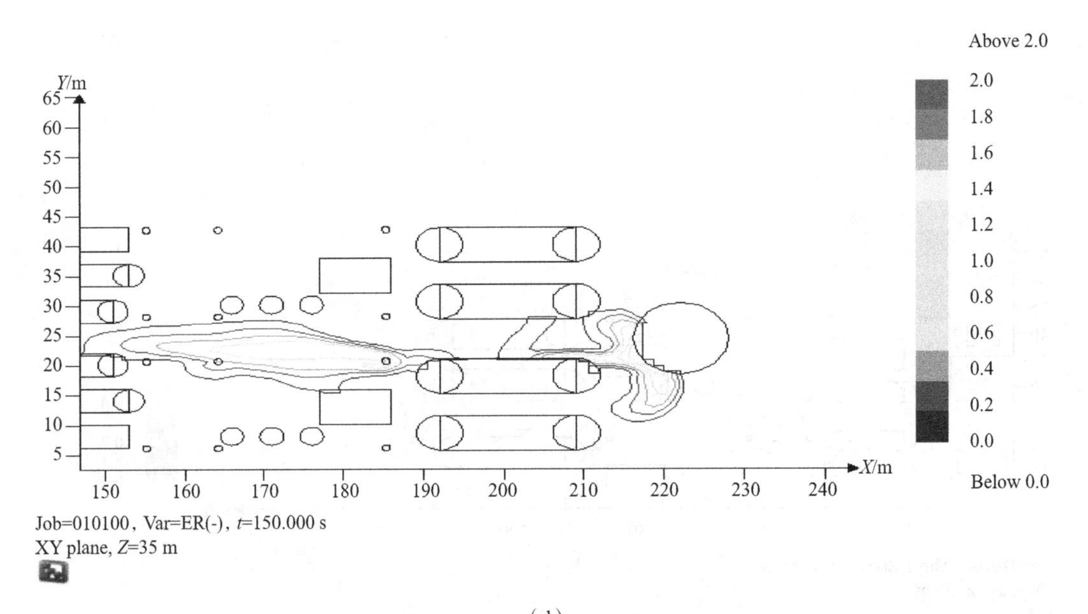

(d)

图 4-3-4 危险区域横剖面图(续)

(a)泄漏方向为 $-Z$,风速为 3 m/s,泄漏速率为 10 kg/s (b)泄漏方向为 $+Z$,风速为 6 m/s,泄漏速率为 5 kg/s
(c)泄漏方向为 $+Y$,风速为 6 m/s,泄漏速率为 5 kg/s (d)泄漏方向为 $-X$,风速为 6 m/s,泄漏速率为 5 kg/s

(3)快速扩散阶段。当大量泄漏气体膨胀聚集后,随着外力的作用开始迅速斜向上传播并逐渐覆盖整个上部模块区域。在快速扩散阶段,由于大气黏性作用,天然气的传播产生了湍流,又由于上部模块排列复杂使气体扩散形式更加的不规则,湍流作用不断增强,天然气受湍流运动的影响不断加速,使得扩散的范围快速扩大。该阶段风速、风向、泄漏速率、泄漏方向和障碍物的排列方式对气云形状的改变十分显著。

(4)稳定膨胀阶段。随着泄漏扩散过程的不断进行,天然气已经覆盖了 FPSO 上部模块的大部分区域,并且各区域的气体浓度趋于稳定,此时上部模块横纵方向最大传播距离也接近稳定,垂向气云在浮力作用下继续扩散,气云体积缓缓增大。

(5)风速、风向和泄漏方向、泄漏位置对气体泄漏形成的气云形状、危险区域的面积影响较大,对温度、泄漏速率等的影响相对较小。在船艏来风的条件下,泄漏区域排列密集使得湍流特性更强,当发生气体泄漏时,相同区域的不同高度条件下,泄漏气体沿船长方向的扩散能力、扩散速率差别较大:当高度较低时,短时间内可能造成泄漏气体在部分区域聚集且浓度很高,危险性大大增加,如果有点火源,则可能立即点燃造成爆炸;如果泄漏高度较高,则扩散性较好,局部区域的危险性会降低但危险区域的范围会相对增大。

(6)FPSO 上部模块结构形状对风场影响很大,结构形状差异明显,风场变化规律差异越大。工艺系统设备等的布置情况影响风速场的变化,设备等布置紧凑则不利于气流运动,速度变化相对较快。通过合理布置 FPSO 上部模块结构形状和设备等,可以有效改善 FPSO 上部模块气流运动状态,有利于提高 FPSO 海上油气作业的安全性。

4.3.3　FPSO 上部模块爆炸火焰扩散过程

爆炸超压是指爆燃压力波阵面上压力与大气压力之间的差值，分为正压和负压。在海洋平台气体爆炸灾害中，爆炸超压将直接引起结构的损坏及人员的损伤。因此，爆炸超压特性及其影响因素是气体爆炸的重要研究内容。

爆炸过程中火焰的分布情况如图 4-3-5 所示。

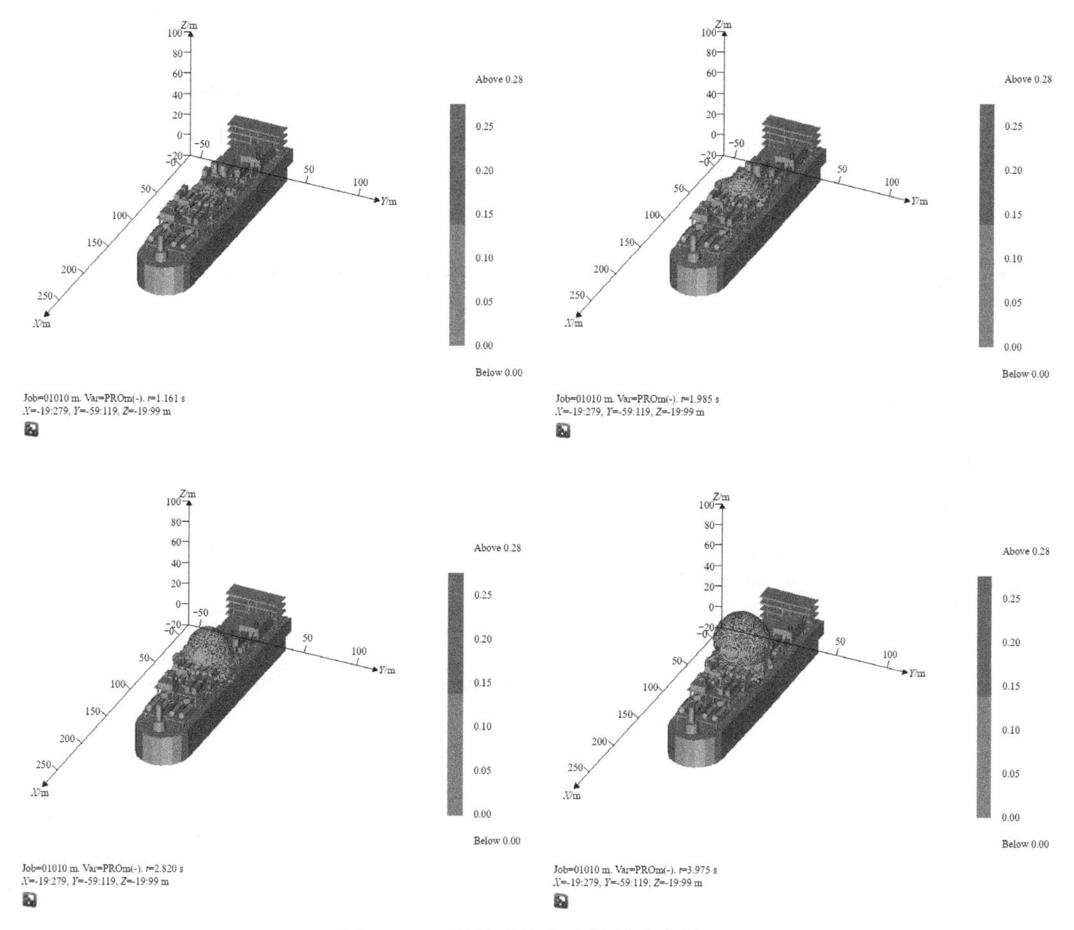

图 4-3-5　爆炸过程中火焰的分布情况

从图 4-3-5 可以明显看到生成物包络图存在起皱现象，这是因为火焰锋在向外传播过程中，遇到障碍物分布的区域将产生气体湍流，使得该区域附近的火焰锋加速并起皱，因而在不同区域火焰锋具有不同传播速度，进而生成物包络图呈现出明显的起皱现象。

4.4　水喷淋系统消防作用影响因素研究

消防水喷淋系统是海上油气生产的重要消防安全系统，可以利用海水的冷却作用控制油气的火灾爆炸程度。水喷淋系统通常由消防泵、滤器、主环路、喷淋阀、软管站和消防栓等组成。

4.4.1 水喷淋系统数值模型

在 FLACS 中进行建模，直接定义 n 个相同类型的喷头重叠的喷水区域。定义一个或多个不重叠的喷水区域，在每个区域都假设有一个给定直径的水滴（破碎之前）和一个给定的水体积分数。如果液滴与气体之间的相对速度超过了临界破裂速度（取决于液滴的直径），则假定液滴破裂。

数值模型中采用了两个无量纲因子。F_1 为促进因子，如果有液滴存在，F_1 用于增加燃烧速度。F_2 为淬火因子，如果存在液滴破碎或者喷嘴产生了小液滴，F_2 用于降低燃烧速率。

在液滴破碎之前，水喷淋系统下的有效燃烧速度

$$v_1 = v_2 + F_1 \times v_3 \tag{4-4-1}$$

当满足液滴破碎准则，液滴发生破碎时，水喷淋系统下的有效燃烧速度

$$v_1 = (v_2 + F_1 \times v_3) \times F_2 \tag{4-4-2}$$

水喷淋系统建模时需要确定如下参数。

（1）区域数量。

在 FLACS 中，最多可以定义 25 个水喷淋区域。

（2）位置和大小。

采用笛卡尔坐标，定义长方体水雾区域的位置和大小，保证水喷淋区域没有重叠。在 FLACS 中，水喷淋区域附着在网格线上。

（3）体积分数。

水的体积分数定义为在喷水区域内的液态水的体积除以总体积。在 FLACS 中水体积分数大于 0.01 才能定义有效的水喷淋模型。

水的体积分数

$$\beta_{\text{water}} = \frac{n(Q/60)}{X_{\text{length}} Y_{\text{length}} Z_{\text{length}}} \tag{4-4-3}$$

其中，n 为喷嘴的数量；Q 为单个喷嘴流量，L/min；因此 Q/60 的单位为 L/s。X_{length} 为假设矩形水雾区域 X 方向上的长度，m；Y_{length} 为 Y 方向上的长度，m，（假设 XY 平面为水平面）；Z_{length} 为 Z 方向上的长度，m。

水的流量取决于工作水压，公式如下：

$$Q = k\sqrt{P} \tag{4-4-4}$$

其中，Q 为单个喷嘴流量，L/min；k 取决于选择的喷嘴类型。

（4）平均液滴直径。

平均液滴直径是一个近似值，在水喷淋模型中，假设所有的水滴大小相同，并且在水喷淋区域内均匀分布。在水喷雾模型中，平均水滴直径被定义为索特（Sauter）直径。其定义

是基于体积的平均直径的立方除以经过简化的平均直径的平方。Sauter 直径取决于将水挤出喷嘴的工作水压,公式如下:

$$D = P^{-0.333} \tag{4-4-5}$$

其中,D 为 Sauter 直径,mm;P 为喷嘴工作压力,barg。

(5)喷嘴类型。

喷嘴类型通过无量纲因子 F_1 和 F_2 定义,公式如下:

$$F_1 = 14U_Z\beta_{\text{water}} \tag{4-4-6}$$

$$F_2 = \frac{0.03}{D\beta_{\text{water}}} \tag{4-4-7}$$

其中,U_Z 为垂直向下的平均水滴速度,m/s;β_{water} 为水体积分数,‰;D 为 Sauter 直径,mm。

如果喷嘴使液体水平扩散,水滴很快就会由于重力与阻力平衡,以恒定的速度下落。这个恒定的速度取决于液滴的直径,可以通过经验关系来估计,公式如下:

$$U_Z = 2.5D^{0.94} \tag{4-4-8}$$

其中,U_Z 为液滴向下平均速度,m/s;D 为 Sauter 直径,mm。对于某些类型的喷嘴,液滴以显著的速度分量垂直向下离开喷嘴。在这种情况下,向下的平均速度应该以其他方式估计,会得出比式(4-4-8)更大的值。

4.4.2　水喷淋系统的影响因素

4.4.2.1　液滴直径的影响

水喷淋系统对火灾爆炸的两种影响相互耦合,共同影响火灾爆炸的结果。采用前文提到的海洋平台障碍物简化模型,设定障碍物尺寸为 4 m×4 m×2 m,位置为(0, 0, 0)泄漏气体为化学计量比甲烷和空气混合气体,着火点位于障碍物地面中央。设置爆炸监测点延 X 轴分布,从中央开始,间隔为 0.2 m。选取测点 P6~P10、P15 和 P20,超压－时间历程曲线如图 4-4-1 所示。设计一个水喷淋区域,位置为(0.5, −0.5, 0),大小为 0.5 m×1 m×1 m,模式如图 4-4-2 所示。

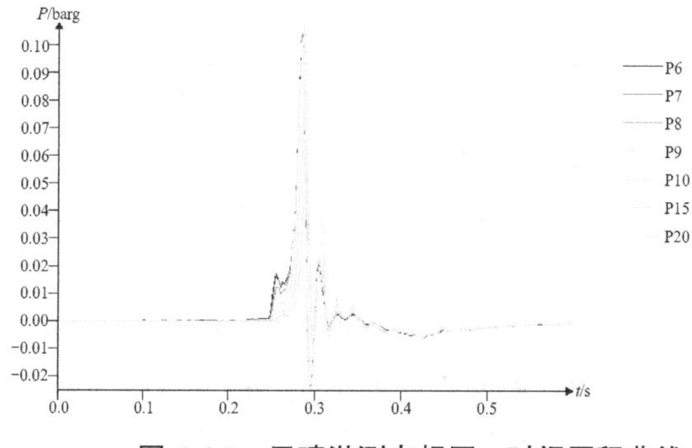

图 4-4-1　无喷淋测点超压－时间历程曲线

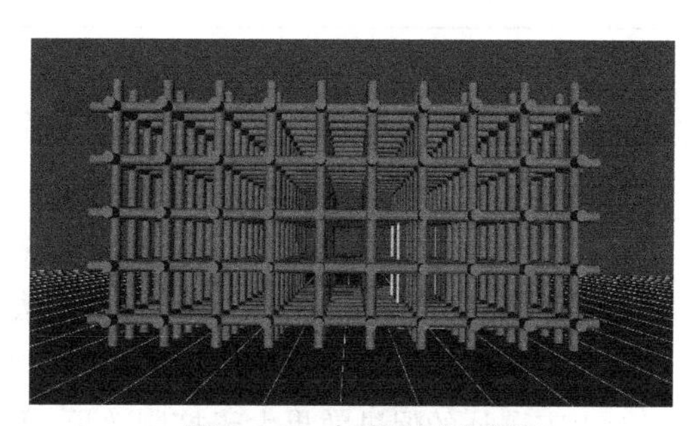

图 4-4-2　水喷淋区域模型

选取水喷淋系统后的监测点 P6~P10、P15 和 P20，其超压－时间历程曲线如图 4-4-3 所示。

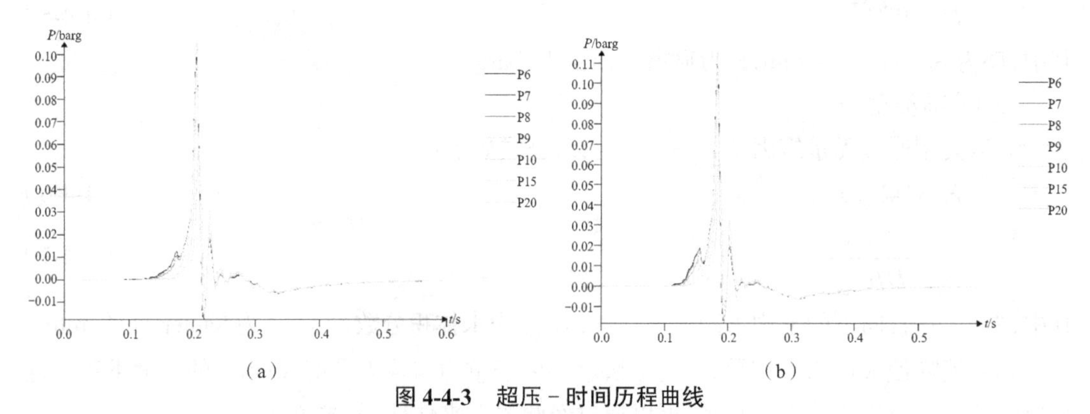

图 4-4-3 超压－时间历程曲线

(a)水喷淋系统大液滴 (b)水喷淋系统小液滴

设置小压力情况，当喷头压力不足时，设置为 0.5 barg，由公式计算得出水喷淋系统的液滴直径为 1.26 mm，调整喷嘴的类型和数量使水体积分数为 0.4，设定喷嘴使液滴水平扩散，由公式计算可得恒定速度 $U_Z = 3.11$ m/s，加速因子 $F_1 = 17.42$，淬火因子 $F_2 = 0.06$。同样选取监测点 P6~P10、P15 和 P20，其超压－时间历程曲线如图 4-4-3 所示。

三种情况下各监测点最大超压如下表所示。

表 4-4-1 三种情况监测点最大超压

监测点	无水喷淋最大超压 /barg	水滴直径 0.66 mm 最大超压 /barg	水滴直径 1.26 mm 最大超压 /barg
P6	0.103 432	0.098 721	0.110 574
P7	0.104 057	0.097 432	0.108 805
P8	0.103 071	0.094 414	0.105 301
P9	0.102 675	0.093 200	0.103 891
P10	0.098 338	0.091 403	0.101 935
P15	0.108 145	0.105 404	0.116 102
P20	0.063 339	0.059 386	0.066 562

不同情况下各监测点最大超压可以通过图 4-4-4 直观比较。可以看出，在各测点处，水滴直径 0.66 mm 时的最大超压均小于无水喷淋时的最大超压，水滴直径 1.26 mm 时的最大超压均大于无水喷淋时的最大超压。这说明，当喷嘴工作压力为满足国家标准的 3.5 barg，液滴直径为 0.66 mm 时，水喷淋系统对火灾爆炸的抑制效果大于促进效果，可以有效降低爆炸的最大超压。当喷嘴工作压力不足，仅为 0.5 barg 时，液滴直径为 1.26 mm，此时水喷淋系统对火灾爆炸的促进效果大于抑制效果，不仅不会起到消防降压作用，反而会增加爆炸的最大超压。由此说明，对于不同的水喷淋系统，液滴直径的大小都是一个重要因素，液滴直径

较小时，水喷淋系统处于正常工作状态，可以抑制火灾爆炸；液滴直径过大时，水喷淋系统可能处于失效状态，甚至会促进火灾爆炸。

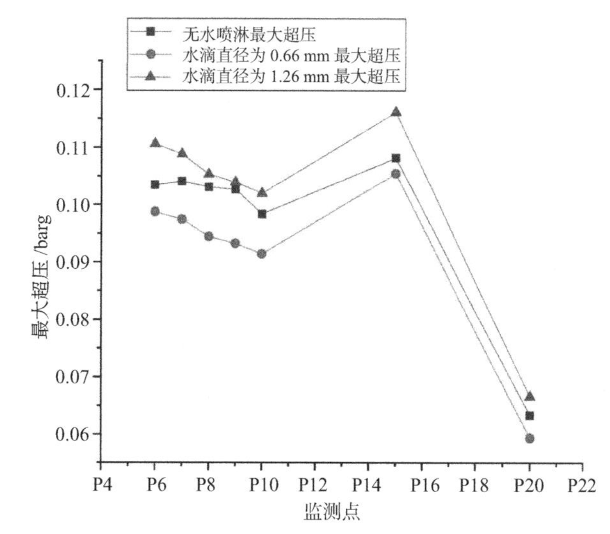

图 4-4-4　三种情况下各监测点最大超压

4.4.2.2　系统流量的影响

由于水喷淋系统没有流量的极端情况，相当于没有设置水喷淋系统，不具备消防功能，可以合理推测，不同流量下水喷淋系统的消防效果也不同。由公式可知，喷嘴工作压力决定了水喷淋系统的流量，对流量的研究可以转化为对喷嘴工作压力的研究。

设置三组不同工作压力下的水喷淋系统，位置都为（0.5，−0.5，0），大小都为 0.5 m × 1 m × 1 m。第一组工作压力为 3.5 barg，控制喷嘴数量和类型使水体积分数为 0.2，由公式可得液滴直径 $D = 0.66$ mm，$F_1 = 4.73$，$F_2 = 0.23$。第二组工作压力为 2 barg，采用与第一组相同的喷嘴数量和类型，同理可以求得液滴直径 $D = 0.79$ mm，$F_1 = 4.2$，$F_2 = 0.25$。第三组工作压力为 5 barg，采用同样的喷嘴数量和类型，同理可以求得液滴直径 $D = 0.59$ mm，$F_1 = 5.11$，$F_2 = 0.21$。

三组水喷淋系统的超压－时间历程曲线如图 4-4-5 所示。

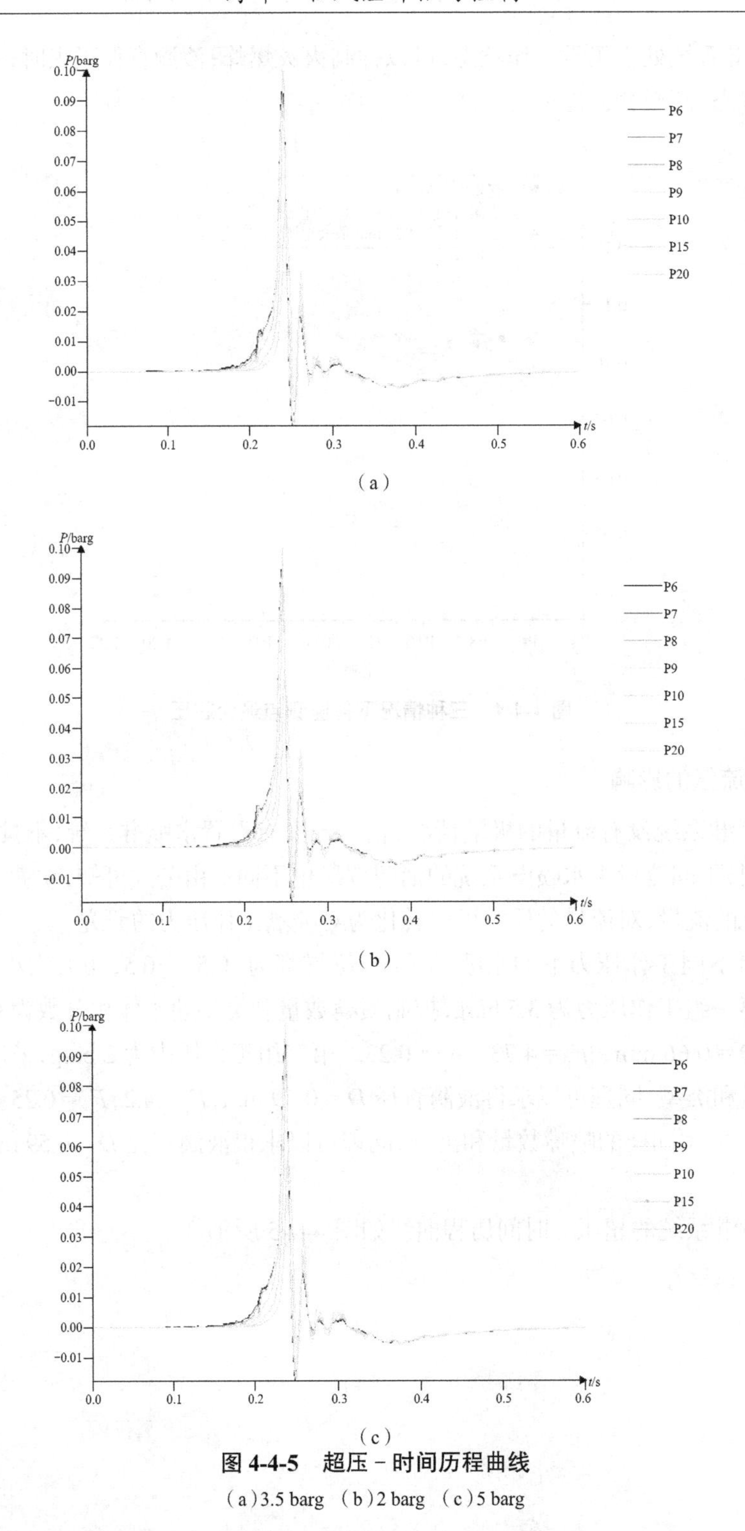

图 4-4-5 超压－时间历程曲线

(a)3.5 barg (b)2 barg (c)5 barg

四种情况下各监测点最大超压见表 4-4-2。

表 4-4-2　四种情况监测点最大超压

监测点	无水喷淋最大超压 /barg	2 barg 水喷淋最大超压 /barg	3.5 barg 喷淋最大超压 /barg	5 barg 水喷淋最大超压 /barg
P6	0.103 432	0.094 129	0.094 330	0.094 150
P7	0.104 057	0.093 248	0.093 334	0.093 038
P8	0.103 071	0.091 288	0.091 089	0.090 437
P9	0.102 675	0.090 499	0.090 186	0.089 391
P10	0.098 338	0.088 593	0.088 583	0.087 810
P15	0.108 145	0.100 894	0.100 298	0.100 537
P20	0.063 339	0.057 717	0.057 630	0.057 034

将四种情况的各监测点最大超压绘制成图(图 4-4-6)进行直观比较。

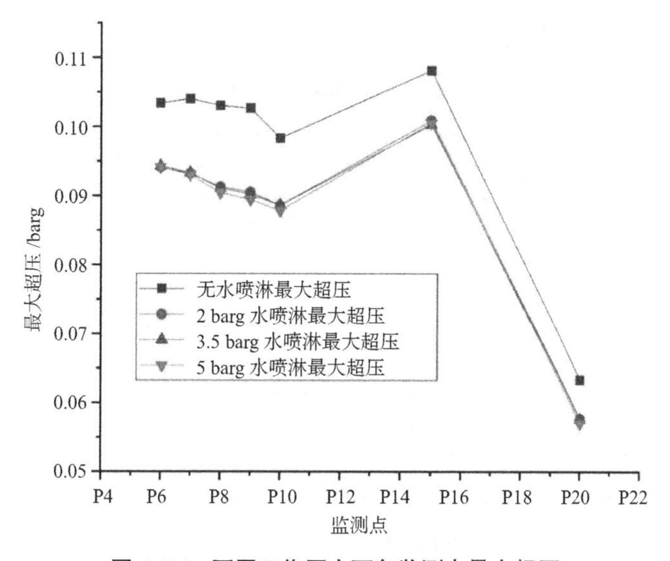

图 4-4-6　不同工作压力下各监测点最大超压

由图 4-4-6 可以看出,增大工作压力,即增大流量,总体上来说可以更好地抑制火灾爆炸的发展,但是这种抑制效果受各种因素影响,并不显著。而增大工作压力会对消防泵的功率有更大的要求,也会对工程投资和海洋平台的设计有一定的影响。海洋平台空间有限,因此在水喷淋系统的正常工作范围内,不能一味追求高工作压力,要将防爆收益与工程投资综合考虑,选择最合适的工作压力。

4.4.2.3　系统区域体积的影响

水喷淋系统设置的范围会影响消防区域的范围,极端情况下,当系统区域体积为 0 时,相当于没有设置水喷淋系统,可以合理推测系统区域体积也是水喷淋系统消防效率的一个影响因素。

大体积系统爆炸超压 - 时间历程曲线如图 4-4-7 所示。

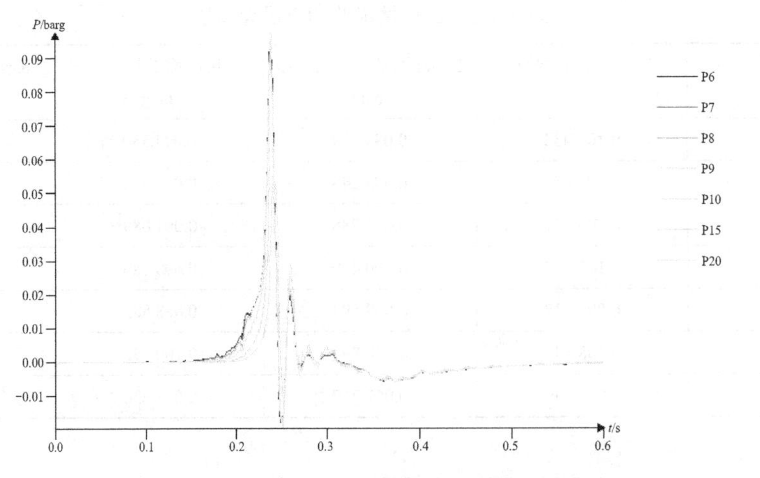

图 4-4-7　大体积系统爆炸超压－时间历程曲线

统计各监测点最大超压,数据见表 4-4-3。

表 4-4-3　各监测点超压峰值

监测点	无水喷淋最大超压 /barg	标准系统水喷淋最大超压 /barg	大体积系统水喷淋最大超压 /barg
P6	0.103 432	0.098 721	0.094 392
P7	0.104 057	0.097 432	0.093 318
P8	0.103 071	0.094 414	0.091 151
P9	0.102 675	0.093 200	0.090 280
P10	0.098 338	0.091 403	0.088 530
P15	0.108 145	0.105 404	0.097 661
P20	0.063 339	0.059 386	0.055 990

将三种情况下的各监测点最大超压绘制成图(图 4-4-8)进行直观比较。

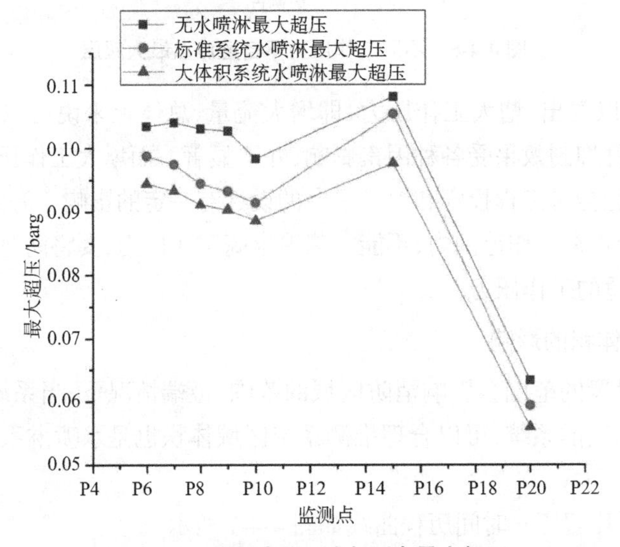

图 4-4-8　不同喷淋区域各测点最大超压

由图 4-4-8 可以看出，在喷嘴工作压力一定和喷嘴数量一定的情况下，即流量一定的情况下，喷嘴工作压力在正常工作范围内，增大水喷淋系统的体积可以更加有效地抑制火灾爆炸。因此可以在海洋平台上的合适区域设置大面积的水喷淋区域，提高水喷淋系统的消防效率。

4.4.2.4 系统区域位置的影响

在海洋平台上的水喷淋区域位置可以概况为三种情况，着火点处、非着火点的障碍物处和非着火点的开阔处，分别命名为位置一、位置二和位置三。三种位置设置的水喷淋系统会出现不同的消防效果。

改变标准系统的位置，分别设置为(0，-0.5，1)，(0.5，-0.5，1)和(2，-0.5，1)。对三种位置下的监测点 P2、P4、P6、P8、P10、P15、P20 进行监测，各监测点的超压－时间曲线如图 4-4-9 所示。

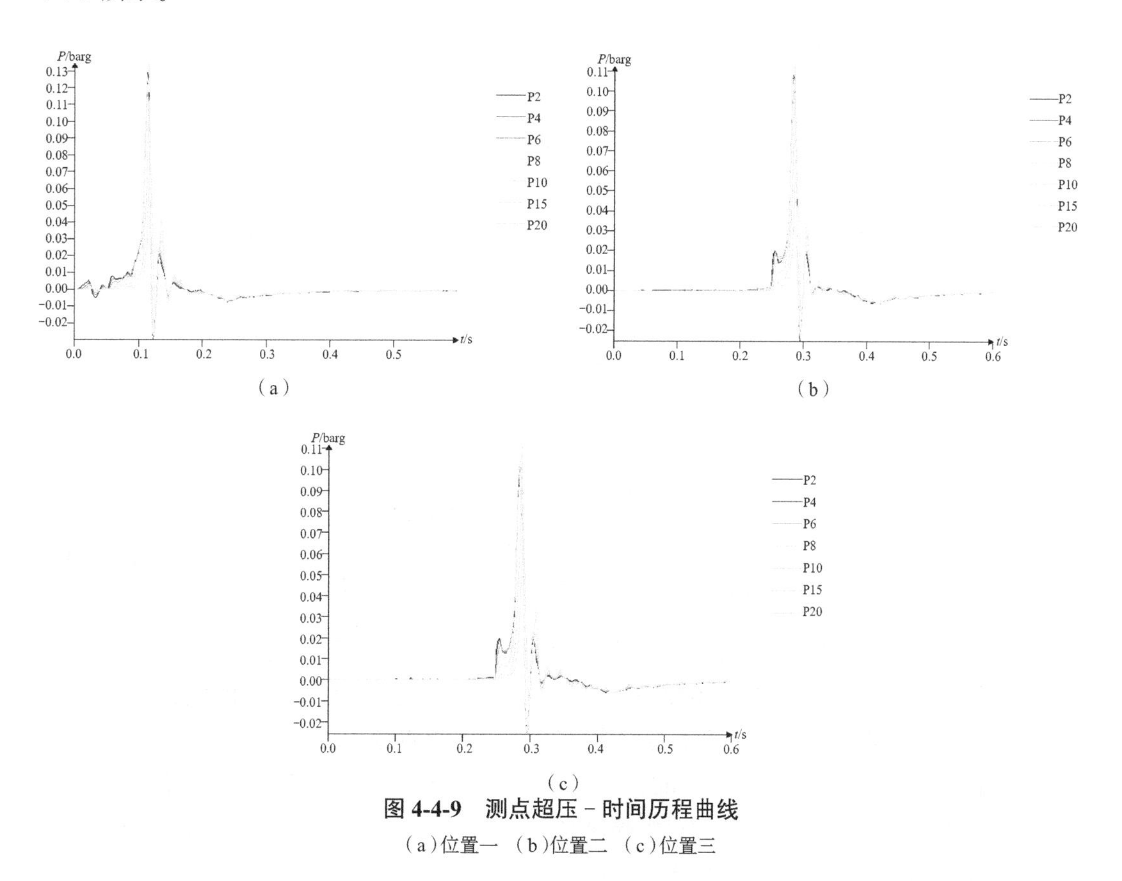

图 4-4-9 测点超压－时间历程曲线

(a)位置一 (b)位置二 (c)位置三

统计水喷淋系统三种位置下的各监测点最大超压与无水喷淋情况的最大超压，数据见表 4-4-4。

表 4-4-4 不同位置各监测点最大超压

监测点	无水喷淋最大超压 /barg	位置一最大超压 /barg	位置二最大超压 /barg	位置三最大超压 /barg
P2	0.101 085	0.128 990	0.108 975	0.101 931

续表

监测点	无水喷淋最大超压 /barg	位置一最大超压 /barg	位置二最大超压 /barg	位置三最大超压 /barg
P4	0.101 555	0.127 849	0.103 847	0.102 548
P6	0.103 432	0.127 066	0.098 721	0.104 733
P8	0.103 071	0.126 285	0.094 414	0.104 685
P10	0.098 338	0.121 464	0.091 403	0.100 292
P15	0.108 145	0.134 817	0.105 404	0.111 678
P20	0.063 339	0.077 140	0.059 386	0.064 076

将水喷淋系统三种位置下的各监测点最大超压与无水喷淋情况下的最大超压绘制成图(图 4-4-10)进行直观比较。

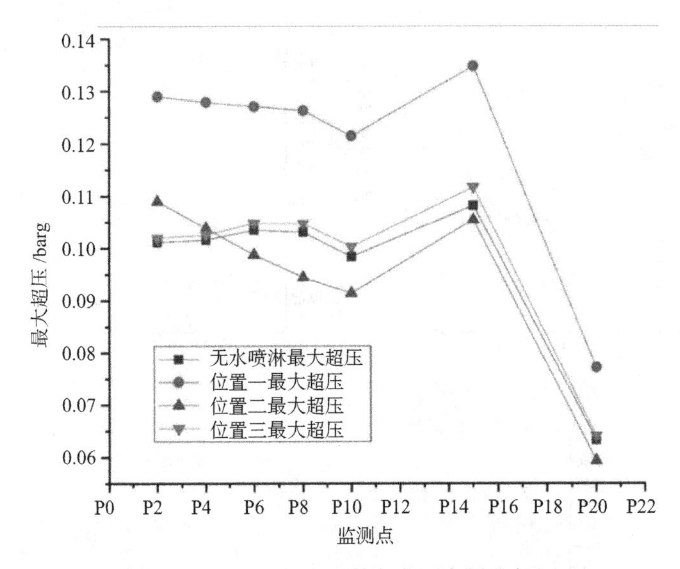

图 4-4-10 不同位置下的各监测点最大超压

由图 4-4-10 可以看出,位置二(非着火点的障碍物处)对水喷淋后的监测点(监测点 6 以后)起到有效降低超压的作用,位置三(非着火点的开阔处)对水喷淋后的监测点(监测点 15 和 20)并没有起到有效降低超压的作用,位置一(着火点处)对水喷淋后的监测点(监测点 4 以后)不仅没有起到降低超压的作用,反而由于在爆炸发生初期,喷射液滴促进了湍流,增大了爆炸的强度。因此在设置水喷淋系统时,应该将其设置在易燃易爆区域的周边,不建议设置在危险区域内,也不宜设置过远。

4.4.3 工程实例分析

根据我国南海某油气田海上平台上部生产模块数据参数,建立简化计算模型,尺寸为 26 m×18.5 m×28.7 m(长 × 宽 × 高),泄漏气体在最上层甲板上部形成一个 15 m×

12 m × 8 m 的蒸气云，充满甲烷与化学计量比的空气预混合气体，气体初始为静止状态。气体爆炸场景中网格划分尺寸应满足下式：

$$\max CV = 0.1 \times V_{\text{gas}}^{1/3} \qquad (4\text{-}4\text{-}9)$$

网格边长设置为 0.8 m，着火点位置设置为（6，4.5，18），监测点位置设置为（5，18，18）。海洋平台简化模型及蒸气云位置如图 4-4-11 所示。

其中红色区域为甲板，浅蓝色区域为桩柱，绿色区域为油气储存装置，其他颜色区域为平台上部结构的其他区域，不产生油气泄漏，仅起影响爆炸冲击的障碍物作用。假设上层油气储存装置发生泄漏，泄漏气体等效气体云区域如图 4-4-11 半透明区域所示。在 FLACS 中进行泄漏气体的爆炸模拟计算，得到监测点超压－时间历程曲线，如图 4-4-12 所示。

可以看出爆炸冲击波在 1.3 s 后到达监测点。监测点在 1.514 s 达到最大超压，最大超压为 22.547 4 kPa。此后爆炸冲击波离开监测点，监测点压力迅速下降，但是没有产生负压。此时燃烧产物质量分数如图 4-4-13 所示。

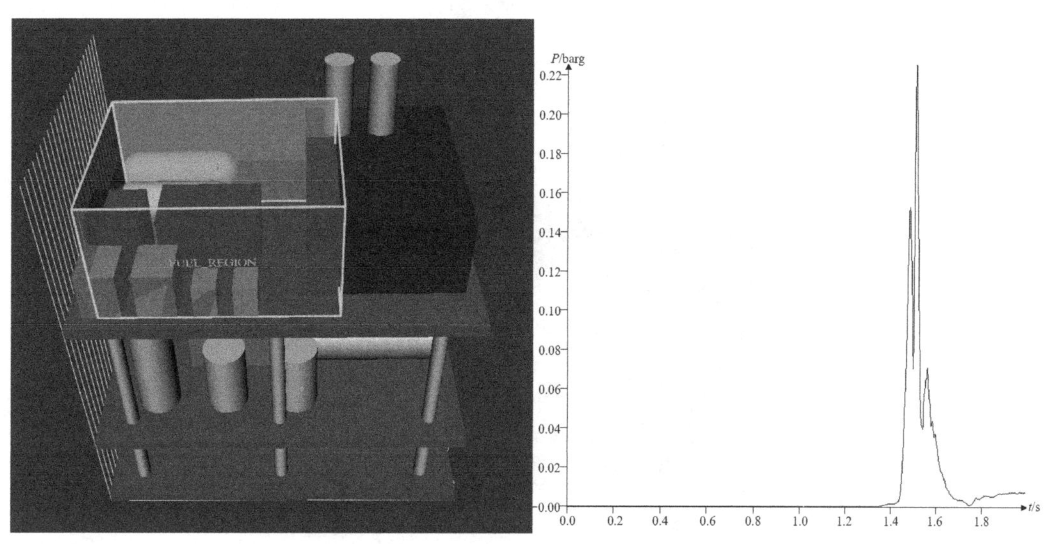

图 4-4-11　海洋平台简化模型及蒸气云位置　　**图 4-4-12　监测点超压－时间历程曲线**

可以看出，燃烧在上层甲板最大的障碍物前进行得最充分，该区域燃烧产物质量分数最高。

根据上文研究的水喷淋系统四条影响规律，设置消防水喷淋系统，减轻简化模型收到的火灾爆炸危害。设计较小的液滴直径，较大的流量和喷淋区域，位置在着火点附近的水喷淋系统，具体设置如下。

喷头设计压力采用国家标准 3.5 barg，设置喷嘴类型和数量使水体积分数为 0.4，由公式计算可得平均液滴直径 $D = 0.66$ mm。设定喷嘴使液滴水平扩散，计算可得恒定速度 $U_Z =$ 1.69 m/s。由公式计算可得加速因子 $F_1 = 9.46$，淬火因子 $F_2 = 0.11$，则喷嘴类型代码为“FACTORS：9.46 0.11”。喷淋位置为（2，8，17.7），尺寸为（10，5，9.9）。

进行泄漏气体在水喷淋系统下的模拟爆炸计算，计算得监测点的超压－时间历程曲线如图 4-4-14 所示。从图中可以看出，爆炸冲击波在 1.3 s 后到达监测点。监测点在 1.499 s 达到最大超压，最大超压为 17.856 8 kPa。此后爆炸冲击波离开监测点，监测点压力迅速下降,但是没有产生负压。此时燃烧产物质量分数如图 4-4-15 所示。

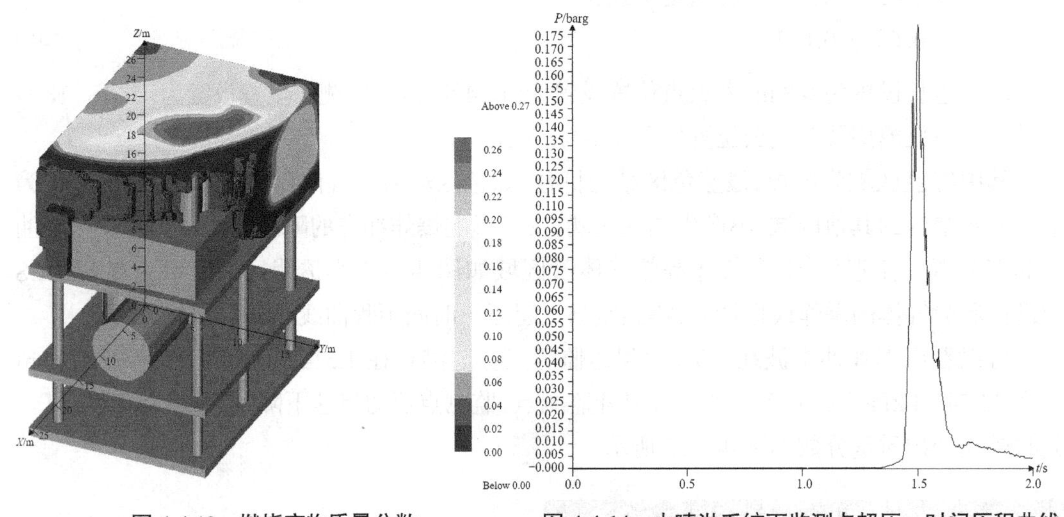

图 4-4-13　燃烧产物质量分数

图 4-4-14　水喷淋系统下监测点超压－时间历程曲线

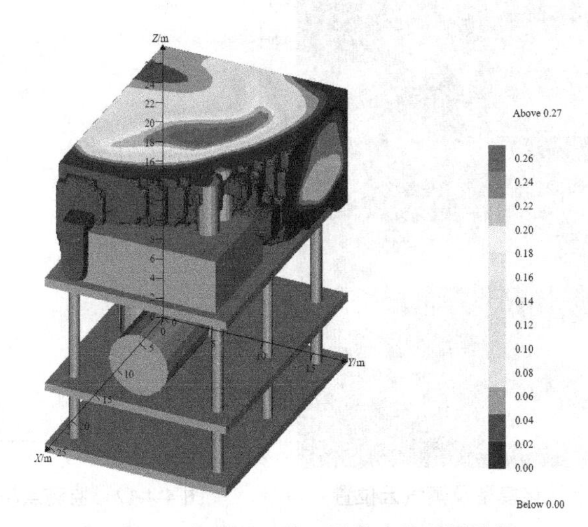

图 4-4-15　水喷淋系统下燃烧产物质量分数

对比图 4-4-13 和图 4-4-15 可以发现,在水喷淋系统的影响下,平台充分燃烧的区域减少了,按照本书提出的规律设置水喷淋系统降低了燃烧的充分性。

对比有无水喷淋系统的两组数值模拟的监测点超压峰值可以发现,本书研究的四种水喷淋系统规律应用于海洋平台水喷淋系统可以有效降低火灾爆炸的最大超压,在简化模型中的降压效果可以达到 20.8%,大大降低了由于油气泄漏引发爆炸冲击造成的危害。

4.4.4　水喷淋系统影响规律

本章通过密闭立方体模型中平行或垂直于底面的管状障碍物模拟海洋平台中的复杂结构,分析了水喷淋系统对海洋平台火灾爆炸消防作用的影响规律,并结合南海某油气田平台进行实例分析，影响规律总结如下。

（1）对于不同的水喷淋系统，液滴直径的大小都是一个重要因素，液滴直径较小时，水喷淋系统处于正常工作状态，可以抑制火灾爆炸；液滴直径过大时，水喷淋系统可能处于失效状态，甚至会加剧火灾爆炸。

（2）增大工作压力，即增大流量，总体上来说可以更好地抑制火灾爆炸的发展，但是这种抑制效果受各种因素的影响，效果并不显著。增大工作压力会对消防泵的功率有更高的要求，也会对工程投资和海洋平台的设计有一定影响。因此在水喷淋系统正常工作范围内，不能一味地追求高工作压力，要将防爆收益与工程投资综合考虑，选择最合适的工作压力。

（3）在喷嘴工作压力一定和喷嘴数量一定的情况下，即流量一定的情况下，喷嘴工作压力在正常工作范围内，增大水喷淋系统的体积可以更加有效地抑制火灾爆炸。因此可以在海洋平台上的合适区域设置大面积的水喷淋区域。

（4）着火点处设置水喷淋系统可能会由于在爆炸发生初期，喷射液滴促进了湍流，而增大爆炸的强度。因此设置水喷淋系统时，应该将其设置在易燃易爆区域的周边，不可设置在危险区域内，也不宜设置过远。

参考文献

[1] 秦炳军，张圣坤. 海洋工程风险评估的现状和发展 [J]. 海洋工程，1998，16（1）：15-23.

[2] 李典庆，唐文勇，张圣坤. 海洋工程风险接受准则研究进展 [J]. 海洋工程，2003，21（2）：96-102.

[3] 余建星，李成. 工程风险分析中的风险当量及其评价标准 [J]. 海洋技术，2004，23（1）：48-51，61.

[4] WANG D Q，ZHANG P，CHEN L Q. Fuzzy faule tree analysis for fire and explosion of crude oil tanks[J]. Journal of loss prevention in the process industries，2013，26（6）：1390-1398.

[5] SHI L，SHUAI J，XU K. Fuzzy fault tree assessment based on improved AHP for fire and explosion accidents for steel oil storage tanks[J]. Journal of hazardous materials，2014，278（15）：529-538.

[6] 张明. 油船改建 FPSO 典型工程中的船体改造情况介绍 [J]. 船舶标准化与质量，2017（4）：37-40.

[7] 廖红琴.FPSO 上部模块结构设计 [J]. 中国造船，2008，49（Z2）：232-238.

[8] 侯莉，李丽娜，张飞. 回接至圆筒型 FPSO 水下生产系统总体布置方案 [J]. 海洋工程装备与技术，2018，5（2）：91-94.

[9] 杨秀娟，修宗祥，闫相祯，等. 海底管道受坠物撞击的三维仿真研究 [J]. 振动与冲击，2009，28（11）：47-50，69.

[10] 杨秀娟，闫涛，修宗祥，等. 海底管道受坠物撞击时的弹塑性有限元分析 [J]. 工程力学，2011，28（6）：189-194.

[11] 乐丛欢. 海洋平台基于结构碰撞损伤的风险评估 [D]. 天津：天津大学，2010.

[12] 白俊磊. 海底管道坠物碰撞损伤数值模拟分析研究 [D]. 大连：大连理工大学，2013.

[13] ZEINODDINI M，ARABZADEH H，EZZATI M，et al. Response of submarine pipelines to impacts from dropped objects：bed flexibility effects[J]. International journal of impact engineering，2013，62：129-141.

[14] LIANG J，YU J X，YU Y. Energy transfer mechanism and probability analysis of submarine pipe laterally impacted by dropped objects[J]. China ocean engineering，2016，30：319-328.

[15] YU J X，ZHAO Y Y，LI T Y，et al. A three-dimensional numerical method to study pipeline deformations due to transverse impacts from dropped anchors[J]. Thin-walled structures，2016，103：22-32.

[16] ZHU L，LIU Q Y，JONES N，et al. Experimental study on the deformation of fully clamped pipes under lateral impact[J]. International journal of impact engineering，2018，

111:94-105.

[17] ZEINODDINI M, PARKE G A R, HARDING J E, Axially pre-load steel tubes subjected to lateral inpacts: an experimental study[J]. International journal of impact engineering, 2002, 27(6):669-690.

[18] ZEINODDINI M, HARDING J E, PARKE G A R. Axially pre-load steel tubes subjected to lateral inpacts: a numerical simulation[J]. International journal of impact engineering, 2008, 35(11):1267-1279.

[19] LIST E, IMBERGER J. Turbulent entrainment in buoyant jets and plumes[J]. Journal of the hydraulics division, 1973, 99(9): 1461-1474.

[20] FISCHER H B, LIST E J, KOH C Y, et al. Mixing in inland and coastal waters[M]. New York: Academic Press, 1979.

[21] LIST E J. Turbulent jets and plumes[J]. Annual reviews of fluid mechanics, 1982, 14: 189-212.

[22] PAPANICOLAOU P N, LIST E J. Investigations of round vertical turbulent buoyant jets[J]. Journal of fluid mechanics, 1988, 195: 341-391.

[23] WRIGHT S J. Buoyant jets in density-stratified crossflow[J]. Journal of hydraulic engineering, 1984, 110(5): 643-656.

[24] WOOD I R. Asymptotic solutions and behavior of outfall plumes[J]. Journal of hydraulic engineering, 1993, 119(5): 553-580.

[25] LI W, CHEN C J. On prediction of characteristics for vertical round buoyant jets in stably linear stratified environment[J]. Journal of hydraulic research, 1985,23(2): 115-129.

[26] FRICK W E. A Lagrangian philosophy for plume modeling[D]. Corvallis: Oregon State University, 1994.

[27] HIRST E. Buoyant jets with three-dimensional trajectories[J]. Journal of the hydraulics division, 1972, 98(11): 1999-2014.

[28] SCHATZMANN M. An integral model of plume rise[J]. Atmospheric environment, 1979, 13(5): 721-731.

[29] GEXCON A S. FLACS v9.1 user's manual[M]. Bergen: GexCon,2010,25-43

[30] MERCX W P M. Modelling and experimental research into gas explosions: Overall finall report of the project MERGE: STEP-CT-OIII[R]. Brussels: European Commission, 1994.

[31] MERCX W P M, JOHNSON D M, PUTTOCK J.Validation of scaling techniques for experimental vapor cloud explosion investigations [J]. Process safety progress, 1995, 14(2): 120-130.

[32] 许继祥,赵金城. 爆炸荷载作用下海洋平台结构的动力响应分析 [J]. 防灾减灾工程学报 2013,33(4):389-393.

[33] 魏超南,陈国明,朱渊,等. 海洋平台油气火灾爆炸机理及其结构响应特性研究进展 [J]. 海洋工程,2014,32(5):113-122.

[34] 朱锟. 海洋平台爆炸事故风险分析与防护对策研究 [D]. 北京：中国石油大学，2011.
[35] 余明高，孔杰，王燕，等. 不同浓度甲烷－空气预混气体爆炸特性的试验研究 [J]. 安全与环境学报，2014，14(6)：85-90.
[36] 宫广东，刘庆明，白春华，等.10 m³ 爆炸罐中甲烷燃烧爆炸发展过程 [J]. 实验力学，2011，26(1)：91-95.
[37] 韩圣章，胡云昌. 海洋平台气体泄漏爆炸对结构的作用分析 [J]. 天津大学学报，2001，34(4)：443-446.
[38] 曲海富. 海洋工程防爆墙结构有限元分析 [D]. 天津：天津大学，2007.
[39] 赵衡阳. 气体和粉尘爆炸原理 [M]. 北京：北京理工大学出版社，1996.
[40] 毕明树，李刚，陈先锋，等. 气体和粉尘爆炸防治工程学 [M].2 版. 北京：化学工业出版社，2017.